KB202233

사랑을 위한 과학

A General Theory of Love

사랑을 위한 과학

토머스 루이스 · 패리 애미니 · 리처드 래넌

김한영 옮김

A General Theory of Love
by Thomas Lewis, M.D., Fari Amini, M.D., and Richard Lannon, M.D.

서문

사랑이란 무엇인가? 왜 어떤 사람들은 사랑을 발견하지 못하는가? 외로움이란 또 무엇인가? 사랑은 왜 상처를 주는가? 타인과의 관계란 무엇인가? 그것은 어떻게 작용하는가? 그리고 그 이유는 무엇인가?

이러한 질문에 대답하기 위해 사람들의 가장 깊숙한 내면의 비밀을 드러내는 것이 이 책의 목적이다. 인류가 출현한 이래로 모든 인간은 예측하기 힘들 뿐 아니라 난폭하고 혼란스럽게 움직이는 사랑이라는 감정과 힘겹게 싸워야 했다. 과학은 거의 도움이 되지 못했다. 기원전 450년에 서구 최초의 의사인 히포크라테스는 감정은 뇌에서 방출되는 것이라고 추정했다. 그는 옳았다. 그러나 그 후 2,100년 동안 의학은 감정과 관련된 세부적 진실을 규명하는 데 한 걸음도 더 나아가지 못했다. 마음의 문제들은 단지 예술의 문제였고, 지금까지도 마음은 문학, 노래, 시, 그림, 조각, 무용 등에 의해 둘러싸여 있다.

지난 10년 동안 뇌에 관한 과학적 발견이 폭발적으로 이루어졌다. 그것은 우리가 우리 자신과의 관계나, 우리의 자녀들, 그리고 우리 사회를 생각하는 사고 방식을 결정적으로 변화시킬 수 있는 혁명의 도화선이었다. 과학은 마침내 인류의 해묵은 문제를 꿰뚫어 볼 수 있는 눈을 갖게 되었다. 과학이 발견한 진실은 사랑의 내면적 작용에 대한 현대의 이론들을 깊이 있게 해명할 수 있을 만큼 그 빛을 환하게 밝히고 있다.

인간의 심리를 설명하는 전통적 이론들에 따르면, 열정은 야만 시대의 찌꺼기이므로 지성이 감성을 지배하는 것이 문명의 승리라고 한다. 이러한 설명에서 도출되는 논리적 결과는 무엇인가? 감정의 성숙은 감정의 억제와 동일하다는 것이다. 아이들을 교육시키는 학교에서는 기하학이나 역사를 가르치듯이, 감정을 억제하는 기술을 가르친다. 성숙한 인간이 되기 위해서는 고집스럽고 완고한 마음을 생각으로 다스려라. 또한 우리의 인습도 같은 말을 한다.

이 책에서 우리는 지성과 감성이 충돌하는 경우, 보다 지혜로운 쪽은 마음이라는 사실을 입증할 것이다. 지성의 오른팔이었던 과학이 과거를 청산하고 이 사실을 입증할 것이다. 태초부터 두뇌의 중요한 창조물이었던 감성은 거추장스러운 동물적 잔재가 아니다. 그것은 우리의 삶을 해방시키는 열쇠이다. 우리의 삶은 우리의 운명을 결정하는 보이지 않는 힘과 소리 없는 메시지 속에 잠겨 있다. 개인적으로든 문화적으로든 행복은 사랑을 중심으로 보이지 않게, 신비스럽게, 그리고 필연적으로 선회하는 은밀한 세계를 어느 정도 해독할 수 있는가 하는 능력에 달려 있다.

태어나서 죽을 때까지 사랑은 인간 경험의 초점일 뿐 아니라 마음을 움직이는 생명력으로, 우리의 기분을 결정하고, 신체 리듬을 안정시키고, 뇌의 구조를 변화시킨다. 신체적 생리 구조상 우리의 정체성은 필연적으로 타인과의 관계에 의해 결정되고 고정된다. 사랑은 우리의 존재와 가능성을 결정한다. 이러한 일들이 어떻게 가능하며, 왜 그런지를 우리는 이 책을 통해 설명하고자 한다.

과학이 깊은 잠에 빠져 있던 여러 세기 동안 인류는 오직 예술에 의존하여 마음의 신비를 기록해 왔다. 그렇게 축적되어온 지혜를 무시한다는 것은 대단히 어리석은 일이다. 이 책에서 우리는 과학의 영역으로 깊이 탐구해 들어가는 동시에, 그러한 여행을 의미 있게 만드는 휴머니즘으로부터 멀어지지 않기 위해 노력할 것이다. 따라서 과학자와 경험론자들의 이론이 시인들, 철학자들, 왕들의 생각과 하나로 결합될 것이다. 그들의 출발점은 시간적으로 공간적으로 기질적으로 다르겠지만, 이 책에서 그들의 목소리는 하나의 공통된 목표를 향해 합쳐질 것이다.

어떤 책이든 하나의 주장을 담고 있다. 그것은 깃털과 오늬와 날카로운 화살촉을 매단 채, 어슴푸레 빛나는 표적을 향해 문장 속을 꿰뚫고 날아가는 언어의 화살이다. 이 책에는 사랑에 관한 주장이 담겨 있다. 우리는 자식의 삶의 형태를 결정하는 부모의 헌신적인 사랑, 연애의 생물학적 실체, 진실한 상호 결합이 가지는 치유력 등을 규명하고자 한다. 다음 장을 넘기는 순간, 화살은 시위를 떠나 허공을 가를 것이다. 표적은 바로 여러분의 가슴이다.

차 례

1

과학이 사랑을 만나다

두 소녀가
한 줄의 시에서
인생의 비밀을 발견한다.

그 시를 쓴 나는
인생의 비밀을 알지 못한다.
그들이 내게 말했다

그것을 발견했지만
그것이 무엇인지 모르겠다고
심지어는
그것이 어느 행이었는지.

일주일이 지난
지금 그들은 분명
그 비밀을 잊었을 것이다.

그 행과
그 시의 제목까지도. 나는 그들이
사랑스럽다, 그들은 내가
발견하지 못한 것을 발견했으므로

그들은 나를 사랑했고
내가 쓴 시를 사랑했고
그것을 잊었다
그렇게

죽음에 이를 때까지
수천 번 그들은 그 비밀을
다른 시 다른 줄에서,
발견할 것이고

다른 사건들 속에서
발견할 것이다
나는 그들이 사랑스럽다
그들은 그 비밀을
알고 싶어하며

어딘가에 그 비밀이
있을 것이라 생각한다
바로 그 때문에
그들은 사랑스럽지 않은가.

——데니스 레버토프, 「비밀」

사랑의 생리학에 관한 책이 한 편의 시로 시작하다니, 이상하다고 생각하는 사람도 있을 것이다. 그러나 모험에는 계기가 필요하다. 시에는 감성과 지성이 만나는 접점이 숨어 있다. 사실 우리의 감성 활동이 대부분 그러하다. 300여 년 전에 프랑스의 수학자 블레즈 파스칼 Blaise Pascal은 〈마음은 이성이 전혀 모르는 자신만의 이유를 가지고 있다〉고 말했다. 파스칼도 그 이유는 알지 못했지만, 어쨌든 그의 말은 옳았다. 몇 세기가 지난 지금 우리는 감성과 지성을 담당하는 두 개의 신경계가 독립적으로 작용하므로 우리의 마음과 생활에 이로 인한 틈이 형성된다는 사실을 알고 있다. 바로 이 균열 때문에 사람들은 열렬한 소망에도 불구하고 사랑과 관련된 신비한 현상들을 쉽게 꿰뚫어 보지 못한다. 두뇌의 구조상 인간의 감성 활동은 이성을 능가하도록 되어 있다. 이성만으로는 여름날의 신기루처럼 시는 물론이고 인간의 감성에 결코 다가갈 수 없다.

사랑의 본질을 규명하는 일은 쉽지 않다. 그러나 사랑에는 고유한 질서와 구조가 있어서, 그것을 탐지하고 발굴하고 탐험하는 일은 가능하다. 정서적 경험은 대단히 현란하고 복잡한 현상이지만, 무에서 발생하지는 않는다. 사랑은 분명 신경계의 활동에서 비롯되는 것으로, 우리의 신경계가 복잡하지만 한편으로는 구체적이고 유형화된 생리적 규칙과 일치할 때 발생한다. 사랑은 물리적 세계의 일부이기 때문에 분명히 법칙적이다. 이 세계의 수많은 현상들처럼 사랑도 불변의 원리에 의해 지배되기 때문에, 그 원리를 발견한다면 사랑을 설명할 수 있다. 만약 우리가 연구의 대상과 방법을 안다면, 절벽에서 떨어질 때 중력의 법칙이 작용한다는 것을 발견한 것처럼 개인의 감정을 지배하는 객관적인 원리들을 발견할 수 있을 것이다.

사랑의 원리를 밝히는 것은 엄청난 일이다. 사랑을 개념화하기 위해서는 감정의 심리를 전체적으로 조망할 수 있는 폭넓은 관점에 의존해야 한다. 그러나 현시점에 가장 가까운 역사의 단면을 살펴봐도 그러한 과학은 존재하지 않는다. 고대 그리스에는 기하학, 천문학, 의학, 식물학 등의 학과가 있었으나, 인간의 감정을 설득력 있게 설명하려는 노력은 그 시대를 풍미했던 신화를 제외하고는 전무했다. 그러한 경험적 공백은 이후 수천 년 동안 지속되었다. 수많은 철학자들이 감성 활동에 대해 다양한 해석과 주장을 내놓았으나(네 가지 신체적 기질, 악마의 소유 등), 감정과 열정을 체계적으로 분석하기 시작한 것은 19세기 말에 이르러서였다.

마음의 신비한 현상들이 처음으로 과학의 주목을 받기 시작했을 때에도, 그 문제를 해결하는 데 과학적 기술이 필요하리라고는 누구도 상상하지 못했다. 19세기 말, 지크문트 프로이트 Sigmund Freud, 윌리엄 제임스 William James, 빌헬름 분트

Wilhelm Wundt와 같은 소수의 과학자들이 인간의 정신적 기능에 관한 초기의 과학적 자료들을 수집하기 시작했다. 그들은 뛰어난 선구자였지만 자연적인 마음의 활동, 즉 보고, 듣고, 생각하고, 원하고, 느끼는 등의 정신적 활동을 창조하기 위해 서로 결합하고 상호 작용하는 극소의 신경기전들 neural mechanisms에 관해서는 알 도리가 없었다. 사랑의 비밀은 가장 육중한 보물 상자에 굳게 갇혀 있었다. 그리고 그 속에 담긴 것은 무수한 전류와 화학적 신호들에 의해 결집되어 살아 있는, 인간의 두뇌를 형성하는 100억 개의 세포였다.

20세기 초에서 20세기 말까지 사랑에 관한 주된 설명에는 생물학이 빠져 있었다. 신경학이 공중에 성을 쌓아 정신병 환자들을 살게 하면, 정신과 의사들이 집세를 걷는다는 말이 유행처럼 돌았다. 그러나 정작 허공에 떠 있는 이론의 성에서 살고 있는 사람들은 정신과 의사들과 심리학자들이었다. 그들은 감성 활동에 대한 체계적 이해를 구축하는 과정에서 뇌의 역할을 완전히 무시했다. 그 건축물의 기초 재료는 풍부한 공급량을 자랑하는 단 한 가지 재료, 즉 완전한 억측뿐이었다.

인간의 감정을 최초로 탐험했던 사람들은 상상의 날개를 마음껏 펼쳤다. 그들은 어떤 공격도 미치지 못하는 안전한 성역에서 물리적 대상과는 전혀 연관성이 없는 정신적 고안물과 비유를 마술처럼 만들어냈다. 프로이트는 인상주의적 시각으로 인간의 마음을 스케치했던 몽상가였을 뿐 아니라, 자신이 꾸며낸 이론을 가차없이 현실화시킨 철면피였다. 프로이트의 성채는 그렇게 솟아올랐고 그 탑과 벽들은 지금도 허공에 떠 있다. 그 성에는 검열을 행하는 초자아의 아득한 첨탑과, 통찰력이라는 이름의 우아한 아치들과, 이드라는 좁은 지하 감옥이 있다. 그리고 비실재적인 기초에도 불구하고 이 낡은 성채는 오늘날까지도 긴 그림자를 드리우고 있다. 프로이트는 세대가 바뀔 때마다 새롭게 가공된다. 그의 결론은 우리 문화 속에 다기다양한 방식으로 퍼져 있고, 그의 전제들은 사실로 오인되어 오랜 세월을 버텨왔다.

프로이트 시대에는 자위 행위를 도덕적 · 육체적 해이로 보는 회의적인 시각이 지배적이었다. 프로이트 자신도 평생 동안 자위의 정당성을 인정하지 않았다. 그는 자위와 질외 사정이 그 당시 정서적 장애로 간주되었던 불안, 권태, 히스테리 증상의 원인이라고 확신했다. 그런 다음 그는 유년기에 겪은 성적 유혹이 그것의 진짜 범인이라는 결론을 내렸다. 그리고 다시 한번 그의 초점은 청소년기에 부모와 성교하는 환상으로 이동했다. 임상 실험 결과 대부분의 환자들에게서 이런 증상이 조숙한 이상 성욕과 무관하다는 사실이 밝혀졌을 때에도, 프로이트는 애초의 확신을 의심하지 않았다. 그는 환자들에게서 어린 시절의 감각적 모험을 기억하지 못하며, 그 이유는 기억이 의식으로부터 나오기 때문이라고 결론지었다. 그는 환자들의 증상과 꿈을 잘 걸러내면 암호와 같은 단서들이 발견되어 어두운 성(性)의 역사를 상징적으로 보여줄 것이라고 믿었다. 그러나 그가 처음부터 성의 역사를 염두에 두고 있었다는 사실을 그 자신은 알아채지 못했다.

우리는 프로이트식 원형에서 낯익은 장치들을 볼 수 있다.

그것은 인식의 표면 밑에서 부글거리는 욕망의 가마솥, 마음속에 잠복해 있는 지옥과 그 지옥을 인식하지 못하고 햇빛 속에서 하루하루 살아가는 자아의 존재, 모든 사람의 마음속에 반드시 존재하는 불길한 성욕의 흔적과, 그것을 통찰함으로써 얻게 되는 치유력 등이다. 인간의 마음을 이런 식으로 설명한다면 사랑은 성적 쾌감과 도착에 불가피하게 종속된다. 실제로 프로이트의 이론에서는 사랑을 금지되거나 억제되었던 근친상간에 대한 욕구를 복잡한 방식으로 표출하는 행동이라고 주장한다. 프로이트는 자신의 이론을 대표해 줄 상징과 척도를 찾기 위해 그리스 연극의 목록을 뒤져 오이디푸스를 찾아냈다. 신들의 저주를 받은 오이디푸스는 자신도 모르는 사이에 성도착자에 존속 살해자가 되어, 그 자신의 눈을 찌르고 고통 속에서 방랑한다. 프로이트의 문맥에서 이 이야기는 하나의 도덕적 원리로 변형된다. 즉 인간의 야만적 본성이 끔찍하고 공포스러운 수준까지 타락하는 것을 방지하려면, 이성과 지성으로부터 교화의 힘을 얻어 마음을 지배해야 한다는 것이다.

버트런드 러셀Bertrand Russell은 이렇게 말했다. 〈인간은 속기 쉬운 동물이므로 무엇인가를 믿어야 한다. 선한 믿음의 기반이 없을 때 인간은 악한 믿음에 만족한다.〉 어느 시대 어느 곳에서든 사람들은 아무 설명이 없는 것보다, 아무리 황당하고 잘못된 것이라도 어떤 설명이 주어지는 것을 더 좋아한다. 프로이트가 단호한 목소리로 인간의 어둡고 깊은 내면을 이해했다고 발표하자, 확실성을 갈망하던 세상은 그의 이론으로 떼지어 몰려들었다.

그러나 독재 정권하에서 그렇듯이 무질서를 종식시키는 일에는 적지 않은 대가가 뒤따랐다. 프로이트의 논리는 사실상 순환을 반복하는 뫼비우스의 띠나 다름없었다. 어린 시절의 성적 자료를 상기해 보라는 그의 주장에 환자들이 응하면, 그는 그들을 교활하다고 몰아붙였다. 반면 기억하지 못하는 환자들에 대해서는 그들이 진실을 거부하고 억압한다고 설명했다. (예루살렘에서 마녀들을 화형시킨 사건부터 종교 재판에서 죄인들을 박해하는 일까지 수많은 역사적 음모에는 부인과 자백을 동일시하는 방법이 동원되었다. 그것은 참으로 비열하고도 강력한 만능의 도구이다.) 오늘날 내면의 통찰을 강조하는 갖가지 심리 요법들은 프로이트의 결론을 정기적으로 갱신하면서 정당화시킨다. 그러나 이러한 이론들은 이미 광신도가 된 상태에서 신앙의 정당성을 입증하겠다고 주장하는 것과 다를 바가 없다. 그러한 순환식 추론이라면 아무리 잘못된 전제라도 완벽하게 입증할 수 있을 것이다.

당시에는 인간의 심리와 마음을 설명하는 다른 개념들이 전무했기 때문에 정신분석의 개념들은 쉽게 대중 문화에 파고들었다. 그러나 사랑의 수수께끼를 해명하려는 연구에서 프로이트의 모델은 과학 이전의 시대에 속한다. 그러한 신화들은 언제든 다시 부활할 수 있다. 인간의 뇌가 미스터리로 남아 있는 한, 또 마음과 신체의 연관성이 어둠 속에 묻혀 있는 한, 증거의 공백을 틈타서 감정에 관한 억지 주장들이 마음껏 유통될 것이다. 마치 정치판의 풍토처럼 당시의 대중 문화에서도 이론의 수명과 인기는 그 이론의 진실성이 아니라 그것을 선전하는 데 가미된 에너지와 재치에 의해 결정되었다.

마음에 관한 근거 없는 가정들이 자유롭게 떠돌던 시대에는 갖가지 기이한 주장들이 선거공약처럼 난무했다. 발작은 성적 오르가슴의 은밀한 표현이라는 주장이 있는가 하면, 아이가 읽고 쓰기에 지체를 보이는 것은 자신을 부부 침실에서 쫓아낸 부모에게 복수를 하는 것이라는 설명도 있었다. 또한 편두통은 처녀성 상실과 관련된 성적 환상을 드러내는 증상이었다. 이 모든 원색적 주장들은 두뇌에 관한 무지가 과학의 영역을 지배하던 시대의 산물이었다.

우리 세 사람은 임상의이기 때문에 매일 부딪치는 실용적인 요구에 해답을 찾아야 한다. 우리가 사랑의 본질을 해명하려는 목적은 상아탑에서 벌어지는 토론을 살찌우기 위해서도 아니고 학문적 쾌락을 제공하기 위해서도 아니다. 이 책에도 나와 있지만 이 세상에는 사랑하고 사랑 받는 과정에서 어려움을 겪는 사람들로 가득하다. 그리고 그러한 문제를 최대한 해결하려는 노력에 의해 그들의 행복이 크게 좌우된다. 따라서 아무리 유치하고 신화적인 모델이라도 그것이 임상적으로 효과가 있다면, 즉 사람들이 그들 자신의 마음을 알아 가는 데 도움이 된다면 우리는 그것을 절대로 거부하지 않을 것이다.

그러나 우리가 프로이트 모델과 그로부터 파생된 수많은 이론들을 적용시키려 했을 때, 그 효과는 거의 전무했다. 우리는 환자들의 정신적 문제와 씨름하는 동안 이 낡은 모델들이 일반적인 사람들의 내면에서는 전혀 발견할 수 없는 허황된 영역을 설명하고 있음을 알게 되었다. 환자들의 행동은 그 모델들의 예측과는 완전히 달랐다. 환자들은 그 모델들의 처방으로부터 어떤 도움도 얻지 못했다. 환자에게 도움이 되는 것들은 우리가 아는 과학적인 방식과는 거리가 멀었다. 우리가 진료실에서 매일 만나는 환자들의 이야기를 이해하기 위해서는 그 이론적 틀을 극한 이상으로 확장시키고 왜곡시키지 않을 수 없었다. 그래서 우리는 복잡한 마음의 수수께끼를 풀 수 있는 실마리를 다른 곳에서 찾아야 했다.

감정을 연구하는 과학은 20세기 초반부터 천천히 발전하기 시작하다, 후반에 접어들어 우연히 새로운 바람을 만나게 되었다. 항히스타민제를 찾고 있던 프랑스 의사들이 정신 질환 치료제의 조제법을 발견한 것이다. 폐렴 치료제가 기분을 향상시키는 것으로 밝혀졌고, 여기에 몇 가지 간단한 화학적 단계가 적용되자 여러 가지 항우울제가 만들어졌다. 한 호주인은 리튬이 기니피그를 유순하게 만든다는 사실을 우연히 알게 되었고, 그로 인해 조울증의 치료법이 발견되었다. 이 미세한 분자들이 뇌에 전달되면 환각을 없애고, 우울증을 제거하고, 감정의 기복을 완화시키고, 불안을 해소하는 작용을 했다. 이 모든 것들이 억압된 성적 충동이 모든 정신적 문제의 주된 원인이라는 가정으로는 절대 이해할 수 없는 일들이었다.

1990년대에 들어 의약과 정신분석학이 정면으로 충돌한 결과, 정신분석학적 설명은 완전히 붕괴되고 말았다. 그와 동시에 우리는 인간의 생활과 사랑을 설명할 수 있는 정합적인 체계를 잃게 되었다. 프로이트가 몰락한 20세기 말, 우리의 갈망과 욕망과 꿈은 체계적인 설명의 방법을 잃고 다시 어둠 속에 묻히고 말았다.

과학이 발전하여 프로이트의 자리를 대신했지만, 이것은 사랑을 확실하게 이해할 수 있는 이론적 틀을 제공하기에는 역부족이었다. 여기에는 두 개의 높은 장벽이 버티고 서 있었다.

첫째, 과학적 열정과 비인간성이 묘하게 결합된 상황이 지속되었다. 마음에 관한 모델이 사실적 기초에 근접할수록 소외는 더욱 심해졌다. 행동주의가 대표적인 예였다. 그것은 말꼬리마다 경험주의를 내세웠지만, 생각이나 욕망과 같은 삶의 주된 요소들을 인정하지 않음으로써 핵심을 크게 비껴 가고 말았다. 인지심리학은 지각과 행동을 연결시키기 위해 온갖 종류의 논리와 도식을 동원했지만, 정작 사람들에게 가장 소중한 자아의 중심에 관해서는 입을 굳게 다물었다. 진화심리학은 다윈주의의 유산을 기꺼이 받아들여 인간의 마음을 설명하려 했지만, 우정, 친절, 종교, 예술, 음악, 시 등과 같이 외적으로 생존에 도움이 되지 않는 삶의 모든 특징들을 심리적 착각으로 비하했다.

현대의 신경과학도 마찬가지이다. 그것은 매력과 영혼이 말라버린 환원주의를 유포시켰다는 점에서 공범의 혐의를 벗을 수 없다. 정신분석학자들이 인간이 거주할 무형의 성을 허공에 쌓아 올렸다면, 신경과학은 콘크리트 헛간을 지었다. 모든 감정이나 행동이 두개골 속을 굴러다니는 분자 당구공들이 서로 부딪치며 생기는 결과라고 한다면 이해할 수 있는가? 감정의 문제가 발생하면 아이들은 리탈린 Ritalin을 어른들은 프로작 Prozac을 꾸준히 복용하는 것만이 유일한 국가적 해결책인가? 만약 남편을 잃은 여자가 우울증에 빠졌다면 그녀의 슬픔이 중요한가, 아니면 잘못된 화학 반응이 중요한가? 과학은 인간의 본질을 규명하는 일에 뛰어들었지만, 지금까지는 휴머니즘에 적대적인 모습만을 보여 왔다. 결국 의미를 추구하는 사람들은 과학에 등을 돌리고 있다.

사랑에 대한 과학적인 설명을 가로막는 두번째 장애물은 객관적 자료의 부족이다. 뇌를 이해하고 싶어하는 사람들은 체계적인 연구 자료를 갈망한다. 그래서 경험주의가 관대한 태도로 제공하는 자료들을 과학은 똑같이 관대한 태도로 받아들인다. 그러나 거대한 기술적 진보에도 불구하고 뇌과학은 여전히 양의성을 띤 애매한 암시들만 늘어놓음으로써 우리를 실망시키고 있다. 그 암시들이 우리에게 올바른 방향을 가르쳐주기도 하지만, 최종적인 목적지에 도달하기에는 명확하지 못한 면들이 너무 많다. 과학은 뇌를 이해하기 위해 지금까지 먼 길을 걸어왔지만, 그 길은 지평선 너머로 계속되고 있다. 사랑을 연구하는 사람들은 마음과 관련된 많은 문제들 속에서 여전히 확실성과 유용성의 관계라는 케케묵은 문제에 직면한다. 그것은 사랑에 관한 것들 중에서 증명이 가능한 것은 몇 개에 불과하고, 증명이 가능한 것들 중에서도 알 가치가 있는 것은 또 몇 개뿐이라는 것이다.

사랑의 영역을 탐험할 때 완고한 경험주의자는 논의할 것이 거의 없다. 부모를 향한 어린아이의 막연하고 격렬한 갈망, 젊은 연인들의 열정, 흔들리지 않는 모성애 등, 이 모든 것들이 희뿌연 수증기처럼 그의 손을 빠져나가, 특정한 유전자나 세포들의 작용에서 그 원인을 찾으려는 객관주의적 시도를 비웃는다. 아마도 언젠가는 모든 것들이 밝혀지겠지만, 그날은 까마득히 먼 곳에 있다. 입증 가능한 증거를 찾아야 한다는 속박을 어느 정도 벗어버린다면, 적어도 퀴자 보드Quija board(영령들을 만나게 해주거나 미래를 예언한다는 미신적인 판——옮긴이)의 증거만으로도 사랑에 관한 자유로운 환상을 무한정 펼칠 수 있을 것이다.

경험주의는 척박하고 불완전한 반면 인상주의적 가설은 자유분방한 결론을 피할 수 없다면, 인간의 마음을 성공적으로 이해할 수 있는 희망은 어디에 있는가? 블라디미르 나보코프Vladimir Nabokov의 말을 빌리자면, 환상 없이는 과학이 없고 사실 없이는 예술이 없다. 사랑은 뇌에서 방출된다. 뇌는 육체의 일부이므로 오이나 화학 작용처럼 과학적 담론의 주제로 적합하다. 그러나 사랑은 개인적이고 주관적인 것이기 때문에, 나비 연구가가 호랑나비를 살충병에 넣었다가 두 날개를 핀으로 꽂아 표본을 만들듯이 필요에 따라 마음대로 다루기란 불가능하다. 우리는 과학으로부터 많은 것을 배우지만, 인간의 감정을 연구할 때는 과학적인 증거와 직관을 신중하게 조화시켜야만 가장 정확한 관점을 얻을 수 있다. 공허한 환원주의와 허황된 미신이라는 두 개의 함정에 빠지지 않기 위해서는, 증거를 존중하는 자세를 가지는 동시에 입증되지 않은 것들과 입증 불가능한 것들에 대한 우호적인 자세도 견지해야 한다. 인습적 권위를 거부하는 관점과 자유로운 상상력도 중요하지만, 상식도 그와 동등한 비율로 결합되어야 한다.

과학은 자연 세계를 탐구하고 정의하는 데 대단히 유용한 도구를 제공하지만, 인간은 그보다 더 오래된 도구를 이용하여 주변 사람들의 내면적 본성을 파악한다. 그 두번째 방법은 논리

못지않게 유용하며, 논리보다 더 유용한 경우도 대단히 많다. 우리는 감정의 비밀을 해독하는 데 두 가지 방법이 모두 정당하고 필요하다는 점을 인정한다.

여러 해 동안 우리 세 사람은 신경과학의 문헌들을 면밀히 검토했다. 확실한 과학적 증거와 여러 가지 문제의 의미를 해석할 수 있는 연구 성과들의 실제적인 연관성을 밝히기 위해서였다. 간단히 말해 우리가 찾는 것은 사랑의 과학이었다. 우리 자신의 영역에서는 그러한 체계를 찾기가 불가능했기 때문에 우리는 다른 분야들을 탐색했다. 그 결과 우리는 신경발달 이론, 진화 이론, 정신약리학, 신생아학, 실험심리학, 컴퓨터과학 등의 기초 원리들을 한 자리에 모을 수 있었다.

이 책에는 그러한 과학적 성과들이 크게 반영되어 있지만, 우리는 학술적 논문이 사랑의 신비를 푸는 열쇠를 쥐고 있다는 근시안적인 견해는 인정하지 않는다. 그러한 정보를 가장 풍부하게 간직하고 있는 보고는 인간의 삶이기 때문이다. 책을 보지 않고 신체를 연구하는 사람은 항로가 없는 바다를 항해하는 것과 같고, 단지 책에만 의존하는 사람은 항해를 포기하는 것과 같다고 윌리엄 오슬러 William Osler는 말했다. 따라서 우리는 필요할 때마다, 우리의 환자와 그 가족과 우리 자신이 실제로 겪는 정서적 경험에 비추어 과학적 내용들을 검토했다.

몇 년 동안 잡종 교배를 시도한 결과, 우리는 다양한 분야의 원칙을 하나의 소용돌이로 결합시킬 수 있었다. 우리는 한 번도 들어보지 못한 새로운 용어로 사랑을 생각하고 설명하기 시작했다. 우리를 중심으로 혁명적인 패러다임이 형성된 후 지금까지 우리는 그 속에 머물고 있다. 그 구조 안에서 우리는 인간의 삶에 관한 중요한 문제들의 새로운 해답을 발견했다. 우리가 탐구한 문제들은 다음과 같았다. 감정이란 무엇이고, 우리는 왜 감정을 느끼는가? 결속이란 무엇이고 그것은 왜 존재하는가? 감정적 고통의 원인은 무엇이고, 그것의 치료 방법은 무엇인가, 약인가, 심리 요법인가, 아니면 둘 다인가? 치료는 무엇이고, 그것을 통해 무엇이 치유되는가? 정신적 건강을 증신 시키려면 우리 사회를 어떻게 개선시켜야 하는가? 우리는 아이들을 어떻게 키워야 하고, 무엇을 가르쳐야 하는가?

이러한 문제를 연구한 것은 단지 지적 유희로서가 아니었다. 사람들이 자신의 삶을 이해하기 위해서는 반드시 이에 대한 해답들이 필요하기 때문이다. 우리는 이러한 지식이 필요한 상황을 매일 목격하고, 그러한 지식이 없을 때 발생하는 가혹한 결과를 종종 목격한다. 가속도와 운동의 법칙을 모르거나 무시하는 사람은 뼈가 부러진다. 사랑의 법칙을 알지 못하는 사람은 인생을 허비하고 마음을 다친다. 그로부터 발생하는 고통의 증거는 실패한 결혼, 고통스러운 관계, 방치된 아이들, 실현되지 않은 야망, 좌절된 꿈 등 우리 주변에서 다양한 형태로 발견된다. 이러한 상처는 곳곳에서 우리 사회를 병들게 한다. 실제로 우리 사회에서 감정적 고통과 그 결과들은 일상적인 현상이 되었다. 그러한 고통의 뿌리가 쉽게 외면당하고, 해결책으로 제시된 것들이 성공을 거두지 못하는 이유는 그것들이 감정의 법칙과 모순되기 때문이고, 우리의 문화가 아직 그 법칙을 인정하지 못하고 있기 때문이다.

그러한 법칙은 오랜 세월 동안 인간의 발견을 용케도 피해왔지만, 우리의 가슴속 어딘가에 깊고 선명하게 새겨져 있다. 그리고 그러한 비밀들이 극소의 미궁 속에 감춰져 있다는 사실을 감안할 때 두뇌의 마지막 신비가 풀리기까지는 앞으로 몇 세기가 더 지나야 할지 알 수 없는 일이다. 우리들 중에는 그 아득한 시대가 시작되는 것을 보고 죽을 사람은 없을 것이다.

그 과제는 마침내 과학의 도움으로 우리 앞에 모습을 드러냈다. 우리는 이 책에서 상상과 창조 그리고 생명공학이 우리에게 던져준 과학적 지식에 의존하여 사랑의 본질을 탐구할 것이다. 우리의 의도는 두뇌과학의 백과 사전을 만드는 것이 아니다. 이 책에는 복잡한 신경해부학적 그림 같은 것은 없다. 우리는 정신의 구석구석을 표시하는 정밀 지도를 작성하려는 것이 아니라, 인간의 정신에 숨어 있는 다양한 풍경을 민첩하게 정찰하고자 한다.

그 과정에서 우리는 일반적인 정신의 범주에서부터 먼 곳까지 여행할 것이다. 그 여행을 하는 동안 우리는 길 잃은 강아지들의 울음소리, 기억의 수학적 원리, 마못 부부들의 정절, 남태평양 주민들의 얼굴 표정 등을 언급할 것이다. 또한 우리는 중세의 어느 황제가 명한 자녀 양육 실험, 심리 요법의 기술, 신생아들의 직관적 천재성, 사람들이 극장에서 손을 잡는 이유 등을 고찰할 것이다. 우리는 가족이 왜 존재하는지, 감정이란 무엇인지, 사랑이란 무엇인지, 시각장애 아기들은 미소짓는 법을 어떻게 배우는지, 그렇다면 파충류는 왜 미소지을 수 없는지 등을 논의할 것이다. 사랑에 관한 새로운 이해는 이러한 이질적 분야들이 교차하는 지점에서 형성되며, 바로 그 곳에서 우리는 기존의 생리학과 인간의 실제 경험(열정과 고통)에 모두 적합한 설명을 시작할 수 있다.

과학자나 의사들만이 그 영토를 답사할 수 있는 것은 아니며, 그들이 최초의 탐험가도 아니다. 마음의 비밀을 증류시켜 전달하고자 하는 열망은 시, 소설, 연극 속에서 가장 선명하게 드러난다. 사랑의 시와 사랑의 과학은 물질과 에너지의 등치와 같이, 치밀하고도 놀라운 대칭 구조 속에서 예기치 못한 공통의 성질을 보여준다. 각각의 방법은 경계 바깥에 도달하기 위해 지성의 도구들을 사용한다. 그리고 신성한 것을 파악하여 그것을 세상에 알리기 위해 노력하며, 이 과정에서 흔히 진리에 수반되는 인식의 충격을 우리에게 던져준다. 이제 과학이 시의 영역에 들어갔으므로, 한 분야의 성과는 다른 분야의 노력에 영향을 미칠 것이다.

과학이 존재하기 오래전부터 뛰어난 통찰력의 소유자들은 인간의 탄생에 관한 이야기들, 즉 지금까지도 우리를 사로잡는 매력과 교육적 효과를 간직하고 있는 그 이야기들을 서로 교환했다. 인간의 본성을 연구하기 위해 과학을 이용하는 것은 그러한 이야기들을 대신하는 것이 아니라 오히려 그것들을 논증하고 심화시키기 위해서이다. 로버트 프로스트Robert Frost는 마음이란 위험한 것이므로 추방되어야 한다고 믿어 자기 자신을 속이는 시인들이 너무 많다고 말한 적이 있다. 그와 똑같은 원칙이 뇌의 연구에도 적용된다. 단지 두려움 때문에 사랑을 논하지 않으려는 전문가들이 너무 많다.

우리의 생각은 마음이란 위험한 것이므로 절대로 추방되어서는 안 된다는 것이다. 시적인 것과 사실적인 것, 입증된 것과 입증될 수 없는 것, 마음과 두뇌는 대립하는 양극의 미립자들처럼 반대 방향으로 각자의 인력을 작용시키고 있다. 그러나 그것들이 만나면 눈부신 빛이 발산된다.

그것들이 교차하는 환한 장소에서 사랑은 그 모습을 드러낸다. 우리가 지금 내딛는 이 걸음은 결코 완전한 여행이 아니다. 우리 시대의 과학은 사랑의 구성 요소들을 암시할 뿐, 그 본질을 명확히 밝히지는 못하기 때문이다. 마음의 성은 아직 공중에 떠 있으며, 그 성의 내부에는 추측과 창조와 시의 드넓은 공간이 남아 있다. 신경과학에 의해 뇌의 비밀이 밝혀짐에 따라 놀라운 통찰력으로 사랑의 본질을 파악하는 일이 가능해질 것이다. 그것이 바로 이 책의 주제이다. 사실 사랑의 본질을 제외한다면 과연 무엇이 인생의 비밀이겠는가?

2

뇌에 숨겨진 사랑의 수수께끼

사랑은 음유 시인의 노래 혹은 시인들의 서정시에 잘 들어맞는 주제이다. 사랑이 시적 본질과 잘 어울린다는 것은 논란의 여지가 없다. 그러나 두근거리는 가슴에서 우러나오는 사랑을 과학자의 차가운 시선으로 응시하게 한다는 것은 선뜻 내키지 않는 일이다. 과학은 냉정하지만 효과적인 원칙을 고수한다. 그것은 자연 세계의 한 부분을 이해하기 위해 그것을 낱낱이 분해한다. 그러나 사랑은 분해가 불가능하다. 사랑은 더 이상 들어갈 수 없는 막다른 골목처럼 보인다. 그렇다면 어떻게 연구가 진행될 수 있겠는가? 무디기만 한 객관성이 덧없고 일시적이고 시적인 사랑에 관해 무엇을 이해할 수 있겠는가?

오늘날 과학은 허깨비를 무서워하지 않는다. 20세기 초의 사람들은, 자연 세계는 깔끔하게 맞물린 톱니바퀴와 같아서 충분한 배율과 정교함을 갖춘다면 누구라도 확대경으로 자연 세계를 들여다보아 자세한 모습을 관찰할 수 있다고 생각했다. 물리학자들과 수학자들은 현실 세계를 더 깊이 탐구하는 과정에서 객관성이 지배하는 관할 구역의 끝에 부딪혔다. 1928년 윌리엄 버틀러 예이츠William Butler Yeats는 〈오, 음악에 흔들리는 몸이여, 반짝이는 빛이여 / 춤과 춤추는 사람을 어떻게 구별할 수 있을까?〉라고 물었다. 당시의 과학은 전통적인 과학이 요구하는 바대로 지식의 주체와 대상을 구분할 수 없는 한계 앞에서 비틀거렸고, 시인은 그러한 과학의 상태를 완벽하게 반영했다. 과학적 주관성에 관해 힘들게 깨달은 그러한 교훈 덕분에 우리는 마침내 자신의 가슴을 열어 보는 혁명의 순간을 바라보고 있다.

시계 장치와 같은 세계라는 개념에 최초의 충격을 가한 사람은 알베르트 아인슈타인이었다. 그는 상대성 이론에서 시간의 흐름은 사람이 있는 곳에 따라 달라지며, 사람들이 목격하는 사건들의 연대기적 순서마저도 관찰자에 따라 달라질 수 있다고 말했다. 몇 년 후 쿠르트 괴델Kurt Gödel은 어떤 수학적 체계라도 용의 동굴에서 희미하게 반짝거리는 보석처럼 누구도 증명할 수 없는 정리(定理)가 반드시 포함되어 있다는 것을 논증했다. 아인슈타인과 괴델 사이에는 베르너 하이젠베르크Werner Heisenberg의 불확실성의 이론이 있다. 하이젠베르크는 특정한 원자의 위치를 정밀하게 측정할수록 그것의 속도는 더욱 알기가 어려워진다는 것을 보여주었다. 이 조심스러운 두 가지 성질은 그 역할이 역전되기도 한다. 입자의 속도를 정확히 측정할수록 그 위치는 더욱 파악하기 어려워진다.

하이젠베르크가 발견한 이 사실의 중요성은 원자의 수준 너머로 확대되어 과학 활동의 토대를 변동시켰다. 하이젠베르크는 〈과학이 묘사하고 설명하는 대상은 자연이 아니라, 우리가 문제를 제기하는 방법에 따라 드러나는 자연이다〉라는 결론을 내렸다. 그는 괴델과 아인슈타인과 더불어 무한한 세계라는 이해하기 힘든 개념을 소개했다. 그것은 알 수 있는 것들의 범위가 점차로 감소하는 실망스러운 세계, 그리고 문제 제기의 관점과 방법과 같은 막연한 기준들이 이제까지 확고하다고 인정되었던 진리를 잠식해 가는 세계였다. 1930년이 지나자 과학적 지식의 주변부뿐 아니라 확고부동한 중심부까지도 미스터리에 휩싸이기 시작했다. 과학이 사랑의 신비를 통찰하기 위해서는 우선 문제 제기 방식부터 개선해야 했다.

오래된 수수께끼 하나를 풀어 보자. 그것은 질문이 어떻게 해답의 범위를 제한하는지 보여줄 것이다.

나는 세인트 아이브스로 가던 중에

한 남자와 일곱 명의 아내를 만났는데,

일곱 명의 아내들은 저마다 일곱 개씩의 자루를 메고

그 자루에는 각기 일곱 마리의 고양이가 들어 있었어.

그리고 그 고양이들은 저마다 일곱 마리의 새끼 고양이를 배고 있었지.

새끼 고양이, 고양이, 자루, 여자들……

세인트 아이브스로 가는 것은 모두 몇 개?

아이들은 대개 정답이 하나라는 것을 쉽게 안다. 세인트 아이브스로 가던 사람은 말하는 사람 혼자라고 언급되었기 때문이다. 이 수수께끼에는 다른 여행자들이 어디로 가는지 언급되지 않아서 정답을 금방 알아내기가 어렵다. 이 수수께끼는 듣는 사람의 인식에 혼란을 유발하도록 꾸며져 있다. 〈세인트 아이브스로 가는 것은 모두 몇 개?〉라는 질문 때문에, 〈다들 어디로 가고 있는가?〉라는 숨겨진 질문을 간과하게 된다. 〈다들 어디로 가고 있는가?〉라는 질문은 해답이 없고, 따라서 문제로서 부적합하다. 또한 연속해서 등장하는 일곱이라는 수는 마술사가 손 안에 감춘 카드를 꺼낼 때처럼 교묘하게 사람들의 관심을 빗나가게 한다. 듣는 사람은 확실한 것과 알려진 것에만 이끌려서 엉뚱한 계산에 몰두하게 된다.

사랑을 구성하는 요소가 무엇인지 그리고 그것이 어떻게 작용하는지를 모른다면 마음의 수수께끼를 풀려는 희망은 물거품이 될 것이다. 생물학은 오늘날까지 사랑에 관한 가장 일반적이고 가장 유력한 관점들이 형성되는 데 거의 어떤 역할도 하지 못했다. 세인트 아이브스 수수께끼가 보여주고 하이젠베르크가 입증했듯이 우리가 보는 세계는 우리가 어떤 질문을 던지는가에 따라 달라지기 때문이다. 〈우리는 뇌의 구조와 기능을 통해 사랑의 본질에 대해 어떤 것을 알 수 있는가?〉라는 질문은 100년 전에는 기대하기 힘든 것이었다. 그 당시에는 뇌에 관한 무지가 인간의 감정을 이해하는 데 장애물로 간주되지 않았다. 사실 그런 사실에 주목하는 사람조차 없었다.

오늘날 사랑과 생리학의 연관성은 조금도 낯설지 않다. 사랑 그 자체는 환원주의에 굴복하지 않았다. 그러나 20세기의 마지막 20년 동안, 사랑을 만들어내는 뇌는 그와 정반대였다. 첨단 기술의 스캐너와 정교한 해부 도구와 함께 출현한 현대 신경과학은 마침내 사랑을 연구하는 사람들에게 분석할 수 있는 물리적 토대를 제공하였다.

마음의 비밀을 찾는 사람들은 뇌 구조와 관련된 필수적인 사실들을 우회하고 싶어 할 수도 있다. 그 문제가 극단적으로 기술적인 데다가 최면성을 띠는 것은 아닐까 하는 두려움 때문이다. 그러나 걱정할 필요는 없다. 뇌의 밀도와 정교함과 섬세함과 복잡함은 언제나 당황스러움보다는 경외심을 자아낸다. 그러나 뇌의 세부적인 정교함에 취하고 싶다고 해도 그 속에 빠질 필요는 없다. 자동차를 운전하기 위해 기계공학 학위가 필요한 것은 아니기 때문이다. 하지만 내연 기관에 대한 실용적인 지식은 필수적이다. 휘발유가 무엇인지, 그것은 어떤 역할을 하는지, 왜 라이터를 켜고 연료 탱크를 들여다보면 안 되는지. 이처럼 사랑의 본질을 이해하기 위해 《사이언티픽 아메리칸》의 이전 호들을 뒤질 필요는 없지만, 열정의 불꽃이 튀기 시작할 때 치명적인 실수를 범하지 않으려면 뇌의 기원과 구조에 대해 기본적인 지식은 가지고 있어야 한다.

뇌와 인간의 본성

뇌는 뉴런의 망이고, 뉴런은 신경계를 구성하는 개별 세포들이다. 그러나 이러한 근거로는 뇌를 본질적으로 심장이나 간과 다르다고 할 수 없다. 이 기관들도 같은 종류의 세포들이 결집된 덩어리이기 때문이다. 특정한 기관에 특정한 성질과 능력을 부여하는 것은, 그 기관을 구성하는 뉴런들이 수행하는 분화된 기능이다. 뉴런의 고유한 기능은 셀투셀 방식의 신호 전달이다. 이 신호는 전기적인 동시에 화학적이다. 신경 전달 물질은 쉴새없이 좌우로 움직이면서 주어진 메시지의 화학적 신호를 전달한다. 누군가 〈화학적 불균형〉에 빠졌다고 말할 때(이 말은 현재 〈자발적인 통제를 벗어난 불쾌한 행동〉이라는 말과 같은 뜻이 되었다) 그것은 신호 전달 과정의 한쪽만을 가리키는 것으로, 뉴런의 전기적 작용력은 암암리에 무시당하고 있는 셈이다. 마음을 변화시키는 전기의 능력을 목격한 사람은 거의 없으나, 화학물질이 사람을 변화시킨다는 것은 모두가 아는 사실이다. 커피에는 각성 효과가 있고, 알코올은 심리적 억압을 해소한다. LSD는 환각을 일으키고, 프로작은 우울증, 강박감, 자신감 부족을 완화시킨다. 이 모든 작용들이 뉴런의 신호를 강화시키거나 두절시킴으로써 발생한다. 어떤 물질이 체내의 신경 전달 물질을 흉내내거나 차단한다는 것은 그것이 상상, 기억, 생각, 고통, 의식, 정서, 그리고 사랑 등과 같은 마음의 한 측면을 어루만진다는 것을 의미한다.

이러한 세포 집단이 서로 끊임없이 신호를 주고받는 목적은 무엇인가? 또 이러한 의사 소통의 축제로부터 어떤 유용한 성질이 발생하는가? 그리고 그 과정은 어떤 결과를 향해 전진하는가? 바로 생존이다. 신호를 주고받는 하나의 세포 집단은 순간적인 변화에 대해 즉각적인 반응을 꾀할 수 있다. 환경으로부터 얻는 정보는 내향적 inbound 신호로 변환되고, 뉴런의 중앙 집단 내부에서 격렬한 처리 과정을 거친다. 이 과정에서 만들어진 외향적 outbound 신호가 이른바 행동을 유발한다. 도망치는 먹잇감을 후려치거나, 약탈자의 발톱을 피해 뛰어 오르는 행동은 그렇게 생성된다. 최고의 체제에 의해 발화되는 최고의 뉴런을 가진 동물만이 더 오래 살 수 있다. 다음 짝짓기 계절까지 별탈 없이 지낸다면 그들은 승자가 된다. 자연 선택은 2등에게는 어떤 상도 주지 않는다.

우리는 두개골 안에서 복잡하게 운동하는 신경계를 자랑스럽게 생각하지만, 생존 게임에서 그러한 방식으로 대응하는 것은 단지 여러 가지 생존 전략 중의 하나에 불과하다는 것을 알아야 한다. 이 세계에서 가장 성공적인 생명체는 뇌를 가지고 있지 않으며 뇌를 쓸 일도 없다. 지상에서 최고의 개체수를 자랑하는 박테리아는 단세포 생물로서, 다세포의 신호 체계나 그러한 교신으로 발생하는 복잡한 행동에 전혀 의존하지 않고도 당당하게 생존하고 있다. 무능력해 보이는 외관과는 정반대로 그들은 북극의 툰드라에서 부글거리는 유황 온천까지 생태학적으로 적합한 모든 장소에서 적응해 왔다. 그리고 캘리포니아 북부의 거대한 아메리카 삼나무는 그 수명이 4천 년에 달하는 지상에서 가장 오래 사는 유기체로서, 거의 무한한 수명을 다하는 날까지 어느 한 순간도 외부의 자극에 빠르게 반응하는 능력을 필요로 하지 않는다.

신호를 주고받는 최초의 세포 집단은 매우 단순한 환경 변화에 대응하기 위해 간단한 명령을 수행하는 빈약한 집합체였다. 가령 왼쪽에서 독성 물질이 감지되면 오른쪽으로 이동하는 등의 행동을 위한 것이었다. 그 후로 오랜 세월이 지나, 이제는 1,000억 개의 뉴런이 인간의 뇌를 구성하고 있다. 이 뇌의 복잡한 구조가 인간 본성의 모든 것을 결정한다. 여기에는 물론 사랑도 포함된다.

뇌의 삼위일체

인간의 뇌는 예정된 개발 계획에 따라 형성되지 않았다. 진화는 영겁의 시간 동안 우연이나 주변 상황과 같은 다수의 요인들이 동시적으로 작용하여 생물의 구조를 형성하는 정처 없는 과정이다. 수많은 세대의 생물체들이 불규칙하게 변하는 환경에 적응하는 동안, 진화는 대단히 변덕스러운 궤적을 그리면서 성공과 실패, 타협, 막다른 골목 등을 남발해 왔다. 우리는 생물체들의 적응이 점진적이고 발전적이라는 생각에 익숙하다. 그러나 20년 전 닐스 엘드리지와 스티븐 굴드는 그러한 생각이 화석의 증거와 어긋난다고 주장했다. 진화의 과정은 일련의 매끄러운 변화가 아니라 폭발적인 변화가 간헐적으로 발생하는 불규칙한 과정인 것이다. 환경이 빠르게 변하거나 환경에 유리한 돌연변이가 발생할 때는 변형된 유기체들이 폭발적으로 생성될 수 있다.

이렇게 인간 두뇌는 철저한 계획이나 빈틈없는 실행에 의해 발달한 것이 아니었다. 그것은 단지 우연이었다. 그 계보를 보면 누구라도 뇌의 형성에 관한 합리적인 기대를 포기하게 된다. 선

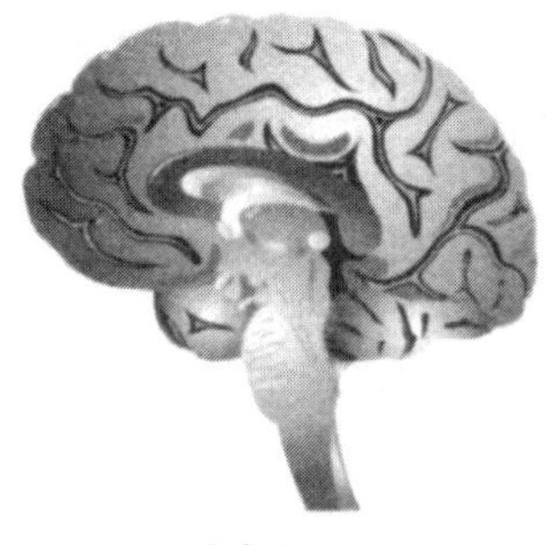

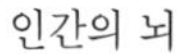
인간의 뇌

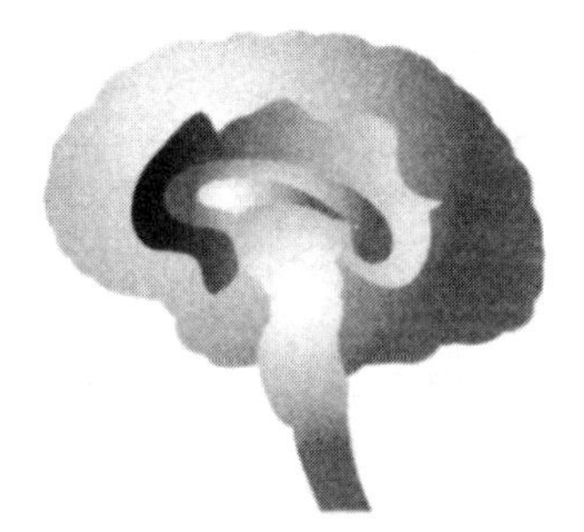
뇌의 삼위일체

험적으로 생각해도, 신경 구조가 발달된 생물체가 매일 무기력한 수면 상태에 빠져서 약탈의 대상이 될 수 있다는 것은 불합리한 일임을 알 수 있다. 잠이 신경에 작용하는 기능은 아직 밝혀지지 않았지만, 그렇게 위태로운 잠이 포유동물 세계에 보편적이라는 사실은 뇌의 불합리성을 보여주는 좋은 증거이다. 또 하나의 그릇된 상식은, 인간의 뇌가 일원적이고 조화로울 것이라는 생각이다. 뇌 전체가 동질이라면 더 잘 기능할 수도 있겠지만, 인간에게는 그런 것이 없다. 진화된 신체 기관들은 논리의 법칙에 응하는 것이 아니라 절박한 생존의 긴 사슬에 일치한다.

진화신경해부학자이자 국립 정신건강 연구소의 수석 연구원인 폴 맥클린Paul MacLean 박사의 주장에 따르면 인간의 뇌는 세 개의 하부뇌sub-brains로 구성되어 있으며, 각각의 하부뇌는 진화의 역사에서 각기 다른 시대의 산물이라고 한다. 세 하부뇌는 서로 뒤섞이고 교신하면서 삼중주를 연주하지만, 어떤 정보는 전환의 과정에서 불가피하게 유실된다. 각각의 하부 단위들은 그 기능과 성질, 심지어는 화학 작용까지도 서로 다르기 때문이다. 세 개의 하부뇌로 구성된 뇌, 즉 뇌의 삼위일체 triune brain라는 맥클린 박사의 신경진화론적 발견 덕분에 우리는 사랑의 혼란이 어느 정도는 태고의 역사로부터 발생하는 것임을 알게 되었다.

파충류의 뇌

최초의 뇌인 파충류의 뇌는 정교한 구근 모양의 척수에 해당하는 부분이다. 이 뇌에는 생명 조절 중추들이 있는데, 호흡, 삼킴, 심박 작용을 자극하는 뉴런들과, 가령 개구리가 공중에서 춤추는 잠자리를 낚아챌 때 이용하는 시각 추적 장치가 여기에 포함된다. 또한 이곳에는 갑작스러운 움직임이나 소리에 대해 신속한 반응을 유도하는 놀람 중추가 있다. 사실 이것이 동물들에게 뇌가 있는 주된 이유이다. 생존에 필요한 생리 기능을 전담하는 파충류의 뇌(폴 맥클린은 파충류의 뇌를 R-복합체라고 했는데, 여기서 R은 파충류 reptilian의 약자이다――옮긴이)는 〈뇌사 상태〉에 빠진 사람에게서도 여전히 작용한다. 파충류의 뇌가 죽으면 신체의 나머지 부분도 모두 죽는다. 다른 두 개의 뇌는 생명 유지를 위한 신경 활동과는 약간 거리가 있다. 철도 노동자였던 피니어스 게이지 Phineas Gage는 신경학의 전설로 전해 오는 인물이다. 1848년 폭발 사고에서 강철 막대가 게이지의 두개골을 관통했다. 그 막대는 그의 왼쪽 눈 밑으로 들어가서 머리 윗부분을 뚫고 나왔다. 그 결과 대뇌의 신피질에 커다란 구멍이 뚫렸고 그의 추리 능력도 함께 날아가 버렸다. 사고 후 게이지는 다른 사람으로 변했다. 그의 부지런함과 단정함은

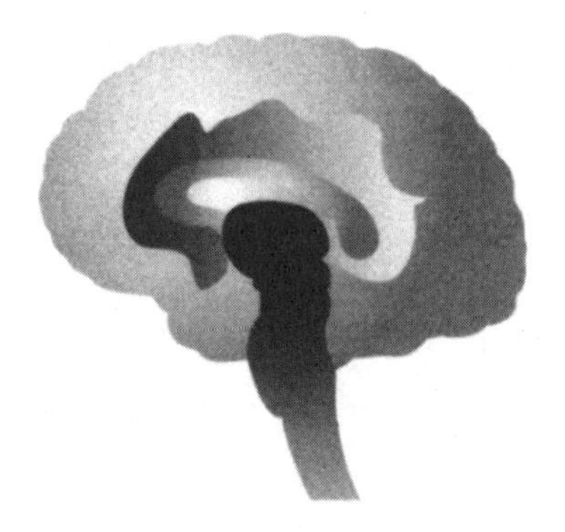

파충류의 뇌

게으름과 혼란으로 영원히 바뀌고 말았다. 그러나 폭발 사고 후, 병상에서 일어나 앉는 순간부터 그는 정상적으로 말하고 걸을 수 있었다. 뿐만 아니라 정상인과 똑같이 먹고, 자고, 숨쉬고, 달리고, 양치질 했다. 그는 신피질이 없는 상태로 13년을 더 살았다. 그 폭발로 튀어 오른 강철 막대가 파충류의 뇌를 건드렸다면 그는 땅에 쓰러지기도 전에 사망했을 것이다.

파충류의 뇌는 살아 있는 동안 심장 박동을 유지하고, 폐를 확장 · 수축시키며, 혈액 속의 염분과 물의 균형을 조절한다. 주인이 떠난 집의 냉장고처럼 파충류의 뇌는 인간의 뇌가 죽은 후에도 수년간 자신의 기능을 유지할 수 있다. 우리 사회는 파충류의 뇌만 살아 있는 사람에 대해 당황스러워 한다. 그는 죽은 사람인가, 살아 있는 사람인가? 슬픈 이야기일지 모르나 파충류의 뇌만으로 생명을 유지하는 신체는 절단된 발가락 이상의 의미가 없다. 인간과 다른 동물을 구분하는, 혹은 한 개인과 다른 개인을 구분하는 특징들은 이 태고의 세포 덩어리에서 나오는 것이 아니기 때문이다.

파충류의 뇌가 감정 활동 체계에 주요한 역할을 하리라고 기대했다면 실망스러울 것이다. 파충류에게는 감정이 없다. 파충류의 뇌는 공격과 구애, 짝짓기와 영토 방어 등의 기초적인 상호 작용만을 허락한다. 맥클린이 지적했듯이, 몇몇 도마뱀 종들은 그들이 주장하는 영역에 침입자가 들어오면 공격과 격퇴의 행동을 보이는데, 이것은 육지에 사는 척추동물의 역사에서 세력 다툼이 아주 초기의 산물임을 보여준다. 우리는 도시의 폭력배들이 그들의 영역을 표시해 놓고 그 곳에 잘못 들어온 사람을 괴롭히거나, 빨간 셔츠를 입어야 하는 구역에 파란 셔츠를 입고 들어왔다는 이유로 행인을 협박하는 경우를 보는데, 모두가 이 태고의 뇌가 작용한 결과이다. 그러한 행동의 뿌리는 비사교적인 육식동물의 생활에 도움이 되도록 설계된 파충류의 뇌에 연결되어 있다.

대뇌 변연계

1879년 프랑스의 외과 의사이자 신경해부학자인 폴 브로카Paul Broca는 그의 가장 중요한 연구 성과를 발표했다. 그것은 모든 포유동물의 뇌가 공통의 구조를 가진다는 내용으로, 그는 이것을 〈대변연엽 le grand lobe limbique(great limbic lobe)〉이라고 명명했다. 그는 이 뇌회 convolution(대뇌 표면의 주름──옮긴이)와 나머지 대뇌 사이에서 〈경계선〉을 발견했기 때문에 라틴어로 〈가장자리, 변두리, 경계〉를 뜻하는 림버스 limbus에서

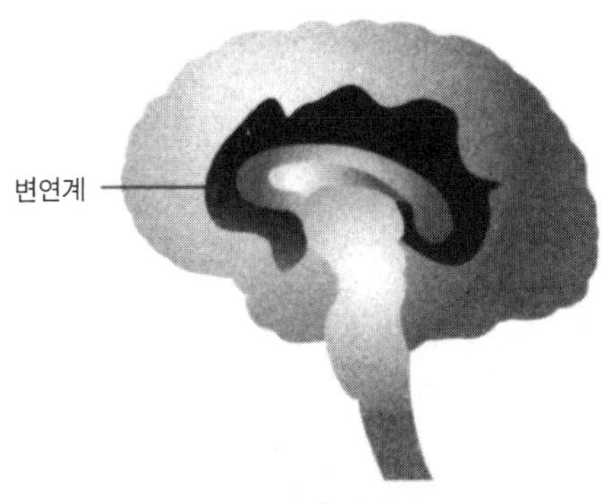

대뇌 변연계

그 용어를 빌려 왔다. 그가 발견한 구조는 두 개의 상이한 생활 방식을 구분하는 진화론적 표식이므로, 그것은 대단히 재치 있고 적절한 이름이었다.

인류의 두번째 뇌인 대뇌 변연계 limbic brain는 첫번째 뇌를 편안하게 둘러싸고 있는 형태이다. 그러나 그 부드러운 곡선 안에는 발음하기조차 어려운 명칭들을 가진 신경 장치들이 모여 있다. 그 목록은 마치 마술사의 주문처럼 들린다. 해마, 뇌궁, 편도, 대상회전, 비 주변 부위, 해마 주변 부위 등이 그것이다.

초기의 포유동물들은 도마뱀 형태의 작은 파충류에서 진화했다. 포유동물 특유의 기술 혁신, 즉 자식을 알에 담아 몸 밖으로 내보내는 것이 아니라 따뜻한 혈액이 도는 몸 안에 지니고 다니면서 키우는 능력을 획득한 것은 떠도는 행성이 지구와 충돌하여 공룡을 멸종시키기 훨씬 이전이었다. 거대 파충류가 갑자기 소멸하고 나자 지위 향상을 노리는 강(綱)에게 새로운 기회가 돌아갔다. 포유동물들은 그들의 먼 후손인 토끼처럼 그 공백 속으로 깡충거리며 들어와 여기저기 둥지를 틀고 번식했다. 그렇게 시작된 포유류의 시대는 6,500만 년이 지난 지금도 한창 진행 중이다.

고등학교 생물학에서는 신체 구조를 기준으로 포유류와 파충류의 차이를 설명한다. 포유류에게는 비늘이 아닌 털이 자란다. 포유류는 스스로 체온을 조절하는 반면 파충류는 햇빛을 이용하여 체온을 조절한다. 포유류는 알이 아니라 새끼를 낳는다. 그러나 맥클린은 이러한 구분법이 뇌의 구조라는 중요한 기준을 간과한다고 지적했다. 포유동물이 파충류의 계통에서 갈라져 나왔을 때 이와 동시에 그들의 두개골에는 새로운 신경 구조가 개화했다. 이 신제품은 번식의 방법을 변형시켰을 뿐 아니라 자식에 대한 태도까지도 바꾸어 놓았다. 분리와 무관심은 전형적인 파충류 부모의 태도로 남았고, 포유동물은 자식들과 복잡하고 섬세한 상호 작용을 주고받는 세계로 진입했다.

포유동물은 살아 움직이는 새끼를 낳고, 그 새끼가 성숙할 때까지 젖을 먹이고 보호하고 양육한다. 양육과 돌보기는 인간에게 매우 친숙해서 모두들 그것을 당연한 일로 여기지만, 이 능력은 한때 매우 새로운 것이었고 인간 사회를 발전시키는 혁명이었다. 자식에 대한 파충류의 일반적인 반응은 무관심이다. 파충류는 알을 낳고 어디론가 사라진다. 포유동물은 가족이라는 결집력이 매우 높은 사회 집단을 형성한다. 그 속에서 구성원들은 서로 부딪히고 돌보면서 살아간다. 부모는 집단 외부의 적대적인 세계로부터 자식과 자신의 배우자를 보호하고 돌본다. 때로는 자식이나 배우자를 위험으로부터 보호하기 위해 생명을 내놓는 경우도 있다. 그러나 누룩뱀이나 도롱뇽은 눈 하나 깜짝하지 않고 친족의 죽음을 지켜본다.

대뇌 변연계를 가진 포유동물은 또한 자식들에게 노래를 불러준다. 부모와 자식이 음성으로 교신하는 것은 포유동물의 세계에서 보편적이다. 새끼 고양이나 강아지를 어미와 떼어놓으면 새끼들은 끊임없이 울어댄다. 새끼들의 날카로운 울음소리는 우리 인간의 귀에도 애절하게 들린다. 그러나 새끼 코모도 도마뱀은 어버이로부터 격리되어도 얌전하기만 하다. 어른 코모도 도마뱀들은 탐욕스러운 식인종이기 때문에 어린 코모도 도마뱀들은 자신의 존재를 만방에 알리지 않는다. 파충류의 어미와 자식은 목숨을 부지하기 위한 침묵으로 연결되어 있다. 자신의 나약함을 광고하는 것은 부모를 보호자로 생각할 수 있는 뇌를 가진 동물들에게서나 기대할 수 있는 일이다.

그리고 포유동물은 서로 놀 줄 안다. 이것은 변연계를 하드웨어로 작동시키는 동물들에게만 있는 고유한 활동이다. 개와 낡은 운동화로 줄다리기를 하다가 그 신발을 개에게 줘버린 적이 있는 사람은 다음에 일어날 상황을 알 것이다. 개는 다시 돌아온다. 그 개가 바라는 것은 서로 줄다리기를 하는 것이지 낡은 운동화 한 짝이 아니다. 그 개는 양말 빼앗기 놀이의 진정한 즐거움도 이해하고(그 양말을 갖고 싶어하지는 않는다), 물어와 놀이의 흥분도 즐길 줄 안다(공을 던지는 척하는 사전 의식도 대단히 즐거워한다). 도대체 이런 활동으로 얻는 것이 무엇인가? 그 개는 먹이를 찾는 것도 아니고, 짝짓기를 하는 것도 아니고, 새끼를 기르는 것도 아니고, 생존이나 번식에 직접적으로 관련된 어떤 일을 하는 것도 아니다. 그렇다면 왜 모든 종류의 포유동물들은 구르고 뛰고 까불대고 소란떨기를 좋아하는가? 말을 못하는 포유동물에게 놀이는 신체로 표현하는 시이다. 프로스트에 따르면, 시는 말과 의미가 어긋날 수 있는 길을 제공한다고 했다. 이와 똑같이 놀이는 동작과 의미가 어긋날 수 있는 방법을 제공한다. 대뇌 변연계 덕분에 포유동물들은 비유의 즐거움을 만끽하고 있는 것이다.

가장 새로운 뇌

신피질 neocortex(〈새로운〉을 뜻하는 그리스어 네오 neo와 〈외피〉 혹은 〈껍질〉를 뜻하는 라틴어 코텍스 cortex가 결합된 이름)은 마지막 뇌이고, 인간이 가진 세 개의 뇌 중에서 가장 큰 것이다. 주머니쥐는 아주 오래전에 진화해서 유대류의 특징인 주머니를 가지고 있다. 이와 같이 오래전에 진화한 포유동물들은 하

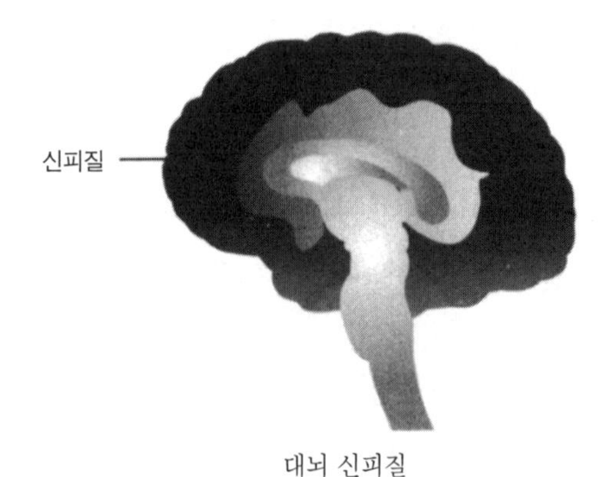

대뇌 신피질

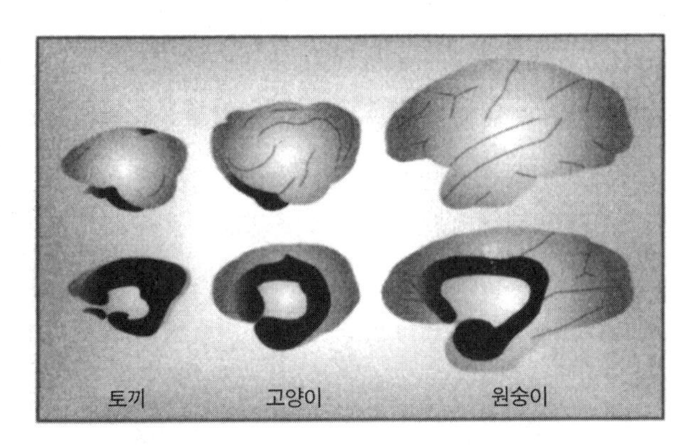

토끼, 고양이, 원숭이의 뇌. 각 포유동물의 신피질은 진화의 기원에 따라 그 크기가 달라지는 반면, 변연계의 크기는 거의 변화가 없다(폴 맥클린의 『진화 속의 삼위일체』, 1990년).

부뇌를 덮고 있는 신피질이 매우 얇다. 신피질의 크기가 증가한 것은 최근에 진화한 포유동물로서 개와 고양이의 신피질은 더 크고 원숭이의 것은 훨씬 더 크다. 인간에 이르러 신피질은 엄청난 비율로 급상승했다.

인간의 신피질은 대칭을 이루는 두 개의 판으로 구성되어 있다. 각각의 판은 크고 두꺼운 냅킨 만한 크기로, 작은 편구형의 두개골에 효율적으로 담기기 위해 수많은 구김살이 나 있다. 뇌의 다른 부분들처럼 이 신피질도 의문과 비밀로 가득한 창고이다. 하지만 과학은 지금까지 이 신경 덩어리의 기능과 능력을 연구하는 데 상당한 성과를 거두었다. 말하기, 쓰기, 계획, 추론 등의 능력이 모두 신피질에서 비롯된다. 대개 인식이라고 알려진 감각적 경험과, 의지라고 알려진 운동 근육의 의식적 조절도 마찬가지이다.

신피질이 우리의 경험적 세계를 관현악처럼 편성하는 과정에서 때로는 놀라운 의식의 분열이 발생하기도 하는데, 일종의 자아 착시 현상이라 할 수 있다. 시각을 담당하는 신피질에 손상이 일어나면 맹시 현상 blindsight(시각 피질이 손상된 환자가 시야에 제시된 빛을 볼 수는 없지만 위치는 알 수 있는 현상으로, extrastiate cortex의 기능으로 추정됨 ── 옮긴이)이 발생하는데, 이때 환자는 자기 자신의 시력 상실에 대해 종종 착각을 일으킨다. 물론 그의 감각에 의하면 외부 세계는 항상 어둠으로 덮혀 있지만, 움직이는 빛의 위치를 추측해야 하는 상황에서 환자는 종종 우연이라고 하기에는 훨씬 정확하게 그것을 알아맞힌다. 외부의 관찰자에게 이것은 마치 그 환자에게 본인도 알지 못하는 신비한 시각적 능력이 있는 것처럼 보인다. 올리버 색스 Oliver Sacks의 재미있는 기록을 보면, 자신의 아내를 모자로 생각하는 남자와 자신의 다리를 무서운 유령으로 착각하는 남자가 있는가 하면, 〈왼쪽〉의 개념을 상실해서 좌우대칭의 세계를 하직한 여자 등이 있다. 이 모든 예들이 신피질의 처리 과정에 문제가 있는 경우이다.

아무리 간단한 행동이라도 그 기초에는 수많은 근육들이 일사불란하게 협조하는 경이적인 과정이 놓여 있다. 하지만 다행히도 인간은 그것을 일일이 의식하지 않는다. 커핏잔을 드는 것, 안녕이라고 발음하는 것, 택시를 잡기 위해 5번 가를 둘러보는 것 등, 이 모든 행동을 하기 위해서는 수백만 개의 작은 근육 섬유를 질서정연한 하나의 동작으로 엮는 공정이 필요하다. 이 단계적 과정은 신피질에서 시작되어 골격 근육의 수축으로 완결된다. 적어도 이것이 일반적인 생각이다. (대개 뇌졸중 때문에) 운동 신경 피질이 손상된 사람들은 신체의 일부를 마음대로 움직이지 못한다. 만약 근처의 신경들이 그 역할을 대신하여 버려진 근육들을 조절하게 되면, 환자는 제한된 범위 내에서 신체 기능을 회복할 수 있다. 이렇게 운동 신경 피질은 환자의 의지를 대신하는 후보자로 선출되기도 한다.

운동의 시작을 추적하기 위해 신경이 복잡하게 얽혀 있는 덤불 속으로 더 깊이 들어가 보면, 조절을 담당하는 깔끔한 중심부가 나타나리라는 편리한 생각을 포기하게 된다. 뇌 X선 촬영법으로 얻어낸 전자파의 기록을 보면, 수많은 톱니와 상형 문자가 맞물려 있는 소용돌이 한 가운데에서 신경이 명령을 내려 운동을 일으키고 있음을 보여주는 징후를 발견하게 되는데, 이것이 바로 준비파readiness wave이다. 운동 신경 피질이 운동을 생산하는 동안 준비파는 의도를 자극하는 신호를 보낸다. 그래서 우리는 이곳을 의지의 출처로 본다. 그러나 실험자들이 실험 대상의 자극과 반응이 일어나는 시간 간격을 측정한 결과, 운동을 하겠다는 의식적 결단은 준비파가 지나간 후에 발생한다는 사실이 밝혀졌다. 결국 우리가 의식적인 결심의 순간이라고 느끼는 그 불꽃은 흔히들 상상하는 자발성의 장엄한 연계 작용이 아니라 일종의 사후 조치인 셈이다. 결국 현대 과학의 시야로는 의도의 시발점이라고 볼 수 있는 희미한 불빛이 어디에서 어떻게 깜빡이는지 볼 수 없다. 더 많은 것들이 발견될수록 모르는 것은 더욱 많아진다. 커밍스E. E. Cummings는 다음과 같이 말했다. 〈더 멋있는 해답이 항상 더 멋있는 질문을 요구한다.〉

신피질이 자유 의지를 위한 간단한 누름 단추마저 제공하지 않는 경우가 있다. 신피질에 작은 외상을 입으면 그것은 특정한 활동 장애로 나타난다. 가령 팔을 움직이는 능력이나 말을 하는 능력, 심지어는 주목하는 능력을 잃을 수 있다. 신피질보다 이전에 형성된 뇌들의 기능은 자발적이다. 예를 들어 파충류의 뇌는 의도의 속삭임이 없어도 혈액 속의 나트륨 농도를 잘 조절한다. 폭발음에 대한 놀람 반응도 마찬가지이다. 아무리 자세하게 사전 경고를 하더라도 큰 소리에 움찔하는 것은 피할 수 없다.

신피질에서 비롯되는 또다른 능력은 추상화의 기술이다. 상징적 표현, 전략, 계획, 문제 해결 등을 요구하는 모든 작업은 대뇌의 신피질에 작전 사령부를 두고 있다. 이러한 지리적 여건 때문에 신피질과 인습적 지능의 관계는 밀접하다. 비만이 없다는 가정하에서, 문제 해결에 보다 뛰어난 종들은 그렇지 않은 종들보다 더 큰 신피질을 갖는다. 인간은 모든 생물 중에서 신피질 대 뇌의 비율이 가장 높은 종으로, 사실 우리의 사고 능력에 비하면 과분한 비율이다. 그러나 인간은 대용량의 신피질 추상화 덕분에 말하고 글쓰는 고유한 능력을 소유한다. 의미 없는 꽥꽥거림과 휘갈겨 쓴 선들이 인간에게는 객관적 세계의 사람, 사물, 행동 등을 상징한다. 언어야말로 인간의 가장 위대하고 가장 유용한 추상화 능력일 것이다.

이 상징화 능력은 말재주를 주기 위해서가 아니라 생존을 유지하기 위해 발생했다. 추상화는 정신적으로 미래를 볼 수 있는 가능성을 제공한다. 신피질은 가설의 영역을 여행할 수 있기 때문에 특정한 계획이 어디에서 어떻게 끝날지를 상상하고, 그에 따라 전략을 세울 수 있게 해준다. 즉 자신의 의도를 성급하게 드러내지 않고 연습하고 수정함으로써, 현실에서 감당하기 힘든 실수들을 미리 상상하고 대비할 수 있게 해준다. 신경생리학자 캘빈 W. H. Calvin은 대뇌의 신피질이 맨 처음 발달한 것은 탄도학적 동작을 위해서라는 견해를 제시한 바 있다. 던지기는 복잡하면서도 일회적인 동시에 그 과정이 너무 신속해서 전개 중에는 변경이 불가능한, 따라서 정확한 계획이 요구되는 행동이다. 현대의 호모 사피엔스가 휴지를 구겨서 휴지통에 던지거나, 아는 사람에게 열쇠 고리를 던지려는 순간을 상상해 보자. 던지기 전에 그는 순간적으로 주저하면서 목표를 향해 예비적으로 절반쯤 던져보는 행동으로 탄도의 과정을 미리 상상해 본다. 어떤 결과가 발생할 것인가를 시각적으로 상상해 보는 능력은 체스의 기술에서도 발휘되고, 무엇보다도 돌 던지기에 요긴하게 이용된다. 이것이야말로 신피질이 영구적으로 자리잡을 수 있었던 요인이었다.

많은 사람들이 진화를 상승하는 에스컬레이터로, 즉 진보된 유기체들을 계속 생산하는 연속적 과정이라고 생각한다. 이런 관점에서 볼 때 언어, 추리, 추상화 등 신피질의 능력은 당연히 인간 최고의 특질이라고 판단될 것이다. 그러나 진화를 수직적으로 개념화시키는 것은 잘못이다. 진화는 피라미드가 아니라 만화경이다. 종의 형태와 다양성은 끊임없이 변하고 있지만, 우월성을 매길 수 있는 기초나 특정 계통이 지향하는 정점 같은 것은 존재하지 않는다. 5억 년 전 모든 종들은 당시의 세계에 적응했거나 적응하려고 변화하고 있었다. 그것은 오늘날도 마찬가지이다. 우리는 우리 자신을 진화의 최종 결과라고 생각할 수 있지만, 그것은 최고라는 의미로서가 아니라 우리가 지금 존재하고 있다는 의미에서이다. 그 같은 인간중심적 편견을 버리면 신피질은 셋 중에 가장 진화된 뇌가 아니라 단지 가장 최근의 뇌로 보일 것이다.

삼위일체의 문제

진화의 일관성 없는 전개 과정 속에서 뇌는 파편적이고 부조화스러운 그리고 어느 정도는 부분들 간에 이해 관계가 충돌하는 성질을 갖게 되었다. 맥클린의 삼위일체 모델을 비판하는 사람들은 지성과 감성의 의도적인 구분을 시대에 뒤진 낭만주의라고 비난해 왔다. 세 개의 뇌는 계통과 기능에 있어 서로 다르지만 지금까지 그들 사이에 신경학적 자율성이 있다고 주장한 사람은 없었다. 각각의 뇌는 두개골 속에 공존하는 이웃들과 맞물리도록 진화했고, 그들 사이의 선은 외과적인 경계 설정이라기보다는 황혼과 여명처럼 명암의 변화로 결정된다. 그러나 밤이 낮이 되고 낮이 밤이 된다고 말하는 것과, 빛과 어둠이 동등하다고 주장하는 것은 별개의 일이다. 이성과 감성의 구분은 오래된 주제지만 시대착오와는 무관하다. 그러한 구분법이 지금까지 지속되어 온 이유는, 그것이 인간의 분리된 정신적 경험 세계를 근본적으로 설명해 주기 때문이다.

대뇌 변연계와 신피질을 구분하는 과학적 근거에는 확고한 신경해부학적 · 세포적 · 경험적 이유가 있다. 현미경으로 관찰해 보면, 변연계 부위의 세포 조직이 신피질 부위보다 훨씬 원시적인 것을 알 수 있다. X선 촬영법에 사용되는 몇 가지 염료는 변연계 부위만을 선택적으로 물들이기 때문에 두 부위의 분자가 어떻게 다른지를 선명하고 생생한 전자빔 스트로크로 보여준다. 한 과학자는 (변연계의 한 부분인) 해마의 세포와 결합하는 항체를 개발했다. 형광색의 그 항체는 신피질은 전혀 물들이지 않고 변연계의 모든 부위에만 달라붙어서 생물학적인 크리스마스 트리를 환하게 밝혔다. 몇몇 약물을 다량으로 투입하면 신피질은 손상되지 않고 변연계 세포 조직만이 파괴되는 경우도 있다. 이것은 변연계 세포막과 신피질 세포막이 진화의 과정에서 서로 다른 화학적 성분을 갖게 됨으로써 가능해진 놀라운 현상이다.

양육, 사교 활동, 의사 소통, 놀이 등이 변연계에서 비롯된다는 사실도 의심의 여지가 거의 없다. 어미 햄스터의 신피질을 모두 제거해도 그 어미는 계속 새끼들을 돌본다. 그러나 변연계에 아주 작은 손상이라도 입게 되면 모성 본능은 순식간에 황폐화된다. 변연계에 외상을 입은 원숭이는 동료들의 존재를 완전히 망각하게 된다. 변연계 절제술을 받은 한 원숭이는 동료들의 분노에도 아랑곳없이 그들을 통나무나 돌처럼 밟고 돌아다녔고, 동료들의 존재를 깡그리 무시하는 냉담한 태도로 그들의 손에서 음식을 빼앗았다. 맥클린은 설치류를 대상으로 한 실험에서도 이처럼 사회적 능력을 상실하는 경우를 발견했다. 변연계 절제술을 받은 어른 햄스터는 자식들이 부르거나 우는 소리를 무시했고, 역시 변연계가 제거된 새끼는 〈다른 새끼들이 아예 존재하지 않는 것처럼〉 그들을 밟고 돌아다녔다. 또 변연계 세포 조직을 제거하면 다른 존재에 대한 인식이 지워지는 것 외에 정상적인 형제들의 놀이 자극에 반응하는 능력도 사라진다.

인간의 사고 능력은 신피질에서 생성된다. 그러나 이 능력 때문에 보다 신비스러운 다른 정신 활동들이 쉽게 망각된다. 실제로 인식은 대단히 분명한 현상이라서 〈나는 생각한다, 고로 내 존재는 생각이다〉처럼 인식이 전부라는 오류를 낳기도 한다. 그러나 우리는 아인슈타인의 말을 통해 신피질을 이해할 수 있다. 〈우리는 지성을 신격화하지 않기 위해 조심해야 한다. 물론 지성은 강력한 근육을 가지고 있지만, 개성이 전혀 없다. 그것은 지배자가 아니라 하인이다.〉

인간의 세 개의 뇌는 소용돌이처럼 혼란스럽게 상호 작용하기 때문에 감정 활동의 법칙과 사랑의 본질을 파악하는 것이 여간해서 쉽지가 않다. 사람들은 그들의 뇌가 수행하는 언어적 · 이성적 역할을 가장 많이 의식하기 때문에, 정신 활동의 모든 측면이 논증과 의지의 압력에 종속되어야 한다고 믿는다. 그러나 이것은 사실이 아니다. 언어와 훌륭한 생각과 논리는 세 개의 뇌 중의 적어도 두 개에는 아무런 의미가 없다. 대부분의 정신 활동이 어떤 명령도 받지 않고 수행된다. 신경과학 분야의 두 과학자는 다음과 같이 말한다. 〈현대 신경해부학으로부터 볼 때, 인간의 신피질 전체는 자신의 모태인 변연계의 지속적인 지배를 받는다.〉 소설가 진 울프Gene Wolfe의 표현은 더욱 아름답다.

우리는 〈하겠어〉 혹은 〈하지 않겠어〉라고 말하면서 (매일 어느 정도는 3인칭의 명령에 복종하지만) 자기 자신을 자신의 지배자라고 생각한다. 우리의 주인이 잠들어 있을 때 이것은 사실이다. 그러나 우리 마음속에서 어느 한 지배자가 잠에서 깨어나면 우리는 당장 마소처럼 부려진다. 그리고 그때까지도 우리를 몰아대는 주인이 우리 자신의 일부라는 것을 짐작하지 못한다.

과학자와 예술가가 뇌의 삼위일체에서 발생하는 혼란을 똑같이 언급하고 있다. 인간은 근육 신경에게 컵을 잡으라고 명령을 내리는 것처럼 감정을 지배할 수 없다. 그리고 어떤 것을 원하도록, 어떤 사람을 사랑하도록, 실망스러운 일에도 만족하도록, 심지어는 행복한 순간에 행복하도록 자신의 의지를 마음대로 발동시킬 수 없다. 우리에게 이런 능력이 없는 것은 수양과 훈련이 부족해서가 아니라, 의지의 관할 구역이 마지막 뇌와 그 뇌의 기능들에만 국한되어 있기 때문이다. 감정은 영향을 받을 수는 있지만 명령을 받을 수는 없다. 우리 사회는 단추 하나로 반응하는 기계적 장치들과 사랑에 빠지고 말았다. 그 속에서 우리는 내면에 거주하는 자유분방하고 유기적인 마음을 적절하게 다룰 능력을 갖지 못하고 있다. 사람들은 규칙에서 어긋나는 것은 무엇이든 깨뜨리려고 하거나 애초에 설계가 잘못 되었다고 생각하는데, 여기에는 그들의 가슴도 포함된다.

세 개의 뇌 중 마지막 것만이 논리와 이성에 관여하고, 단지 그것만이 말이라는 추상적 기호를 사용할 줄 안다. 감정의 뇌는 불분명하고 비합리적이지만 표현과 직관의 능력이 있다. 예술적 영감이 발생할 때처럼 변연계는 우리를 논리 너머의 방식으로 이끈다. 그 방식은 신피질이 이해할 수 있는 언어로는 대단히 부정확하게 번역될 수밖에 없다.

감성의 재료를 언어로 번역하는 일은 대단히 어려운 변형 과정을 요구한다. 그래서 강렬한 느낌을 언어적 표현으로 구속하는 일에는 긴장과 무리가 뒤따른다. 감정이 발생할 때에는 종종 격앙된 지껄임, 몸짓, 무언의 좌절 등이 함께 발생한다. 신피질과 변연계를 이어주는 시는 불가능한 동시에 강력하다. 프로스트의 말에 따르면 시는 〈목이 메이는 슬픔, 부당한 느낌, 고향에 대한 그리움, 사랑의 번민 등으로 시작된다. 시의 시작은 결코 생각이 아니다.〉

사랑의 시작도 생각이 아니다. 포크로 죽을 떠먹을 수 없는 것처럼, 지성의 발톱으로 사랑을 움켜잡을 수는 없다. 그것은 해부학적으로 불가능하다. 사랑을 이해하기 위해서는 감정에서 출발해야 한다. 그것이 바로 다음 장의 출발점이다.

3
사랑의 아르키메데스 원리

어떤 물체를 물 속에 넣었을 때, 그 물체에는 넘쳐흐른 물의 무게에 해당하는 부력이 작용한다. 이것은 아르키메데스의 원리로 수학과 관련된 분야에 적용되는 매우 간단한 물리 법칙이다. 이 무미건조한 원리에 생명력을 불어넣는 것은 그 이면에 놓인 전설이다. 이야기에 따르면 22세기 전 시라쿠사Syracusa의 히에론Hieron 2세는 아르키메데스에게 왕관이 순금으로 되어 있는지, 다른 금속이 혼합되어 있는지를 알아내도록 명했다고 한다. 아르키메데스가 물이 가득한 욕조에 들어갔을 때, 왕관을 물 속에 넣고 그때 빠져나간 물의 양을 같은 무게의 금과 비교하면 된다는 생각이 들었다. 둘 사이에 차이가 있다면 그것은 왕관과 시험 물질의 밀도가 다르다는 것을 의미하므로, 왕관에 다른 금속이 들어 있다는 뜻이었다. 물을 이용한 이 해결책을 깨닫는 순간 아르키메데스는 유명한 그의 원리와 표현을 동시에 얻었다. 영감이 떠오른 후 그는 벌거벗은 채 욕조를 뛰쳐나와 거리를 달리면서 이렇게 외쳤다고 한다, 〈Ευρηκα!〉 (영어 철자로는 〈유레카 Eureka!〉이다.)

이 이야기의 핵심은 왕관이나 금이나 영리함이 아니라, 아르키메데스의 뜨겁고 순수한 열정이다. 플루타르크 Plutarch는 다음과 같이 전한다.

> 아르키메데스의 하인들은 그를 욕조로 끌고 와서 물로 씻기고 기름을 발랐으나, 그는 아궁이의 숯검댕으로 기하학적 도형들을 그려대곤 했다. 하인들이 그에게 기름과 향료를 바르는 동안에도 그는 자신의 몸뚱이 위에 손가락으로 갖가지 선들을 그렸다. 그는 완전히 넋이 나간 사람 같았고, 기하학에 열중할 때 종종 그랬던 것처럼 황홀과 무아지경에 빠진 모습이었다.

그의 통찰력도 대단하지만, 오랜 세월이 지난 후에도 여전히 우리의 관심을 끄는 것은 그의 강렬한 감정이다. 그의 원리를 유명하게 만든 것은 지적인 탁월함이 아니라 그가 보여준 감동의 전율이었다. 그의 원리 뒤에 숨겨진 진짜 원리는, 일반인들은 아르키메데스 원리의 수학적 의미를 결코 이해할 수 없다는 것이다. 그러나 그의 환희는 이해할 수 있다. 어떤 사람들은 장외 홈런에서 그러한 기쁨의 분출을 느끼고, 또 어떤 사람들은 태평양에 번지는 노을의 빛깔에서, 혹은 갓 태어난 아기의 눈에서 그러한 감정을 느낄 수 있다. 아르키메데스의 기쁨은 2천 년을 가로질러 우리의 심장에 그대로 전해진다.

아르키메데스의 물리학 앞에서는 심드렁해지는 우리가 그의 열정과 유사한 감정을 느끼는 이유는 무엇인가? 이 문제를 풀기 위해서는 먼저 다음과 같은 질문의 답을 알아야 한다. 감정이란 무엇인가? 그것은 어떻게 작용하는가? 그것은 어디에서 발생하고 무엇 때문에 발생하는가?

감정의 표면적인 목적은 간단하다. 유쾌함, 갈망, 슬픔, 충절, 분노, 사랑, 이 모든 것들은 우리의 삶에 활기와 의미를 입혀주는 물감들이다. 그리고 감정은 감각적 세계를 채색하는 것 이상의 역할을 한다. 즉 감정은 모든 행동의 뿌리로서 단순한 반사 작용을 제외한 모든 행위의 기원이다. 우리는 매혹, 열정, 헌신에 이끌려 꼭 필요한 사람이나 상황에 접근하는 반면, 두려움, 수치, 죄의식, 혐오 등에 의해 타인으로부터 멀어진다. 심지어 신피질에서 발생하는 무미건조한 추상적 행위들도 감정의 근원에서 울리는 고동과 무관하지 않다. 경제학의 이면에는 탐욕과 야망이 흐르고, 정의의 표면 뒤에는 복수와 위엄이 도사리고 있다. 감정은 언제 어디서나 인간에게 동기를 부여하고 방향을 유도하는 안내자 역할을 한다.

우리 사회는 감정의 중요성을 경시한다. 신피질과 굳게 결탁한 우리 문화는 직관보다는 분석을, 감정보다는 논리를 조장한다. 지식은 부를 낳을 수 있다. 실제로 인간의 지성은 가정의 수도관 공사에서 인터넷에 이르기까지 삶의 모든 분야를 편리하게 만들었다. 그러나 현대 미국 사회는 이성의 결실을 수확하는 과정에서 감성을 갈아엎고 있다. 이것은 행복을 가로막고 삶의 본질과 의미를 왜곡시키는 치명적인 실수이다.

이 의도적인 불균형은 우리의 생각보다 더욱 엄청난 피해를 불러온다. 지금까지 과학이 발견한 바에 따르면 감정은 다채로운 감동과 유익한 동기를 제공하는 것 이상으로 더욱 근본적인 목적을 가지고 있다. 두 사람 사이에서 감정의 심적 기제들은 상대방의 심리적 내용을 서로에게 전달해 주는 역할을 한다. 예를 들어 감정은 사랑을 전달해 준다. 그것은 사람들이 주고받는 모든 신호를 운반해 주는 도구이다. 인간이 깊은 감정을 느낀다는 것은 살아 있다는 것과 같은 의미이다. 이 장에서 우리는 그 이유를 탐구해 보고자 한다.

포유류의 사회적 비밀

감정을 깊이 있게 연구한 최초의 과학자는 찰스 다윈이었다. 『종의 기원』을 발표한 후에 그는 진화와 자연 선택에 관한 자신의 생각을 발전시켜 세 개의 논문을 발표했다. 「인간이 길들인 동물과 식물 종들」, 「인간의 계통, 그리고 성과 관련된 선택」, 「인간과 동물의 감정 표현」이 그것이며, 이 중 마지막 논문은 1872년에 발표되었다. 제목에서도 암시되어 있듯이 다윈은 감정을 생물체가 진화하면서 환경에 적응한 결과 발생한 것으로 간주했다. 그것은 발톱, 다리, 침, 아가미, 비늘, 날개 등과 같은 수많은 신체적 변형 기관들과 다를 것이 없었다. 자연이 감정을 선택한 것은 다른 특징들을 선택한 것과 같은 이유, 즉 생존을 위해서였다. 유리한 신체적 구조를 가진 생물들은 경쟁의 우위를 점하여 자신의 유전자를 다음 세대에 전달하는 반면, 그렇지 못한 생물들은 고생물학적 자료로 전락했다. 다윈의 생각에 의하면 감정은 그 고유한 유용성 때문에 존속되는 신체적 기능이어야 했다. 그는 갖가지 감정 표현의 기초에는 생물학적 유용성이 있다고 확신했고, 이 유용성을 확인하기 위해 감정 표현들을 해부하기 시작했다.

우선 그는 갈라파고스에서 되새류의 부리를 연구했을 때처럼 수년에 걸쳐 감정 표현들을 신중하게 분류한 다음, 그로부터 몇 가지 결론을 이끌어냈다. 그에 따르면 놀랐을 때 눈썹을 치켜뜨는 것은 눈의 움직임과 시야의 범위를 향상시키기 위한 것이고, 자극을 받았을 때 숨을 깊이 들이쉬는 것은 곧이어 갑작스럽게 벌어질 두려운 상황에 대비하는 것이다. 또 경멸적인 표정을 지을 때 입술을 일그러트리는 것은 동물들이 상대에게 적대감을 보일 때 송곳니를 드러내면서 으르렁거리는 행동이 인간에게도 남아 있기 때문이다. 감정 표현의 기원에 관한 다윈의 가설들 중에는 오늘날 거의 사장된 것들도 있고 기상천외한 것들도 있다. 그러나 개별적인 표현에 관한 그 주장들이 적합한가 아닌가를 떠나서 그의 방법론에는 문제의 핵심을 관통하는 측면이 있다. 감정에는 생물학적 기능이 있다는 것, 즉 감정은 동물의 생존에 도움이 되는 어떤 기능을 한다는 것, 따라서 감정을 주의 깊게 연구하면 그 기능이 무엇인지 발견할 수 있다는 것이다.

불행하게도 감정에 관한 진화론적 연구는 다윈의 죽음과 함께 초기에 막을 내렸다. 마음에 관한 연구가 20세기 초에 닻을

올렸을 때, 행동주의는 심리학을 지배했고 정신분석학은 정신의학을 지배했다. 두 분야 모두 유기체의 진화와는 아득히 먼 관점에서 감정을 분석했다. 다윈의 개념들은 수십 년 동안 어둠 속에 묻혔고, 50여 년 동안 심리학과 정신의학 분야를 지배했던 감정 이론들은 과학이라기보다는 철학에 가까웠다. 그 이론들은 무수한 토론과 빈약한 시험을 거치면서 인간생물학과는 철저히 괴리된 채 흘러갔다. 그러나 1960년대 중반에 소수의 과학자들이 감정을 뉴런의 유전적 이점으로 보는 다윈의 원래 개념을 부활시켰다. 그리고 새로운 감정과학의 성과들 덕분에 마음과 인간 본질과 사랑에 대한 현대적 관점이 새로운 형태를 취하게 되었다.

표현 이상의 것

30년 전 감정과학자 폴 에크만Paul Ekman과 캐롤 이자드Carroll Izard는 각자의 연구를 통해서 다윈의 진화론적 감정 이론의 핵심적인 견해 한 가지를 확인했다. 즉, 인간의 얼굴 표정은 전세계적으로 모든 문화와 모든 인간에게서 동일하다는 것이다. 어떤 사회에서도 분노를 표현하기 위해 입꼬리를 올리는 경우는 없으며, 어떤 사람도 놀랐을 때 눈을 가늘게 뜨지 않는다. 화난 사람은 전세계인 누구에게나 화난 모습으로 보이고, 행복한 사람은 행복하게, 불쾌한 사람은 불쾌하게 보인다.

에크만은 고립 생활을 하고 문자를 사용하지 않는 뉴기니의 여러 부족들을 3만 미터 분량의 필름에 담아 자세히 관찰한 결과, 감정 표현에는 보편성이 있다는 확신을 얻었다. 필름 속의 뉴기니 사람들은 미국인과 똑같은 표정을 짓고 있었다. 의복과 외모, 사회적 환경과 관습, 기후와 환경의 차이에도 불구하고, 그리고 어느 누구도 다른 문화에 속한 사람들을 본 적이 없음에도 불구하고 뉴기니 원주민들의 얼굴 표정은 〈조금도 낯설지 않았다〉.

에크만은 또한 외부인의 얼굴 표정을 인식하는 원주민들의 능력을 시험한 결과 같은 결론에 도달했다. 그는 그들에게 화난 표정, 행복한 표정, 두려운 표정을 담은 미국인의 사진 세 장을 보여주고, 〈친구들이 왔다〉 혹은 〈막 싸우려고 한다〉 등의 이야기와 일치하는 사진이 어느 것인지 물었다. 뉴기니인들은 친구들이 왔을 때는 즐거운 표정의 사진을, 싸우려고 할 때는 성난 표정의 사진을 골랐다. 또한 원주민들은 〈아이가 죽었다〉나 〈죽은 지 오래된 돼지를 보고 있다〉와 일치하는 사진을 능숙하게 골라냈다. 이로써 에크만은 얼굴 표정이란 문화에 의해 결정되는 것이 아닌 인류의 보편적인 언어임을 밝혀냈다.

표정이 본유적이라는 증거는 남태평양보다 훨씬 가까운 곳에도 있다. 다윈도 알았듯이 선천적인 시각장애 아기는 어머니와 즐겁게 교류하는 동안 미소를 짓는다. 그러한 미소는 아직 말하거나 걷지 못하고 심지어 일어나 앉지도 못하는 아기들에게서도 발견된다. 아기는 누구의 미소도 본 적이 없지만 이미 근육의 수축을 통해 행복을 표현할 줄 안다. 시각장애 아기의 미소는 우리의 뇌 속에 태생적 감정 구조가 담겨 있음을 반영한다.

에크만의 연구에 의하면 인간은 감정 표현 덕분에 정교한 의사 소통 체계를 갖추게 되었다. 표현을 수신하는 능력을 가짐

붉은털원숭이의 얼굴에 나타나는 감정 표현들(Chevalier-Skolnikoff, *Darwin and Facial* Expression: *A Century of Research in Review*, 1973년).

으로써 인간은 부족이나 언어에 상관없이 다른 사람의 내면 상태에 관해 복잡한 지식을 획득할 수 있다. 그리고 모든 사람은 자신을 주목하는 사람이라면 누구나 알 수 있도록 자신의 내적 상태에 관한 정보를 지속적으로 널리 퍼뜨릴 줄 안다. 감정은 계통발생론적 역사와 밀접하므로 우리는 다른 동물들에게서 여러 가지 감정의 전례들을 발견할 수 있다. 우리의 가까운 친척들에게도 분명 우리와 비슷한 감정 표현이 있을 것이다.

다른 포유류에게도 표정이 있다면 그것은 그들도 느낌이라는 것, 즉 감정적 상태의 주관적 경험을 갖는다는 의미인가? 얼마 전까지만 해도 이 문제는 과학적인 웃음거리였다. 현재 일부 감정과학자들은 다른 포유류들도 감정적 의식을 소유한다는, 즉 그들도 느낌을 갖는다는 견해를 기꺼이 인정한다. 이러한 반전에 대해 모든 원형질의 동질성을 열렬히 주장하는 동물 옹호론자들은 대단히 즐거워한다. 동물 애호가인 마크 데르Mark Derr는 〈동물에게도 의식과 지성과 의지와 감정이 있는가의 문제는 이미 오래전에 긍정적으로 판가름났다〉고 썼다. 그러나 그는 인간이 아닌 다른 종에게서 동의를 얻은 듯하다. 동물들은 나름대로 만족스러운 결정을 내렸을지도 모르지만 사람들은 여전히 그 문제로 논쟁을 벌이고 있다.

동물 주관성의 문제는 간접적인 증거에 의존할 수밖에 없다. 예를 들어 몇몇 동물들은 인간에게 공포 경험을 일으키는 것과 똑같은 뉴런 장비를 가지고 있다. 만약 그러한 동물이 두려운 것처럼 보이고(두려운 표정을 짓고), 두려운 것처럼 행동한다면(얼어붙거나 떨거나 도망치는 등의 두려운 행동을 보인다면), 이성을 가진 관찰자들은 그 동물이 두려움을 느낀다는 결론에 도달할 것이다.

동물의 감정이라는 개념을 인정하는 사람이든 거부하는 사람이든 어떤 증거로도 증거와 실재 사이의 그 간격을 좁히는 것은 불가능하다. 주관성은 그 본질상 전환이 불가능하다. (심지어는 다른 사람들이 어떤 것을 느낀다는 추측도 확인 가능한 범위 밖에 놓인 문제이다. 그것은 평범하고 흔한 가정이지만 사실과 다른 경우가 빈번하다.) 과학은 미래의 세대를 위해 경이로운 것들을 많이 저장하고 있지만, 고슴도치나 겨울잠쥐의 감정에 직접 접근하는 것은 그 속에 포함되어 있지 않다.

감정 클럽의 회원 명부에 한 종 이상의 이름을 올릴 수 있다면, 가입 후보로는 어떤 생물들이 있을까? 변연계의 산물인 감정은 포유동물의 것이다. 뱀, 도마뱀, 거북이, 물고기는 취향이 독특한 일부 애호가들에게는 무척이나 사랑스럽겠지만 정서적인 내용을 수신하거나 표현하지 못한다. 그것에 필요한 뇌가 없기 때문이다.

감정의 진화 체계는 파충류에서 발견되는 최초의 전구 물질에서 시작하여 우리 자신의 풍부한 뉘앙스 장치까지 이어진다. 두려움은 변연계에서 발생한 최초의 감정으로서 갑작스러운 상황에 적응하기 위해 원시 파충류가 고안해 낸 장치일 것이다. 날카로운 이빨, 어두운 동굴, 긴 발톱, 아찔한 봉우리 등 주변의 생물과 무생물로부터 온갖 위험을 겪어야 했던 최초의 포유류에게 약간의 신경과민은 안전한 생존에 도움이 되었을 것이다. 마찬가지로 혐오감도 포유류에게 가지각색의 위험을 경고하는 기능을 한다. 예를 들어 썩은 음식과 물컹한 배설물은 보이지는 않지만 오염되어 있을 수 있다는 가능성을 포유류의 혐오감으로 확인할 수 있다. 그들은 질병의 원인에 대한 파스퇴르의 매균설을 본능적으로 이해하고 있는 셈이다. 욕지기를 일으키는 불쾌감은 악취를 풍기는 줄무늬스컹크처럼 불쾌감을 이용하여 생명을 유지하는 동물만큼이나 오래전부터 존재했다.

진화의 나무에서 다음으로 출현한 감정들은 간단한 상호 작용을 교환하는 데 도움이 되는 것들이었다. 분노의 감정은 전투심을 고취시키고 상대방에게 사나운 적의 모습을 보여준다. 질투는 번식의 기회를 빼앗기지 않도록 경계심을 불어넣는다. 경멸, 자존심, 죄의식, 수치, 모욕 등의 감정은 사회적 동물의 집단 내에서 서로의 지위에 관한 정보를 보다 정확히 교환하는 역할을 한다. 가장 늦게 형성된 인간 고유의 감정들은 신피질의 추상화와 관련된 것들이다. 종교적 열정은 인간 이외의 동물들이 도달할 수 없는 감정이다. 피타고라스의 정의나 뉴턴의 중력 법칙 속에서 간결함의 미학을 인식하는 전율의 감정도 마찬가지이다.

그러나 대부분의 감정들은 생각이 필요 없다. 여러해 동안 환자들로부터 들은 이야기에 따르면 그들이 혼미한 상태에 있을 때 애완동물이 곁으로 다가와서 그들을 위로해 주었다고 한다. 마음의 문제를 해결하는 데 도움보다는 종종 방해가 되었던 우리의 의학 교육은 그러한 주장을 회의적으로 보도록 가르쳤다. 그렇게 조그마한 뇌를 가진 개나 고양이가 인간의 감정과 같은 복잡한 현상을 어떻게 이해한단 말인가? 차라리 아르마딜로 armadillo(남미산의 야행성 포유동물 —— 옮긴이)에게 대수학을 가르치는 편이 낫지 않겠는가? 그러나 개와 고양이는 원시적인 신피질과 성숙한 변연계를 가진 포유동물이다. 그들의 변연계는 인간과 같은 계통에 있기 때문에 그들은 주인의 감정 상태를 읽고 반응할 줄 안다. 따라서 어떤 사람의 일진이 좋지 않은 날 자기가 기르는 고양이가 그것을 알아채고 침대 밑에 숨는다거나, 개가 슬픔을 감지하고 다가와 위로해 준다고 말할 때, 우리는 그것을 극단적인 의인화로 생각하지 않는다. 그러한 상호 작용은 대단히 쉽게 일어난다. 지각력이 있는 사람이라면 자신의 애완견이 피곤한지, 행복한지, 무서운지, 가책을 느끼는지, 쾌활한지, 적대적인지, 흥분했는지를 금방 알 수 있다.

변연계 이전의 동물은 그렇지 않다. 거북이나 방울새나 이구아나의 내면 상태를 읽어 보라. 계통 발생의 역사가 동일한 동물들은 서로 유사한 특성들을 가진다. 포유동물끼리는 손목이나 발목의 관절 구조가 대단히 비슷한 것처럼, 정서적 지각과 표현에 있어서도 포유류만의 기본적인 공통점들이 있다. 포유류 전체에는 다양한 정서적 언어가 존재한다. 어떤 것들은 우리가 직접 이해할 수 있고, 어떤 것들은 변연계의 통역을 통해서 알 수 있다.

음악과 하루살이

감정의 부호는 일정한 뉴런 구조에서 발생한다. 감정과학의 임무는 이 고대의 구조를 발굴하는 것이고, 지금까지 그래왔듯이 사랑의 근원을 밝히는 것이다.

인간은 도구를 제작하는 동물로서 내구성을 중시하는 경향이 있다. 파르테논 신전의 열주와 피라미드의 거대한 돌계단은 지금도 우리의 감탄과 경외심을 자아낸다. 인간의 삶에서 차지하는 감정의 중대함은 그 감정의 덧없는 지속성과 극단적인 대조를 이룬다. 감정은 하루살이처럼 신속하게 알을 낳고 태어날 때처럼 빠르게 죽는다. 고속촬영한 녹화 테이프를 보면, 자극적인 사건이 일어났을 때 얼굴 표정은 1,000분의 1초 내에 시작되고 순식간에 사라지는 것을 알 수 있다. 정상적인 감정의 지속성은 다음과 같은 방법으로 간략히 표현될 수 있다. 수평축은 시간이고 수직축은 감정 회로의 활성도이다.

감정에는 음표와 같은 순간성이 있다. 피아니스트가 건반을 치면 망치가 그 건반에 해당하는 현을 때려 고유한 주파수로 진동시킨다. 진동의 폭이 감소하면 그 소리는 점차로 약해지다가 결국에는 완전히 사라진다. 감정도 이와 유사한 방식으로 작동한다. 어떤 사건이 반응의 건반을 건드리면 내면에서는 특정한 음조를 가진 감정이 발생한 다음 급격히 약해지다가 곧 침묵으로 바뀐다. (〈심금을 울린다〉와 같은 표현이 널리 사용되는 것도 이런 이유에서이다.) 감정 회로의 활성도를 높이면 소리가 아니라 (무엇보다도) 얼굴 표정이 만들어진다. 뉴런의 자극이 자각의 한계치를 넘으면 그때 발생하는 것이, 감정이 활성화되는 현상에 대한 의식적 경험인 느낌이다. 뉴런의 활동성이 감소하면 느낌의 강도도 약해지지만, 느낌이 지각되지 않는 수준으로 떨어진 후에도 그 회로에는 약간의 잔여 활동이 지속된다. 유령으로 나타난 햄릿의 부왕처럼 감정은 인생이라는 연극 속에 갑자기 나타나서, 배우들에게 적절한 방향을 일러준 다음 희미한 인상을 남기고 어디론가 사라진다.

기분은 뉴런의 활동이 감정에 일으키는 음악적 측면 때문에 발생한다. 그것은 의식의 귀에는 들리지 않는 하부적 측면이다.

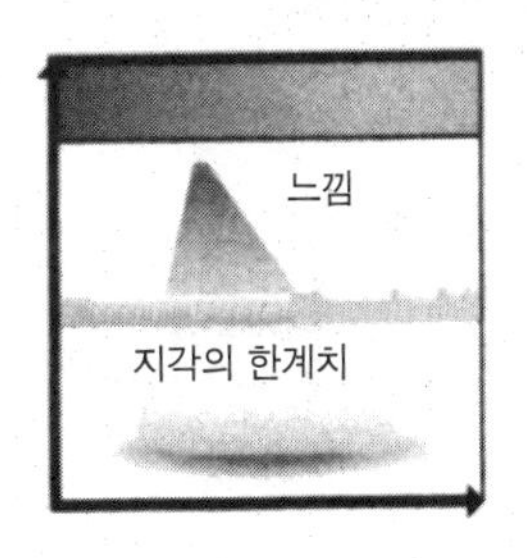

에크만의 설명에 기초하여 우리의 용법으로 말하자면 기분은 특정한 감정을 경험할 정도로 준비가 강화된 상태이다. 감정이 하나의 음표로서 분명한 소리를 낸 다음 짧은 순간 동안 조용한 공기 중에 머무는 반면, 기분은 그 뒤에도 지속되는 거의 들리지 않는 메아리이다. 시간이 지나면서 약해지는 감정 회로의 활성도는 당사자의 의식 속에 희미하게 등록될 수도 있고 전혀 등록되지 않을 수도 있다. 그래서 하루 중에 일어난 불쾌한 사건들 때문에 보이지 않는 정서적 반응의 가능성이 마음 한구석에 잠복해 있을 수 있다.

만약 어떤 사람이 옷에 커피를 흘렸다면 그의 짜증은 비교적 짧은 시간, 가령 몇 분 정도 지속될 것이다. 그러나 의식적인 느낌이 사라진 후에도 분노 회로에는 잔여 활동이 남는다. 그는 민감한 기분, 즉 쉽게 화를 내는 상태에 빠진다. 이것은 단지 분노 회로의 활성도가 부족하다는 것을 의미한다. 만약 그가 잠시 후 거실에서 아들의 스케이트보드를 밟아서 넘어진다면 그의 분노는 사건 자체의 충격 이상으로 더 빠르고 강하게 발생한다. 즉 특정한 감정을 일으키는 뉴런의 활동은 시간의 흐름에 따라 감

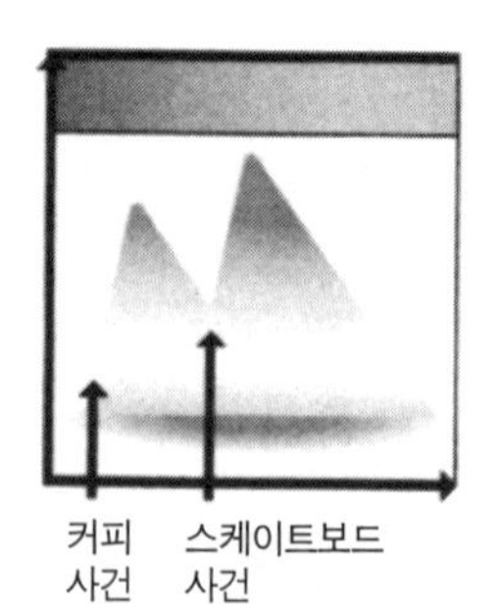

소하기 때문에 기분이 지속되는 동안에는 그 감정이 다시 자극되기가 쉽다.

감정이 일시적인 것이라면, 오전 내내 슬프거나 하루 종일 맥빠지는 일은 어떻게 설명해야 하는가? 점묘법은 미세한 점을 기하학적으로 배치하여 일정한 선과 아름다운 곡선을 만들어내는데, 이 같은 원리가 감정의 지속에도 적용된다. 오랫동안 유지되는 감정은 기억의 연속적인 환기에 의해, 즉 짤막한 감정이 반복적으로 소리를 울림으로써 발생한다.

감정을 반복적으로 침전시키는 가장 일반적인 요소는 인식이다. 사람들은 특정한 사건이 지나간 후에도 그것을 다시 생각하고 그 경험을 환기시키면서 자신의 감정을 다시 자극하는 경향이 있다. 이것은 실제로 그 사건이 재발하는 것과 같은 효과를 발휘한다. 이렇게 전후 관계와 인과 관계를 혼동하는 인식의 경향 때문에 감정이 생리 작용에 미치는 충격은 몇 배로 증가한다. 예를 들어 분노 때문에 혈압이 급격히 증가하는 것은 단기간에 끝나는 일이지만, 가령 A형 행동 양식(긴장을 잘하고 성급하며 경쟁적인 유형――옮긴이)을 가진 관리자처럼 민감한 사람들이 고혈압에 걸리는 것은 자극적인 사건에 대해 반복해서 애를 태우기 때문이다. 그런 경우 가설을 부풀리는 신피질의 경향은 치명적인 부담이 된다. 변연계는 외부에서 들어오는 감각적 경험과 신피질이 상상으로 만들어낸 것을 구분하지 못하기 때문에, 감정을 반복적으로 자극하여 신체에 무리를 준다.

정상인이라면 급속히 소멸될 어떤 감정이 어떤 뇌에서는 그 배열과 구성 때문에 계속해서 울리는 경우가 있다. 심각한 우울증이 그러한 질환의 상태인데, 이때 환자의 마음은 혹독한 절망감에 몇 주 혹은 몇 달 동안 지배당해 때로는 그 절망감과 대조되는 모든 느낌, 생각, 의욕이 완전히 압도당하는 상태에 빠진다. 이와 상반되는 질병인 극도의 조증은 감정이 특이한 상태로 지속되는 또다른 예로서, 행복감과 유쾌함을 억제할 수 없는 경우에 해당된다. 현재로서는 뇌가 한 가지 감정에 고착되는 이유를 아는 사람은 없으며, 대개의 경우 조증과 우울증을 분리시키는 문제는 간단하지가 않다.

감정의 서사시

저울과 전선

2억 년 전의 한 장면을 상상해 보라. 알에서 막 깨어난 악어 한 마리가 축축한 잎사귀를 무성하게 늘어뜨리고 있는 양치식물 밑에서 꼼짝하지 않고 숨어 있다. 얼룩덜룩한 악어의 피부에는 진흙과 썩은 잎이 뒤엉켜 있다. 두 눈을 똑바로 뜨고 벌어진 턱 사이로 작은 이빨들을 드러낸 모습이 마치 돌로 조각한 것처럼 보인다. 악어의 왼쪽으로 낮게 뻗은 가지에서는 커다란 물체가 정글을 스치며 지나가는 쉭쉭 소리가 으스스하게 들려온다. 갑자기 어린 파충류는 짧은 다리를 빠르게 움직여 연못으로 급히 달려가더니, 풍덩 소리를 내면서 사라진다. 당장에는 위기를 모면하고 살아남은 것이다.

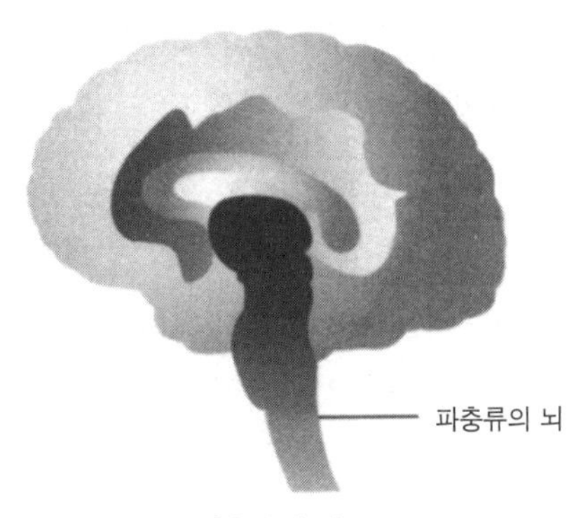

파충류의 뇌

이제 그 시대를 출발해서 현재 시간으로 이동해 보자. 전세계의 대륙들이 갈라지고 이동한다. 만년설 봉우리들이 늘어났다 줄어들고, 무수한 생물들이 순식간에 생겨났다가 소멸한다. 그러나 악어와 악어의 뇌는 수백만 년 동안 기본적으로 아무런 변화가 없었다. 하지만 인간의 두개골 안에 있는 파충류의 뇌는 초기의 상태로 머물러 있지 않았다. 그것은 적응과 변화를 거듭했으며 나중에 생긴 두 개의 뇌와 소통하는 법을 배워나갔다. 그러나 감정의 주요한 씨앗을 간직하고 있던 파충류의 뇌는 다소 변형된 모습으로 여전히 우리 자신의 뇌 속에 남아 있다. 파충류의 뇌는 척수의 상단에, 수초 위에 웅크리고 있는 개구리와 흡사한 모습으로 자리잡고 있다. 이곳이 바로 신체의 생명 유지 기능을 담당하는 오래된 중앙 통제실인 동시에 정서적 반응의 가능성을 담고 있는 씨앗이다.

〈꿈의 세계에 사는 인간에게 환상은 끝이 없다. 인생은 구슬처럼 이어진 기분의 연속이다. 우리가 그 속을 지날 때 각각의 구슬은 다양한 색깔의 렌즈와 같이 이 세계를 다채로운 색조로 물들인다. …… 기질은 그 구슬들을 잇는 줄이다.〉 1844년에 이 글을 쓴 랄프 왈도 에머슨Ralph Waldo Emerson은 감정이 하드웨어로 배선되어 있다고 생각한 최초의 인물로 평가된다. 그의 말은 옳았다. 감정은 선천적이고 거부할 수 없는 것이다. 어떤 아기들은 자궁에서 나오는 첫날부터 울보의 기질을 보이는 반면 다른 아기들은 얌전히 누워 단잠을 즐긴다. 어떤 아기들은 새로운 소리가 나는 쪽으로 손을 내미는 반면 다른 아기들은 움츠린다. 의학박사인 로버트 클로닌저C. Robert Cloninger는 파충류의 뇌 속에 있는 감정의 중추들이 선천적 기질을 결정한다고 주장한다. 중앙 통제실의 세포 집단들이 프로그램화된 반응을 보임으로써 감정 활동에 바탕색을 부여하는 것이다. 파충류의 뇌는 필라멘트와도 같다. 나중에 생긴 두 개의 뇌는 이 필라멘트에 다채로운 색깔로 반짝거리는 수정 구슬을 연결시켜 감정 활동의 모자이크를 만들어낸다.

선천적으로 모험을 싫어하는 사람들이 있다. 그들은 쓰기보다는 모으기를, 뛰어들기보다는 피하기를, 놓기보다는 잡기를 더 좋아한다. 그들은 걱정을 지향하는 기질을 가진 사람들이다. 클로닌저는 파충류의 뇌 속에 있는 솔기 핵이 걱정이라는 정서적 기질을 지배한다고 생각한다. 걱정은 선천적으로 무서움을 잘 타는 경향으로, 미래의 손해를 상상하고 도망치는 것이 상책이라는 생각에 도피 반응 체계를 활성화시키는 성향이다.

파충류의 뇌는 걱정이 저울의 중심 근처에 오도록 맞춰져 있는데, 이것은 생존을 극대화하기 위한 절충 방법이다. 걱정이 너무 많으면 온 세상에 할 일이 없고, 걱정이 너무 적으면 무모해지기 쉽다. 선사 시대의 악어는 종종 넓은 곳으로 나갈 정도의 모험심이 필요했으나 여차 하는 순간에는 즉시 연못 속으로 돌아올 정도의 경계심도 필요했다. 일반적인 사람들은 적당량의 걱정을 타고나지만, 우리의 대중 문화는 걱정이 전혀 없는 사람을 이상적으로 그리는 것을 대단히 좋아한다. 아놀드 슈왈제네거와 브루스 윌리스는 숨이 턱 막히는 위험 앞에서도 멋있게 한마디 던지는 영화배우의 계보에 속한다. 그들의 허세에 동화되는 순간 우리는 누구도 경험하기 힘든 기질을 대리 경험하는 전율을 맛볼 수 있다.

우리는 그러한 기질이 없는 것에 그저 감사해야 한다. 정글과도 같은 진화의 역사 속에서 걱정이 없다는 것은 빈번한 재난을 의미했다. 근심을 모르는 수많은 인간의 조상들이 뱀에게 먹히고, 육식동물의 송곳니에 받히고, 나무에서 떨어졌다. 그러한 요절 때문에 인간의 유전자 풀은 경각심이 높은 쪽으로 이동했다. 오늘날 걱정 수준이 선천적으로 낮은 아이들, 즉 스트레스, 신기한 것, 위협 등에 직면했을 때 감정의 생리 구조가 미온적으로 반응하는 아이들은 정상인보다 범죄자가 될 확률이 훨씬 높다. 오래전부터 범죄에는 유전적 요인이 있다고 알려져 왔다. 이것은 파충류의 뇌 속에 〈낮게〉 책정되어 있는 근심의 양이, 범죄를 유발하는 심적 기제의 한 요인이라는 것을 의미한다. 근심은 위험도가 높은 행동을 저지한다. 불리한 결과에 대해 정서적인 부담을 느끼지 않는 사람은 그러한 행동을 단념하는

데 필요한 경계심을 얻지 못한다. 그들은 당연히 무서워하고 피해야 하는 일과 그렇지 않은 일을 구분하지 못한다.

인류의 유전자 풀에서 DNA가 섞이고 재결합하는 과정에서 극단적인 기질의 유전자들은 불행한 자들에게 돌아간다. 대개 그들의 괴팍한 성향은 생존에 도움이 되지 않는다. 양치류 밑에 숨어 있는 파충류는 그 곳을 기어 나오기 전에 대단히 조심하면서 행동하기를 주저했거나 여차하면 도망칠 각오를 단단히 했을 것이다. 걱정을 유발시키는 파충류의 전구 물질 덕분에 그들은 생명을 유지했던 것이다. 우리가 삶에서 마주치는 위험 요소들은 꾸준히 변했으나 우리의 기초적인 뉴런 메커니즘은 변하지 않았다. 근심의 회로들도 여전히 똑같은 기능을 수행한다. 그 회로의 지시에 따라 사람들은 미래의 손해를 상상하고 잠재적 위협으로부터 물러나는 동시에, 그들의 심장과 폐와 땀샘은 갑작스런 행동에 대비한다. 불행한 소수의 사람들은 이 원시적 시스템이 너무 민감하게 작동해서 고통을 당한다. 뉴런의 경보 장치가 갑자기 큰 소리를 울리면, 그들은 공황 발작을 겪는다. 이것은 심한 공포로 인한 발작으로, 신체적인 흥분과 반응이 폭발하는 상태이며(가슴이 조여오고, 심장이 급하게 뛰고, 손바닥에 땀이 나고, 뱃속이 울렁거린다), 두려운 결과에 대한 기대로 조급한 계획을 남발하는 증상이다.

근심이 문제가 될 때 사람들은 차분하게 생각하며 문제를 풀려고 노력한다. 그러나 근심은 파충류의 뇌에 뿌리박혀 있는 것이어서 의지에 거의 반응하지 않는다. 한 현명한 정신분석학자가 자율신경계에 대해 언급했듯이(그의 언급에는 파충류의 뇌에서 보내는 공포 메시지가 담겨 있다), 〈자율신경계는 머리와 거리가 아주 멀고, 심지어는 머리가 있다는 것조차 알지 못한다〉. 그러나 걱정이 많은 기질의 소유자라고 해서 모두가 평생 동안 근심에 잠겨 살지는 않는다. 맹목적인 의지력은 기질을 돌려놓지 못한다. 그러나 이후의 장에서도 소개하겠지만 보다 섬세하게 감정에 영향을 미쳐서 야수와 같은 공황 상태를 길들일 수 있는 방법들이 실제로 존재한다.

걱정을 담당하는 회로를 포함해 파충류의 뇌 속에 있는 감정 회로들은 일반적인 행동 성향을 담당한다. 그 회로들 속에는 환경을 검색하여 생존 반응에 필요한 동물의 생리 작용을 재빨리 준비하는 뉴런 시스템의 최초 형태가 숨겨져 있다. 가령 어린 악어는 근처의 포식자를 알아채는 순간 즉시 안전한 늪으로 뛰어든다. 그러나 파충류의 지각 범위는 제한되어 있으며, 파충류의 뇌만으로는 조잡한 생리적 변화들을 조율할 수 없다. 변연계가 발생한 후에야 비로소 뉴런은 생리 기능과 환경의 조정 작용을 풍부하게 확대시킬 수 있었다. 진화의 과정에서 출현한 포유동물은 새로운 종류의 뉴런 반응을 보이기 시작한, 다시 말해 사랑을 정신적으로 친밀하게 수용할 줄 아는 생물이었다.

두 세계를 잇는 다리

1792년 런던 왕립 동물학회의 조지 쇼George Shaw는 호주에서 보내온 표본 하나를 받았다. 그 앞에 도착한 것은 호저보다 약간 작고, 주둥이가 뾰족하게 튀어나온, 땅딸막하고 가시가 많

호주 바늘두더쥐

이 돋친 동물이었다. 쇼는 그것이 진화의 중요한 갈림길 중의 하나인 포유동물의 탄생을 이루어낸 생물임을 알지 못했다.

쇼가 받은 동물은 바늘두더쥐로서, 기술적으로는 포유동물로 분류되지만 가장 파충류적인 포유동물이자 가장 포유류적인 파충류이기도 했다. 바늘두더쥐는 도마뱀처럼 짧은 다리로 뒤뚱거리며 이동한다. 그것은 단독 생활을 하고 짝짓기 동안에만 상대방과 어울린다. 짝짓기가 끝나면 가죽같이 질긴 파충류의 알이 나오는데, 암컷은 그 알을 몸 뒤에 달린 두 개의 기다란 덮개 사이에 넣고 다닌다. 이것은 일종의 체외 자궁인 셈이다. 알을 낳는 포유동물이란 19세기 과학의 분류법으로는 파충류와 포유동물이 합성된 당황스러운 경우였다. 그 당시 대부분의 전문가들은 (바늘두더쥐나 오리너구리가 속한 분류학적 범주인) 단공류의 동물들이 정말로 알을 낳는다고 생각하지 않았다. 그러나 1884년 박물학자인 윌리엄 콜드웰 William Caldwell이 결정적인 증거를 제시했다. 그는 자신의 눈으로 직접 바늘두더쥐의 원시적인 주머니 속에 있는 알을 보았다. 〈난생의 단공류〉라는 그의 전문이 문명 세계에 도착하자 과학계는 발칵 뒤집혔다.

1억 년에서 1억 5000년 전 사이에 출현한 단공류는 파충류의 생활 방식을 탈피한 최초의 생물로 기록된다. 초기의 분류학에서는 확실치 않았지만, 두개골 내에 변연계라는 새로운 뇌가 출현함으로써 포유동물과 파충류를 구분하는 특징이 되었다. 바늘두더지는 자연에서 가장 원시적인 자궁을 가졌을 뿐 아니라, 변연계 기관도 가장 원시적이다. 모든 포유동물 중에서 바늘두더쥐만이 변연계의 활동이 없다. 따라서 그것들은 잠자는 동안 꿈을 꾸지 않는다.

오늘날의 변연계는 꿈의 제작소일 뿐 아니라 진보된 감정의 중심이기도 하다. 변연계의 초기 목적은 외부 세계와 내부 신체 환경을 점검하고 두 세계를 조율하는 것이었다. 보고 듣고 느끼고 냄새 맡는 것과 함께, 체온, 혈압, 심박, 소화 작용 등의 모든 신체적 매개 변수들이 변연계에 전달된다. 대뇌 변연계는 이 두 가지 정보의 물줄기가 합쳐지는 지점에 위치하여 그것들을 통합하는 동시에, 신체가 외부 세계에 가장 적합해지도록 생리

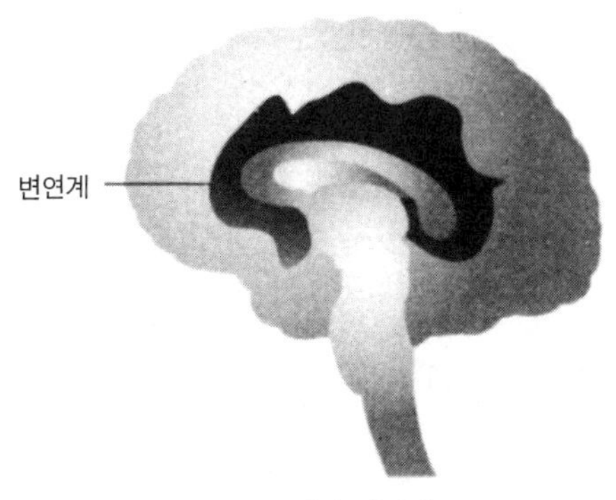

대뇌 변연계

기능을 미세하게 조정한다.

발한이나 호흡, 심장 박동과 같은 일부 조절 작용들은 순간적으로 일어난다. 이러한 조절 작용은 변연계와 파충류의 뇌의 중앙 통제실과의 연결을 통해서 일어난다. 변연계에서 유래하는 다른 신체적 변화들은 보다 지속적이다. 감정 상태가 면역이나 신진대사와 같은 신체 기능에 영향을 미치는 것은 변연계에서 내분비계로 전달되는 정보들 때문이다. 감정에 영향을 미치는 신피질도 변연계의 지령을 받는다. 이 지령들은 언어와 같은 상징 활동과 행동 계획과 같은 전략적 활동에 영향을 미친다. 그리고 변연계는 단지 소통의 역할을 위해서만 기능하는 두뇌 활동들을 조율한다. 변연계의 자극에 반응하여 포유동물의 얼굴을 구성하는 작은 근육들이 정교한 형태로 배치되고 수축하는 것이다. 얼굴은 신체 내에서 근육이 피부와 직접 연결되어 있는 유일한 부위이다. 이렇게 연결되어 있는 유일한 목적은 각양각색의 감정적 신호들을 전달하기 위해서이다.

예를 들어 다음과 같은 상황을 가정해 보자. 한 남자가 샌프란시스코의 중심부에 있는 금융가를 향해 버스를 타고 출근하는 중이다. 이 지역에서 가끔 볼 수 있는 머리를 삭발하고 팔뚝에는 문신을 새긴 십대 한 명이 버스에 올라타서는 그를 응시하며 몸을 부딪힌다. 이 감각 경험이 그의 변연계에 신호를 보내면 변연계는 이 사건으로부터 의미를 가려내는 동시에 그 특이한 사건에 대응할 수 있도록 생리 기능을 준비한다. 그의 대뇌 변연계는 공격자의 표정, 동공의 크기, 자세, 걸음걸이, 그리고 냄새에 관한 정보를 접수한 다음 상대방의 의도를 평가한다. 그가 부주의한가, 공격적인가, 우호적인가, 성적인가, 유순한가, 무관심한가? 변연계는 종류별로 세분화된 배선도와 비슷한 상황에서 획득한 과거의 경험에 기초하여 결론에 도달한다. 이 경우 출근하던 남자의 변연계가 적의를 감지하고 그 상황에 대응하기 위해 남자에게 분노의 감정을 준비시켰다고 가정해 보자.

변연계는 특정한 감정 상태를 결정한 다음 신피질에 출력물을 보내서 의식적 사고를 낳는다. (도대체 이 녀석은 누구인가?) 그와 동시에 신피질의 전운동 영역(혹은 운동앞 영역)에 전달된 출력물은 행동 계획을 지시한다. 또한 내분비계에 전달된 출력물은 스트레스 호르몬의 분비량을 변화시키는데, 이것은 앞으로 몇 시간 혹은 며칠 동안 몸 전체에 영향을 미칠 수 있다. 변연계 자체의 하부 중추들로 전달된 지시 사항들은 얼굴의 근육들을 분노의 형태로 수축하도록 명령한다. 이에 따라 눈은 가늘어지고, 미간에는 주름이 잡히고, 입술은 굳어지고, 입꼬리는 처진다. 또 변연계는 파충류의 뇌에게 심장 혈관의 기능을 변경시키

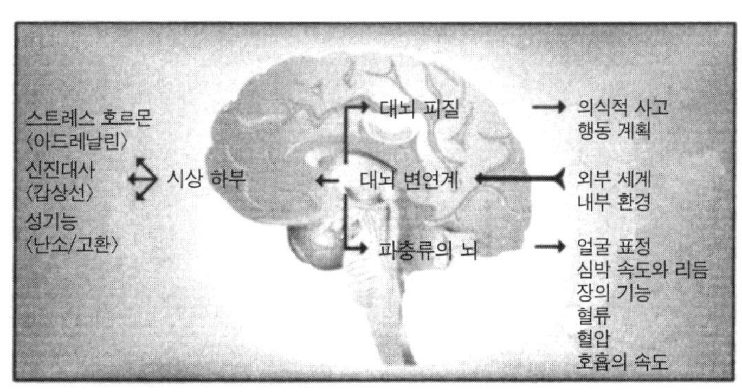

변연계의 중심적 역할

라고 지시한다. 심박의 속도가 증가하고 이에 따라 팔과 손에 피가 몰린다. 분노는 싸움을 낳을 수 있기 때문에 변연계는 생리 시스템을 주먹다짐하기에 가장 적합하도록 준비시킨다. 이 모든 작전 행동이 발레리나의 회전처럼 빠르고 우아하게 실행된다. 하루 일을 계획하는 데 골몰했던 그 남자가 화가 치밀어 오르고 이마에 주름이 잡히고 주먹이 부르르 떨리기까지는 2초 남짓 걸린다.

그 호전적인 젊은이 바로 뒤에 한 여자가 오고 있다고 가정해 보자. 두 사람이 부딪히는 것을 목격한 그 여자는 일순간 우리의 주인공에게 공감과 분노의 눈길을 보낸다. 〈요즘 버스에서는 별일이 다 일어나는군요. 정말 끔찍하지 않나요?〉 하고 말하는 투다. 물론 그녀는 말을 하지는 않는다. 그러나 남자의 변연계는 그녀의 눈과 얼굴에 담긴 메시지를 분명하게 인식한다. 정서적으로 무감각한 생물에게는 여자와의 상호 작용이 이전의 사건과 아무런 차이가 없다. 그들에게는 그저 지나가던 개체가 다른 개체를 순간적으로 힐끗 본 것에 불과하다. 그러나 극히 미세한 그 차이 속에 담긴 감정의 의미는 엄청나게 다르다. 변연계는 순간적으로 대단히 정밀하게 기능하기 때문에 싸움이 임박한 상황과 동지의 공감이 전달되는 상황을 성공적으로 구분해낸다.

변연계는 감각 정보를 수집하여 감정과 연관된 것들을 여과한 다음, 그로부터 나온 출력물들을 뇌의 다른 부위에 보내는데, 이 과정은 하루에도 수천 번씩 반복된다. 대개의 경우 변연계의 처리 과정은 흠잡을 데가 없으나, 때로는 오작동을 하는 경우가 있다. 건강한 감정이 무엇인지를 이해하는 한 가지 방법은 감정이 뒤얽힌 상태에서 어떤 일이 발생하는가를 살펴보는 것이다. 인간은 사회적 교환의 바다 속에서 사는 존재로 그 자신도 인식하지 못하는 미묘한 소통망에 둘러싸여 있다. 우리는 변연계라는 암호 장치를 이용하여 매순간마다 밀려드는 복잡한 메시지들을 해독한다. 그러나 암호 해독 과정에 문제가 생기면 그 결과 정서적 결손이 발생하는데, 이러한 경우들을 조사해 봄으로써 우리는 감정이 우리에게 어떤 작용을 하는지를 알 수 있게 된다.

몇 년 전 우리는 우리가 에반이라고 이름을 붙인 16세의 고등학교 2학년생을 만났다. 그의 어머니가 아들에게 정신과 치료를 받게 한 이유는 그에게 친구가 없는 것이 걱정되어서였다. 그는 어려서부터 다른 아이들에게 놀림과 따돌림을 당했다.

우리는 에반을 만나자마자 아이들의 놀림이 어디에서 비롯되었는지를 어렵지 않게 이해할 수 있었다. 에반은 쾌활하고 친근했지만 사회적 행동이 부적합하고 부조화스러웠다. 예를 들어 악수할 때는 너무 가깝게 다가왔고 말할 때는 목소리가 너무 컸다. 그의 어조는 이상할 정도로 평탄했고, 눈길은 산만했으며, 옷 입는 스타일 역시 일반적인 캘리포니아 청소년들과는 거리가 있었다. 그는 격자 무늬 셔츠에 무늬 없는 청색 넥타이를 매고 있었다.

에반이 또래들 사이에서 괴짜로 인정받길 원하는 것은 아니었다. 그는 친구들의 따돌림에 진심으로 혼란스러웠고, 그들과 더 잘 지내려면 어떻게 해야 하는지 알고 싶어했다. 에반은 지능이 높고 성적도 뛰어났다. 그러나 우리가 에반을 더 자세히 관찰한 결과, 이 학생에게는 사회적 교환의 법칙을 이해하는 직관이 전무하다는 것을 알았다. 그의 옷차림과 인사법과 행동들은 모두 여기에서 비롯된 결과였다. 에반은 한 여학생에게 데이트를 신청하면서 막대 사탕을 선물했다. 당연히 여학생은 에반이 자기를 놀린다고 생각하고 화를 냈다. 그러자 이번에는 에반 자신이 그녀의 반응에 당황했다. 사람들은 우정의 표시로 선물을 주고받는데, 때로는 막대 사탕이 오가기도 한다는 것이 에반이 관찰한 결과였기 때문이었다.

우리는 대개 연인들 사이에는 꽃이나 사탕이나 시집이 오가고, 막대 사탕은 아이들이나 생일을 맞은 사람에게 주는 것이라고 생각한다. 막대 사탕으로는 낭만을 표현할 수 없는 이유를 누가 설명할 수 있겠는가? 이러한 행동을 지배하는 암호는 분명 변덕스러운 측면이 있으나, 대부분의 사람들은 별다른 어려움 없이 그것을 이해한다. 그러나 이 소년은 선천적으로 사회적 관습을 획득하지 못했다. 그것은 아무리 노력해도 불가능했다. 〈사람들이 마주보고 이야기할 때는 보통 이 정도 거리를 유지한다〉와 같이 구체적인 예절의 지침을 인정하는 것은 가능했다. 그러나 사회적 교류의 핵심은 끝내 이해하지 못했다. 변연계가 정상인 사람들처럼 상대방의 불편을 파악하거나 그에 따라 거리를 조정하는 것이 불가능했다. 그에게 감정의 신호들은 이집트의 상형 문자와 같았다. 그는 변연계로부터 그 상형 문자를 해독할 수 있는 로제타석 Rosetta stone(1799년 나폴레옹 원정시 나일강 하구의 로제타 부근에서 발견되어 고대 이집트 상형 문자 해독의 실마리가 된 비석——옮긴이)을 끝내 얻지 못했다. 냉혹하게 사회성을 요구하는 이 세계에서 그는 길을 잃은 사회적 맹인으로 남아 있었다.

1940년대에 비엔나의 소아과 의사인 한스 아스페르거 Hans Asperger는 이 장애에 대해 처음으로 체계적인 설명을 제시했다. 그것은 오늘날 아스페르거 신드롬이라고 불린다. 아스페르거 신드롬을 가진 아이들은 지적으로는 똑똑하고 총명할 수 있으나, 정서적으로는 대단히 서툴러서 다른 사람들의 미묘한 사회적 행동을 파악하지 못하고 때로는 그들 자신의 감정에도 무감각하다. 우리가 아스페르거 신드롬을 가진 젊은 여성에게 무엇이 그녀를 행복하게 만드냐고 물었을 때, 그녀는 즉시 이렇게 대꾸했다. 〈행복이나 불행이라는 단어가 사람들에게 중요한 의미가 있다는 것은 나도 압니다. 그리고 사람들이 그 말을 자주 사용하는 걸 들었어요. 하지만 그것이 무엇을 의미하는지는 모르겠어요.〉 그녀는 계속해서 이렇게 말했다. 〈나는 그것을 경험해 본 적이 없으니까 그 질문에 대답할 수가 없네요.〉 그녀의 말에 깜짝 놀란 우리는 그녀가 경험해 보았을 감정의 영역을 더욱 확대시켜 보았다. 〈그렇다면 놀이라는 것이 어떤 것인지 아십니까?〉 그녀는 잠시 고민하더니 이렇게 되물었다. 〈무엇과 반대되는 것인가요?〉

다양한 감정 표현

진화의 마지막에 놓여 있는 뇌는 추상적인 사고를 지시하기 때문에, 신피질은 언어, 문제 해결, 물리학, 수학 등의 재료로 높이 쌓아 올린 거대한 인식의 탑이라고 칭할 수 있을 것이다. 정서적 기능에는 많은 가설들이 필요하지 않다. 상대성 이론을 공식화하는 데는 신피질의 천재성이 필요하지만, 누군가를 잃고 슬퍼하거나 붐비는 군중 속에서 사랑하는 사람을 보고 전율을 느끼는 데에는 그것이 필요치 않다. 그러나 신피질은 감정을 생산하지는 않지만, 그 자체의 상징적 기능들로 여러 가지 느낌들을 조정하고 통합하는 역할을 한다.

신피질은 추상적 개념들을 서로 엮고 푸는 능력을 이용하여 임의적 기호의 나열로 의미를 전달하는 언어를 생산한다. 감정을 느끼는 일은 변연계의 통제하에 있지만 그것을 발설하는 것은 신피질의 관할이다. 그러한 노동의 분업은 해석상의 문제를 일으킨다. 이 간격을 해결하는 것이 신경기전 중의 프로소디 prosody이다. 이것은 무미건조한 개념에 정서적 타당성을 입혀 주는 신피질의 처리 과정이다.

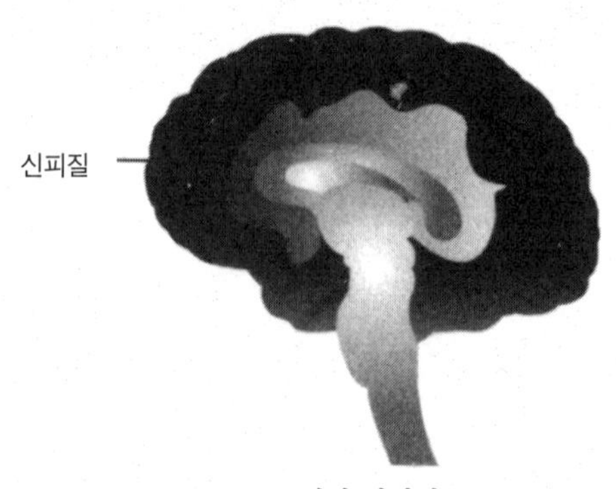

대뇌 신피질

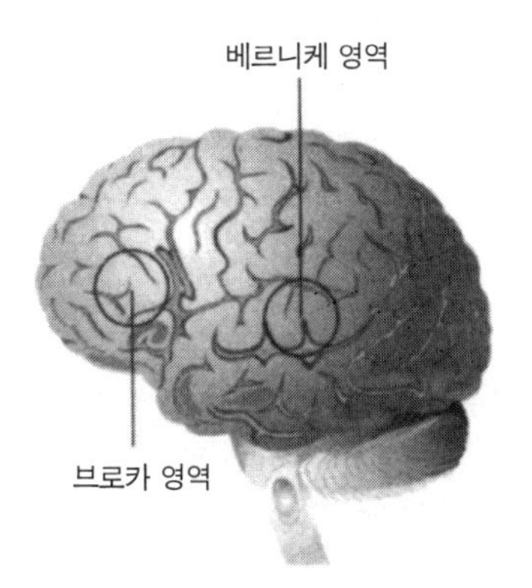

대뇌 신피질 좌측면에 자리한 두 개의 언어 중추

뇌에서 언어를 담당하는 두 개의 중추는 신피질의 왼쪽 측두엽에 있다.

베르니케 영역은 들리는 말의 휙 소리나 딸깍 소리의 의미를 해석해 내고, 브로카 영역은 생각을 문법적인 문장으로 만든다. 베르니케 영역에 손상을 입은 사람은 자기 자신을 언어로 표현할 수는 있지만 다른 사람의 말은 이해하지 못하고, 브로카 영역에 손상을 입은 사람은 다른 사람의 말은 이해하지만 그 자신은 더 이상 말을 하지 못한다.

두 영역의 거울상에 해당하는 측두엽 우측면의 부위들도 말의 감정적 내용에 대해 좌측면과 똑같은 기능을 수행한다. 이 부위에 손상을 입은 사람들을 통해서 우리는 아프로소디아 aprosodia 증상을 확인할 수 있다. 그들 중 몇몇은 말의 정서적 의미를 식별하지 못하고, 나머지 사람들은 감정적 뉘앙스를 말로 표현하지 못한다. 이것은 거의 치명적인 장애이다. 의미론적 구조가 동일한 문장이라도 느낌이 다를 때에는 정반대의 의미를

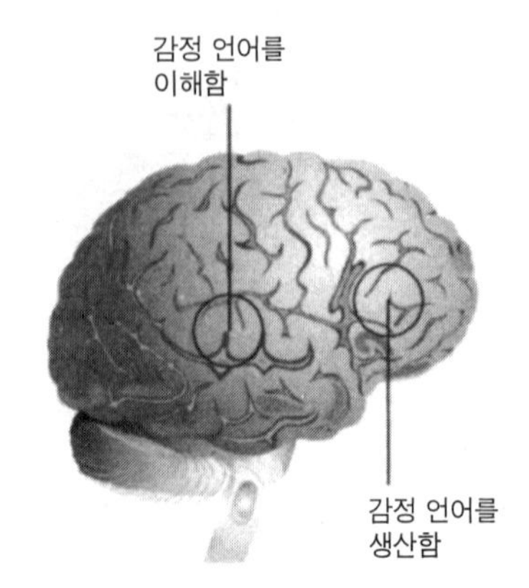

대뇌 신피질 우측면에 자리한 감정 언어 중추

띨 수 있기 때문이다. 풍자의 한 방법인 빈정거림은 어조에 전적으로 의존한다. 〈머리 참 잘 잘랐구나〉와 같은 간단한 문장이라도 감정이 제거되면 완전히 다의적인 성격을 띠게 된다. 그 말은 〈너와 함께 자고 싶다〉에서 〈네 모습이 바보 같구나〉에 이르기까지 가능한 모든 의미를 띨 수 있다. 십대와 한 집에 살아본 사람은 〈네, 정말, 그래〉 등의 간단한 단음절어들이 동의, 경멸, 감동, 무관심 혹은 그 밖의 미묘한 수천 가지의 의미들을 표현할 수 있음을 알 것이다. 베르니케 영역의 거울상에 해당하는 우측면 부위에 손상을 입은 사람들은 말속에 암시될 수 있는 무수한 가능성들을 구별하지 못한다. 브로카 영역에 해당하는 우측면 부위에 손상을 입은 사람들은 그들의 말을 정서적 운율로 채색하지 못한다. 감정의 팔레트를 이용하여 자신의 말에 정서적 의미를 물들여야 하는 경우에도 그들의 말은 단조롭고 불투명하기만 하다. 그들의 말은 위협적이거나 유쾌하거나 사랑스럽게 들리지 않기 때문에, 정서적 교류가 활발한 보통 사람들과 성공적으로 의사 소통하는 것이 불가능하다. 대다수의 사람들은 그러한 단서에 의존해서 화자의 의도를 파악하기 때문이다.

측두엽의 우측면에 손상을 입은 사람은 대단히 드물지만, 요즘은 매일 수백만의 사람들이 전자우편 e-mail을 통해 아프로소디아 증상을 경험한다. 밤에는 모든 고양이가 검은색이고, 전자우편 교류에서는 모든 사람이 아프로소디아 환자이다. 전자우편은 감정의 물감이 결핍된 간략하고 무뚝뚝한 문장들로 구성되기 때문이다. 전자우편을 주고받는 사람들 사이에서 오해가 쉽게 발생하거나 다른 사회적 교류 방식보다 인터넷에서 거짓말 하기가 훨씬 수월한 것은 바로 이런 이유 때문이다. 전자우편에는 어조, 눈맞춤, 표정 등의 지각 가능한 단서가 없으므로 상대방의 감정을 기만하거나 제멋대로 꾸며낸 인물을 내세우는 일이 허용된다.

인간에게 프로소디의 필요성은 거의 절대적이어서 결국 인터넷에도 활자화된 감정의 기호인 이모티콘 emoticon이 등장하기에 이르렀다. 이모티콘은 몇 개의 구두점으로 얼굴 표정을 약식으로 묘사한다. 보는 이의 입장에서 이모티콘의 의미를 파악하려면 그 이미지를 시계 방향으로 90도 회전시키면 된다. 맨 처음 희화화되고 소통되었던 감정의 상태는 유쾌함과 불쾌함이었다.

:) :(

그리고 전자우편의 인기가 폭발함에 따라, 이모티콘을 애용하는 사람들의 창의성도 함께 폭발하고 있다. 현재에는 200개 이상의 이모티콘이 통용되면서 다양한 마음의 상태를 전달하고

있다. 그 예로는 장난스러움을 표현하는 기호

〉: -)

에서, 놀람을 뜻하는 기호

#: -0

에 이르기까지 다양하다.

이모티콘의 급성장을 통해서 우리는 신피질이 만들어내는 고도의 상징적 도구들이 대단히 다의적이라는 사실과 이 때문에 성공적인 의사 소통을 위해 변연계 생물들이 어떤 문제를 극복해야 하는가를 확인할 수 있다. 그러나 아무리 창의적인 기호라 해도 이모티콘은 감정 자체와는 경쟁이 되지 않는다. 둥근 괄호를 아무리 섬세하게 장식해도 향수, 질투, 그리움, 부러움 등은 묘사할 수가 없다. 갈수록 디지털화되는 우리의 세계에서 전자우편은 직접적인 대화를 대신하는 편리한 수단이지만, 감정이 결합된 말과 얼굴 표정을 통해서 풍부한 의미를 전달하는 대화와 비교하면 미흡하기 그지없다.

변연계의 자료를 추가하는 데 드는 비용은 대단히 비싸다. 현재 전자 통신 부문에서는 대기업들이 전화선이나 케이블 텔레비전을 이용한 쌍방향 화상 전화 서비스를 개발하기 위해 수억 달러를 쏟아 붓고 있다. 정보 압축 기술이 크게 발전했지만 얼굴의 미세한 표정들을 담아낼 정도로 해상도를 높이려면 초당 400킬로바이트의 속도가 필요하다. 이것을 보면 우리의 변연계가 후회와 경멸, 기쁨과 공포, 분노와 감탄을 구분하기 위해서는 얼마나 많은 양의 감각 정보가 전달되어야 하는지를 알 수 있다.

변연계 공명

신피질이 거의 없는 개, 고양이, 주머니쥐 등과 같은 동물들도 감정이 있다. 인지 능력이 없는 포유동물로서 가장 흥미로운 대상인 인간의 유아도 마찬가지이다. 유아는 일찍부터 감정을 감지하고 표현하는 기술을 능숙하게 구사하기 때문에 우리는 유아의 얼굴에서 타고난 매력을 발견한다. 유아의 주목을 끌고 싶다면 표정이 풍부한 사람의 얼굴을 이용하는 편이 가장 효과적이다. 아기들에게는 낯을 가리는 타고난 본능이 있다. 아기들은 얼굴을 보고 또 본다. 그런데 아기들이 찾는 것은 정확히 무엇인가?

오늘날 과학자들은 아기들이 눈앞의 얼굴을 바라볼 때 그 표정에 주시한다는 사실을 알고 있다. 유아의 관심을 끄는 대상에 대해 연구하는 과학자들은 그들이 응시하는 시간을 측정한다. 아기들의 눈길은 익숙한 대상보다는 새로운 대상에 더 오래 머물기 때문이다. 이러한 방법으로 입증된 사실은, 생후 며칠된 유아들도 감정적인 표정을 구분할 수 있다는 것이다.

어머니의 감정 상태를 아는 것이 아기에게 왜 그토록 중요한가? 시각적 낭떠러지 visula cliff라는 이름의 시나리오가 한 가지 해답을 제시한다. 우선 아기를 주방 조리대 위에 올려 놓는다. 조리대의 절반은 견고해 보이는 받침으로 되어 있고 절반은 투명한 플라스틱이다. 아기의 관점에서 보면 플라스틱이 시작되는 지점부터는 낭떠러지여서 떨어질 위험이 있는 것 같다. 투명한 플라스틱은 보이지 않으면서도 실재하기 때문에 아기는 시각적 낭떠러지로부터 애매한 위험을 느낀다. 투명한 플라스틱의 성질을 학습한 적이 없는 유아에게 그것은 꼭 떨어질 것처럼 보이지만, 손으로 만져보면 표면이 단단하기 때문에 아기는 확신을 할 수가 없다. 그는 이 상황을 어떻게 판단할까?

대개의 경우 아기는 낭떠러지 끝으로 기어가서 그것이 절벽인지 아닌지 들여다본 다음 어머니를 쳐다본다. 그리고 어머니의 표정을 읽음으로써 그 절벽이 어느 정도로 위험한지를 평가한다. 만약 어머니가 침착한 표정을 유지하면 아기는 계속해서 기어간다. 그러나 그녀의 얼굴에서 경계의 표정을 발견하면 아기는 그 자리에 주저앉아 울기 시작한다. 이와 같이 어머니들은 감정을 나타내는 보편적인 신호들을 사용하여 아기들에게 이 세계를 가르친다. 감정의 표현법은 선천적이기 때문에, 감정은 문화와 인종의 골을 건너뛸 뿐 아니라 발육 과정에서 불가피하게 겪어야 하는 어머니와 아기 사이의 간극도 극복한다. 아기가 신피질의 임의적 기호 체계인 언어를 습득하기까지 몇 년 동안 두 사람은 감정이라는 공통의 언어로 의사를 소통하기 때문이다.

아기가 어머니의 얼굴을 관찰하는 것은 애매한 위험을 판단할 때만이 아니다. 아기들은 끊임없이 어머니의 표정을 점검한다. 만약 어머니의 표정이 냉담해지면 아기는 당황해서 이내 울기 시작한다. 아기들은 어느 정도의 표현을 요구하는가? 두 대의 비디오 카메라를 설치해서 어머니와 아기가 서로의 모습을 본다고 상상해 보자. 어머니와 아기는 서로를 마주보는 것이 아니라 각자의 텔레비전 화면을 통해서 본다. 어머니와 아기는 실시간 화면으로 서로를 보면서 미소를 짓고 웃는다. 이때 두 사람은 완전히 행복하다. 그러나 아기에게 어머니의 얼굴을 실시간 화면이 아니라 녹화된 테이프로 보여주면 아기는 즉시 혼란을 일으킨다. 아기에게 필요한 것은 어머니의 밝은 안색뿐 아니라 실시간의 동시성, 즉 서로 반응하면서 상호 작용하는 것이다. 다시 어머니의 얼굴을 실시간으로 보여주면 아기는 만족해 한다. 그러나 비디오를 지연 작동시키면 아기는 다시 괴로워한다.

유아는 정서적 반응이 순간적으로 미세하게 변할 때에도 이를 감지한다. 유아가 걸음마를 시작하기 6개월 전에도 이러한 수준의 정교한 감지 능력을 보인다. 생존의 기술을 거의 습득하지 못한 생명체가 다른 생명체의 피부를 통해 감지되는 작은 근육의 수축 현상에 그토록 편집광적으로 집착하는 이유는 무엇인가?

그 대답은 대뇌 변연계가 진화해 온 역사에 담겨있다. 동물들은 생존에 필요한 특정한 정보를 처리하기 위해 고도로 발달된 신경계를 가지고 있다. 박쥐에게는 음파 탐지 시스템이 있어서 칠흑 같은 밤에도 작은 벌레들을 정확히 추적할 수 있다. 높은 음정의 메아리로 가득한 불협화음 속에서 그들은 인간이 보지 못하는 세계를 본다. 뱀장어 특유의 복잡한 세포 구조는 근처의 전계(電界)에서 발생하는 모든 동요를 정확히 파악하게 해준다. 그들은 근육에서 발생하는 전기 패턴으로 다른 물고기나 먹잇감을 인지한다.

이와 마찬가지로 변연계도 물리적 세계의 한 부분을 감지하고 분석하기 위해 전문화된 섬세한 신체적 장치이다. 그리고 그 대상은 다른 포유동물의 내면 상태이다. 감정은 변연계 동물의 사회적 감각 기관인 것이다. 시각은 전자기 복사의 반사 파장을 감지하는 장치이고, 청각은 공기의 진동 파장을 감지한다. 그리고 감정은 가까운 곳에 있는 포유동물의 내적 상태와 진의를 감지하는 장치이다.

파충류의 뇌에는 세계의 상태를 읽고 변화하는 조건에 대응하기 위해 신체적 생리 기능을 변경시키는 능력과 함께 감정의 배아가 담겨 있다. 포유동물에 이르러 감정 능력은 훨씬 더 정교한 수준으로 도약했다. 어린 악어는 흔들리는 전면의 풍경에서 잠재적 약탈자를 감지할 수 있고, 위험을 피하기 위해 자신의 생리 반응을 결집시킬 수 있다. 그러나 포유동물의 발달된 신경 센서는 무생물의 세계뿐 아니라 정서적 반응을 보이는 다른 동물들을 감지하는 데에도 사용된다. 포유동물은 다른 포유동물의 내면 상태를 감지하고, 자신의 생리 반응을 그 상황에 맞게 조절한다. 그리고 상대방도 이 변화를 감지하여 똑같은 방식으로 조절해 나간다. 파충류의 뉴런 반응은 순간적이고 단조로운 감정의 단편인데 반해, 포유동물의 반응은 유동적인 두 개의 뇌 사이에서 지속적으로 교환되는 풍부한 음량의 이중창이다.

새로운 뇌의 화려한 광채 속에서 포유류는 변연계 공명 limbic resonance이라 불리는 능력을 개발했다. 그것은 두 포유동물이 상호 교환과 신체적 적응을 통해 서로의 내적 상태에 자신을 조율하는 협주곡이라 할 수 있다. 상대방의 얼굴에서 정서적 반응을 살펴보는 행위를 다층적인 경험으로 만드는 것이 바로 변연계 공명 능력이다. 우리의 시각이 변연계로 통하는 한 쌍의 창을 들여다 볼 때 우리는 그것을 단지 반짝이는 단추로 보는 것이 아니라 그 너머의 깊은 곳을 본다. 이때 서로의 느낌은 중첩된다. 이것은 마치 마주 서 있는 두 개의 거울이 무한히 깊은 그림자들을 만들어내는 것과 비슷하다. 눈을 맞춘다는 말은 몇 미터의 거리에도 불구하고 비유가 아니다. 우리가 다른 사람과 눈을 마주칠 때 서로의 신경계는 구체적이고도 밀접한 관계를 형성하는 것이다.

변연계 공명으로 발생하는 뉴런의 조율은 우리에게 대단히 익숙한 것이어서 그것이 없으면 사람들은 다소 불안해 한다. 상어나 일광욕 하는 도롱뇽의 눈을 아무리 깊이 들여다봐도 그로부터 어떤 대답의 메아리나 인식의 깜박임을 얻어내기는 불가능하다. 어떤 것을 얻기는커녕 그 눈초리 뒤에 도사리고 있는 공허함 때문에 포유류의 척추에는 냉기가 흐를 지경이다. 가령 메두사와 같이 눈초리만으로 사람을 죽인다는 전설상의 동물들이 수탉의 알에서 두꺼비나 뱀에 의해 부화되었으며 도마뱀 같은 몸뚱이에 뱀들이 꿈틀대는 왕관을 쓰고 있다는 이야기는 결코 우연이 아니다. 이러한 이야기들은 평범한 파충류를 괴물로 묘사하기 위해 그들의 눈에서 특별한 것이 발사된다고 주장한다. 그러나 그것은 포유동물이라면 누구나 한번쯤 마주쳤음직한, 변연계의 격렬한 작용에도 흔들리지 않는 차가운 비활성 물질에 불과하다.

마음과 마음의 간격을 넘나들 줄 아는 동물들에게 변연계 공명은 공동 생활로 들어가는 문이다. 우리는 변연계 공명으로부터 발생하는 소리 없는 조화를 거의 의식하지 못하지만 그것은 우리 주변을 가득 메우고 있다. 그 조화는 지금도 어머니와 아이, 소년과 강아지, 커피숍에서 손을 잡고 있는 연인들 사이에서 끊임없이 이루어지고 있다. 마음과 마음에서 발생하는 이 조용한 반향은 우리 세계의 큰 부분을 차지하며, 신장이나 간의 소리 없는 작용처럼 우리가 주목하지 못하는 동안에도 부드럽고 지속적으로 자신의 기능을 수행한다.

변연계에서 발생하는 감정 상태는 서로의 마음으로 건너뛸 수 있기 때문에 개념과는 달리 전염되는 성질이 있다. 어떤 사람이 독창적인 아이디어를 떠올렸다고 해서 주변 사람들이 저절로 같은 생각을 갖게 되지는 않는다. 그러나 주위 사람들의 변연계가 활발히 운동하면 우리의 감정은 즉시 일치한다. 관객들이 가득한 극장에서 영화를 볼 때는 전율을 느끼는 반면 거실 소파에서 볼 때는 실망스러운 것도 바로 그런 이유에서이다. 가전 제품 판매원의 주장대로라면 그것은 스크린이나 스피커의 크기 때문일 것이다. 그러나 이야기 전개에 마력을 발산하는 것은 바로 극장을 메운 관객들이다. 그들이 발하는 경탄은 공동의 작용 속에서 증폭되는 영화의 필수 요소이다. 군중들 속으로 감정의 파장을 전파시켜 그들을 겁에 질려 우왕좌왕 하는 무리로 만들거나 증오심에 불타는 폭도로 만드는 것도 이러한 변연계의 환기 작용이다.

독심술이라는 고대의 기술을 다시 믿게끔 만드는 데에 과학의 역할이 크다는 사실은 매우 특이한 역설이다. 이 오래된 기술은 우리 생활의 큰 부분을 차지하지만 현재로서는 믿는 사람이 많지 않다. 말없이 경청할 기회를 가져보지 못한 채 살아가는 사람들은 하나의 생을 완전히 보지 못하고 지나칠 수가 있다. 심리 요법사라는 직업을 가진 사람들은 뜻하지 않은 부수입을 얻기도 하는데, 다음의 사례는 그중 하나로 참여자들은 우리의 현대 사회에서는 거의 잊혀져버린 과정을 경험하게 된다. 두 사람이 한 방에 있는 것 외에는 다른 어떤 목적도 없이 몇 시간을 함께 보내보라. 그러면 두 사람 사이에는 새로운 세계가 펼쳐지고 시간이 흐를수록 그들의 감각이 생생하게 느껴진다. 그것은 인류가 시작되기 오래전부터 작용했던 힘들에 의해 지배되는 세계이다.

4

사랑과 관계의 조절

줄리엣이 죽었다는 말을 들은 (결국 잘못된 소식이었지만) 로미오는 즉시 그녀의 무덤으로 달려가 죽음으로써 그녀와 재회하려 한다. 그녀의 죽음에 대한 슬픔과 재회에 대한 갈망으로 몹시 흥분한 상태에서 그는 충복인 발타자르가 그를 방해할지도 모른다는 생각에 다음과 같이 말한다.

만일 네가 의심이 나서 다시 돌아와
내가 하는 일을 엿보기나 한다면
반드시 네 놈을 갈기갈기 찢어서
이 굶주린 묘지에 네 사지를 흩어 놓겠다.
지금 나의 의도는 잔인한 야수와 같아서
굶주린 범이나 울부짖는 바다보다

더욱 사납고 포악할 것이다.

오늘날에도 사랑은 사납기만 하다. 로미오의 고통스러운 외침이 400년의 시간을 뛰어넘어 우리에게 진실의 반향을 불러일으키는 것은 우리의 감정 구조가 대시인이 위대한 직관으로 꿰뚫어 보았던 것과 동일한 구조이기 때문이다. 고통스러운 실연의 본질은 무엇이고, 사랑하는 사람과 재결합하려는 필사적인 충동의 본질은 또 무엇인가? 무엇 때문에 정열은 잔인하고 포악해 지는가? 우리 문화에서 그 원시의 지식은 사랑에 관한 강의와 교육용 비디오테이프의 홍수 속에 파묻혀 망각되고 말았다. 오늘날 사랑은 날씨와 사정이 비슷해졌다. 모든 사람이 그에 대해 말을 하지만 어떻게 행동해야 하는지는 아무도 모른다.

혈연성, 결속감, 충성, 애정 등은 우리 삶에 아주 깊이 뿌리박혀 있어서 우리는 그것들이 동물의 왕국 전체에 편재해 있을 것이라고 쉽게 생각한다. 그러나 대부분의 동물들에게는 그러한 동기 부여가 없다. 동족 포식성은, 특히 부모가 영양물의 가치 때문에 자식을 섭취하는 경우는 인간의 비위를 상하게 하지만 대다수의 동물들에게 자손과 음식의 차이는 모호하다. 구피 guppy(크기가 매우 작고 색깔이 화려한 관상용 열대어——옮긴이)를 기르던 한 친구는 부모가 자신의 새끼를 몽땅 잡아먹을 수도 있으므로 그들을 분리시켜야 한다는 사실을 알고는 어항을 포기하고 말았다. 애완동물 가게 주인의 말에 따르면 그렇게 무차별적인 식사 습관은 어른 구피들에게는 지극히 정상이라는 것이었다. 그녀는 단호하게 〈내 집에서는 절대로 안 될 말이에요〉

라고 대답하고는 그 물고기를 변기 속으로 추방시켰다. 그들이 드넓은 바다로 간다해도 동족을 잡아먹는 습관은 여전할 것이다. 이런 점에서는 3장에서 보았던 작은 악어도 방심하지 못할 이유가 충분하다. 새끼 악어 열 마리 중의 아홉 마리가 첫번째 생일을 맞이하기도 전에 포식자의 뱃속에서 생을 마감하는데, 대개의 경우 그 포식자는 어른 악어이다(최근의 관찰 성과에 따르면 적어도 어미 악어는 갓 태어난 새끼 악어를 포식하는 것이 아니라, 입 안에 20-30마리씩 물고 안전한 장소로 이동시키는 것이라 함——옮긴이). 자기보다 작은 생물체를 집어삼키는 충동이 얼마나 근본적인 본능에 속하는 것인가를 알 때 작고 나약한 존재에 대한 다정함, 배려, 관심의 감정이 대단히 경이로운 것임을 깨닫게 될 것이다. 그것들은 변연계의 산물이고, 포유동물 사이의 결속이 깨어질 때 치솟는 분노와 눈물 또한 변연계의 작품이다. 이 기적과도 같은 결속은 어떻게 형성되는가? 인간과 같은 사회적 동물에게 이것은 우리의 삶 자체를 규정하는 중대한 문제이다.

결속의 끈을 찾아서

오스트리아의 내과 의사이자 노벨상 수상자인 콘라트 로렌츠Lorenz는 한 권의 아동용 서적을 읽고 혈연성에 대한 과학적 연구를 시작했다. 로렌츠가 자란 곳은 독일 알텐베르그의 대저택이었고, 그의 부모는 〈동물들을 지나치게 좋아하는 나를 관대하게 이해해 준〉 분들이었다. 그는 갖가지 곤충과 물고기, 파충류, 개, 원숭이 등으로 동물원을 꾸미는 것이 커다란 취미였다. 그러나 한 장난꾸러기 소년이 야생의 거위 무리를 따라 함께 이동한다는『나일강의 대모험』을 읽은 후부터 로렌츠는 자신의 애완 조류를 평생 동안 사랑하게 되었다. 로렌츠는 이렇게 적었다. 〈그때부터 나는 정말로 야생 거위가 되고 싶었다. 그리고 이것이 불가능하다는 것을 알았을 때에는 야생 거위 한 마리를 길러보는 것이 소원이었다.〉 그는 뒷마당에서 물새들을 열심히 관찰한 결과, 어미와 자식간의 결속을 포함하여 그들의 행동 대부분이 본능적이라는 사실을 확신하게 되었다. 로렌츠의 가장 유명한 연구는 새끼 오리와 새끼 거위에 관한 것인데 새끼들은 어미가 쉴 때에는 그 곁을 파고들고, 이동할 때는 종종걸음으로 그 뒤를 따라간다.

어미의 뒤를 따라가는 새끼 오리들의 모습은 유치원생들을 위한 교재를 펼쳐본 사람이면 누구나 잘 아는 장면이다. 그러나 로렌츠의 의문은 〈새끼 오리들은 그들이 누구를 따라가야 하는지를 어떻게 알까?〉였다. 소년 시절에 그는 알에서 깨어난 새끼들이 어미 대신에 자기를 따라오는 것을 보고 대단히 즐거워했다. 후에 과학자가 된 로렌츠는 새끼 오리들이 그들의 눈앞에서 처음으로 움직이는 것이면, 그것이 도저히 어미 같이 생기지 않더라도 어떤 것이든 그 뒤를 따라간다는 사실을 발견했다.

로렌츠는 또한 야생에서도 새끼 거위들이 어미의 뒤를 좇는 이유가 어미가 그들을 먹이가 있는 곳으로 인도하고 위험에서 벗어나게 해줄 것이라는 생각에서가 아니라는 사실을 발견했다. 그 대신 새끼 거위는 진화의 어느 시점에서 〈따라가〉라는 명령을 내리는 영구적인 뉴런 회로를 갖추게 되었고, 그 명령은 어미에 대한 간단한 지침인 〈태어나서 처음 보는 것〉 더하기 〈움직이는 것〉과 일치하는 것이면 어떤 것에도 적용된다. 보통의 경우 갓 부화한 거위는 어미를 맨 처음 본다. 그러나 거위의 신경계는 어미와 관련된 몇 가지 특징만을 인지해서 자신의 어미를 확인하도록 프로그램화되어 있어서, 엉뚱한 일이 발생할 수 있다. 로렌츠는 최초의 대상만을 좇아 다니는 새와 포유동물의 성향을 각인 imprinting이라는 이름으로 불렀다. 그 후에 계속된 연구에서 새끼 양이 텔레비전 수상기에, 기니피그가 나무토막에, 원숭이가 원통형의 철망으로 어미 원숭이를 대충 본떠 만든 모형에 결속감을 형성한다는 것을 알았다.

각인은 혈연성이 기초적인 신경계에 의해 자극된다는 명백한 증거이고, 종 전체에 적용되는 엄밀한 보편성은 기초적인 신경 회로가 그 과정을 담당한다는 증거이다. 우리는 인간의 관계 속에서도 이와 비슷한 규칙적 성질들을 볼 수 있다. 영장류의 애착은 새끼 거위보다 융통성이 있지만 일반적으로 생각하는 것보다는 훨씬 경직된 성질을 보인다.

13세기 신성 로마 제국의 황제이자 남부 이탈리아의 왕이었던 프레데릭 2세 Frederick II는 뜻하지 않게 인간의 결속을 최초로 연구한 사람이 되었다. 수 개 국어를 구사할 줄 알았던 이 황제는 아이들을 언어와 격리해서 키우면 인류의 태생적 언어를 확인할 수 있을 것이라 생각했다. 실험 정신이 강한 이 황제의 업적을 기록했던 프란체스코 수도회의 수도사 살팀벤 드 파르마 Saltimbene de Parma는 그의 실험 과정을 다음과 같이 설명했다. 〈그는 양모와 유모들에게 아기들을 먹이고 씻길 수는 있으나 절대로 쓸데없는 소리를 내거나 말을 건네지 말라고 명령했다. 그래야 그 아기들이 말하는 언어가 헤브루어인지(헤브루어가 1순위였다), 그리스어인지, 라틴어인지, 아라비아어인지, 아니면 아기를 낳은 부모의 언어인지를 알 수 있기 때문이었다.〉 그러나 그 착한 수도사의 기록에 따르면, 프레데릭의 실험은 어떤 언어학적 결과도 낳지 못하고 종결되었다고 한다. 아기들은 한 마디 말을 하기도 전에 모두 죽었다. 이로부터 황제는 괄목할 만한 결론을 이끌어냈다. 〈아기들은 손을 꼭 쥐어주고 동작을 보여주고 즐거운 표정을 지어주고 얼러주지 않으면 살지 못한다.〉 (프레데릭은 실험 결과에 결코 만족하지 않았을 것이다. 그는 남들의 우스갯거리가 되는 것을 싫어하는 사람이었다. 살팀벤의 연대기를 보면 한 번은 왕의 이름을 잘못 표기한 공증인에게 그 죄를 물어 엄지손가락을 절단했다는 기록이 있다.)

그로부터 800년 후인 1940년대에 정신분석학자인 르네 스피츠René Spitz는 프레데릭의 실험과 동일한 조건에 놓인 아기들을 대상으로 연구 결과를 발표했다. 스피츠의 보고서에는 양육원과 보호 시설에서 자라는 고아들과 수감중인 젊은 어머니들과 격리된 아기들의 운명이 묘사되어 있다. 보호 시설의 아기들에게는 음식과 의복 그리고 따뜻하고 깨끗한 잠자리가 제공되었으나, 당시에 처음 확인된 매균설의 영향으로 아기들은 놀거나 안기거나 손길을 느낄 만한 기회를 얻지 못했다. 인간의 접촉을 통해 아기들이 해로운 전염성의 병균에 노출될 위험이 있다는 생각에서였다.

스피츠의 보고에 따르면 아기들은 신체적 욕구가 충족되었음에도 불구하고 한결같이 시름시름 앓았고 체중이 감소했다. 그리고 다수가 사망했다. 더구나 어른들이 그들을 격리시킴으로써 막아주려 했던 갖가지 전염병에 그 아기들이 상당히 취약했다는 사실은 하나의 뼈아픈 역설이었다. 예를 들어 보호 시설 밖에서는 홍역의 사망률이 5퍼센트에 불과했던 시대에 시설 내에서는 40퍼센트의 아이들이 목숨을 잃었다. 〈최고의 장비와 최고의 위생을 자랑하는 보호 시설이 최악의 범죄자였다〉라고 스피츠는 기록했다. 20세기 초에 이른바 무균 육아실이라는 곳의 사망률은 보통 75퍼센트를 상회했고, 적어도 한 가지 이상의 질병에 대해서는 100퍼센트에 육박했다. 스피츠는 만져주고 속삭여주고 다독거려주고 옹알거려주고 놀아주는 등의 상호 작용이 없으면 유아들에게는 치명적이라는 사실을 다시금 발견한 것이다.

〈여러 가지 동작과 즐거운 표정〉 등의 인간적 접촉이 음식이나 물과 같이 생리적 필수품으로 분류되어야 하는 이유는 무엇인가? 1950년대에 이 문제에 대한 단서를 발견한 사람은 영국의 정신분석학자 존 볼비 John Bowlby였다. 타고난 반항아인 볼비는 정신분석 교육을 마치자마자 자신의 이론적 배경에 혁명을 일으켰다. 그는 프로이트의 초(超)심리학과 로렌츠의 동물행동학을 결합하여 애착 행동 이론 attachment theory(애정의 연계성을 밝히는 이론. 어태치먼트 이론이라고도 한다——옮긴이)을 발표했다. 이 이론은 인간과 동물의 결속 행동 사이에서 유사성을 이끌어내는 모델이었다. 볼비가 세운 이론은 아기는 태어날 때부터 어머니와의 본능적인 결속을 통해 안전을 추구하는 뇌 시스템을 갖고 있다는 것이었다. 어머니가 곁에 없을 때에는 그 결속으로부터 괴로움이 발생하고, 아기가 겁에 질리거나 고통스러울 때에는 서로를 찾으려는 강한 욕구가 발생한다. 이와 똑같은 행동의 틀은 어린 포유류들에게서도 확인되는데, 그들도 위험이 닥칠 때에는 울고 어미에게 매달리고 어미를 찾는다.

당시에 볼비의 이론은 엄청난 비난을 몰고 왔다. 프로이트파의 학자들은 어머니와 아이의 결속을 〈사랑의 벽장〉으로 보았다. 아기가 어머니를 소중히 여기는 것은 어머니가 젖을 먹이는 등의 행위를 통해 그의 이드를 만족시키기 때문이라는 것이다. 볼비는 생물학적 결속 행동을 주장함으로써 이드의 우월성을 위반했고, 이것이 정신분석학자들을 격노하게 만들었다. 그들은 번갈아 가면서 그를 철부지에 신성 모독자라고 비난했다. 볼비가 자신의 대표적인 논문 「아이와 어머니 사이에 형성되는 결속의 본질」을 발표하자, 안나 프로이트Anna Freud는 싸늘하고 오만한 어조로 그를 다음과 같이 힐난했다. 〈우리가 다루는 문제는 그 같은 외부 세계의 사건들이 아니라 그 사건들이 마음속에 미치는 영향이다.〉 이것은 호전적인 말이다. 정신분석학자를 현실주의자라고 비난하는 것은 작곡가를 음치라고 하거나 외과 의사를 곰발바닥이라고 하는 것만큼이나 치명적인 모욕이다. 소아과 의사에서 정신분석 의사로 변신했으며 당시 영국 정신분석학회장이었던 도널드 위니코트Donald Winnicott는 볼비의 이론이 〈극도의 혐오감〉을 주고 있다고 썼다. 볼비 자신의 담당 의사인 조안 리비어Joan Riviere조차도 볼비를 성토하기 위해 소집된 한 정신분석학 회의에서 그를 비난하는 발언을 했다.

볼비의 시대에 미국의 정신분석학자들은 거의 모두가 정신과 의사였고 그 역도 성립했다. 스피츠와 볼비가 그 분야의 정통 이론에 맞서 투쟁하는 동안 같은 분야의 미국 심리학자들 역시 종류는 다르지만 똑같이 강압적인 한 이데올로기에 짓눌려 있었다. 미국에서 심리학은 행동학의 비의료적 분야로서 수십 년 동안 행동주의의 냉혹한 통치하에 짓눌려 있었다. 따라서 어머니와 아이의 관계를 설명하는 심리학적 이론들은 행동주의의 흔적을 벗을 수 없었다. 보상과 처벌은 비둘기에게 레버를 쪼게 하고 쥐에게 미로를 달리도록 훈련시킬 수 있었지만, 한편으로는 인간의 혈연성을 형성시키는 만능의 도구로도 사용되었다. 행동주의자들은 부모들에게 자식을 실험실의 동물처럼 다루라고 충고했다. 우는 아기를 달래는 것은 가급적 자제할 일이고, 괴로워할 때 관심을 보이는 것은 칭얼거리는 습관을 강화시키고 조장할 뿐이라는 것이었다. 유명한 행동주의자인 존 왓슨John Watson은 〈어머니의 사랑은 위험한 수단〉이라고 경고하면서, 부모의 애정은 건강한 아기를 한심하기 짝이 없는 정신 박약아로 만든다고 주장했다. 그는 부모들에게 다음과 같이 충고했다. 〈아기를 껴안아 주거나 입을 맞추지 말라. 절대로 무릎 위에 앉히지 말라. 그것이 불가능하다면 자기 전에 이마에 한 번만 입을 맞춰라.〉

1950년대에 발표된 해리 하를로Harry Harlow의 유명한 저작은 혈연성에 관한 프로이트 이론과 파블로프 이론에 동시에 치명타를 날렸다. 후에 수많은 대학 교재에서 끝없이 악명을 쌓아갔던 운명적인 실험에서 하를로는 어린 원숭이들에게 두 개의 대리모 중에서 하나를 선택하도록 했다. 하나는 원통형 철망에 우윳병이 부착된 모형이었고, 다른 것은 영양분을 공급하는 장치 없이 두꺼운 테리 직물로 만든 모형이었다. 어린 원숭이들은 한결같이 식사를 할 때에만 철망 모형을 찾았을 뿐, 부드러운 모형을 자신의 어미로 생각했다. 그들이 달라붙고 깩깩거리고 포옹하고 무서울 때 뒤로 숨는 쪽은 부드러운 모형이었다. 우유는 그것이 강화 보상물이든 이드를 충족시키는 영약이든 간에 결속감을 확립하는 데에는 무용지물이었다. 반복되는 실험에서 그 인형이 어미 원숭이와 비슷한 모양일수록 새끼 원숭이들은 더욱 그것에 집착했다.

어미와 붙어 있으려는 것은 태생적인 욕구라고 주장하는 볼비의 애착 행동 이론만이 그 사실들에 부합했다. 그의 관점에서 볼 때 갓 태어난 아기는 운동 기능이 거의 없기 때문에 어미가 보이지 않으면 울음소리로 어미를 부른다. 따라서 아기의 울음소리는 정상적인 어머니라면 누구나 자식을 찾을 수 있게 해주는 유전적으로 물려받은 나팔 소리인 것이다. 아기가 근육 조절 능력을 갖춰감에 따라 애착 행동은 보다 정교해진다. 아기는 어머니 곁에서 떨어지지 않으려고 손을 뻗고, 붙잡고, 손짓을 하고, 기고, 시끄럽게 떠든다. 다른 행동들처럼 애착 행동도 초기 형태는 서툴고 어색하지만, 시간이 흐를수록 어머니와 아이를 이어주는 자연스러운 의사 소통의 일부로 자리잡는다. 처음에 아기는 어머니와 떨어져 있을 때의 괴로움을 표현하기 위해 단지 막연한 푸념을 늘어놓지만, 후에는 〈빨리 손 잡아줘〉와 같이 자신의 의사를 분명히 표현한다. 그러나 울음소리 자체에도 일반적으로 생각하는 것 이상의 구체적인 의미가 있다. 아기가 배고플 때 내는 울음에는 독특한 소리 신호가 담겨 있다. 따라서 아기의 울음소리를 듣고 달려온 어머니가 기저귀가 아니라 우윳병을 준비할 때, 이 행동에는 아기의 욕구를 막연히 추측하는 것 이상의 의미가 담겨 있는 것이다.

어떤 조건하에서는 어머니 곁에 있으려는 아기의 본능적 욕구가 대단히 강하게 표출된다. 가령 낯선 장소나 사람 혹은 사물과의 대면, 두려움, 고통, 추위, 병, 강제적 격리 등이 그러한 조건이다. 성인들도 이와 동일한 구조를 보이지만, 그 윤곽을 식별하기는 어렵다. 그러나 두려움이 서로의 결속감을 증폭시킨다는 사실은, 고등학생들이 짝을 지어 공포 영화를 보러 가는 경우로 확인될 수 있다. 가령 전쟁이나 재난과 같은 외상성의 경험을 함께 한 사람들 사이에 강한 유대감이 형성되는 것도 이와 동일한 메커니즘의 결과이다. 의식의 편차는 있겠지만 신병 훈련이나 신입생 환영회를 계획하는 사람들도 균일하지 못한 신참자들을 강한 연대 의식으로 결집시키기 위해 그 과정을 이용하고 있다.

아이들은 성장하면서 애착의 표식을 더 적게 드러낸다. 여덟살짜리 아이는 네살짜리 아이보다 백화점에서 어머니의 손을 잘 잡지 않고, 열네살짜리 아이는 좀처럼 부모의 손을 잡으려 하지 않는다. 그러나 기초적인 결속감은 존속한다. 애착은 혼란스러운 사건이 발생하여 그 표현을 유발시키기 전까지는 겉으로 드러나지 않은 채로 발전할 수 있다. 사람들은 작별과 만남의 순간에 상대방을 포옹한다. 우리는 이것을 익숙한 하나의 관습이라고 생각할 수도 있다. 그러나 포옹의 행위에는 애착의 말없는 증거가 담겨 있다. 피치 못할 이별이나 한쪽이 위험에 빠진 순간에 사람들은 반사적으로 피부 접촉의 욕구를 표현하게 된다.

어머니의 사랑과 아이의 정서

정신과 의사들은 생후 일 년 동안의 중요한 사건들이 인성을 결정한다고 주장하기로 악명이 높다. 일부 회의론자들은 이러한 주장에 의심의 눈길을 보내지만 이것은 인간의 애착에 관한 연구를 통해 사실임이 입증되었다.

20여 년 전에 발달심리학자 매리 에인스워스Mary Ainsworth가 어머니와 신생아를 조사한 결과, 어머니의 성향을 보면 아기가 이후에 어떤 정서적 특성을 보일지 예측할 수 있음을 밝혔다. 우선 그녀는 어머니들이 아기를 돌보는 방식을 관찰하여 이를 세 가지 범주로 분류했다. 1년 후 에인스워스는 아이들의 정서를 시험하기 위해 어머니와 잠깐 격리시켰을 때 그들이 어떻게 대응하는지를 관찰했다. 꾸준한 관심과 반응과 부드러움을 보인 어머니는 안정적인 아기를 키웠다. 안정적인 아기는 어머니를 안전 기지로 생각하여 그로부터 세계를 탐험한다. 어머니가 떠날 때 아기는 당황스러워하고 소란을 떠는 반면 그녀가 돌아오면 안심하고 기뻐했다. 차갑고 엄하고 화를 잘 내는 어머니가 키운 아기는 불안하고 회피적이었다. 어머니가 떠나도 아기는 무관심했고, 돌아왔을 때에도 그녀를 무시하고 등을 돌리거나 갑자기 신기한 장난감을 발견하고서는 구석으로 기어가 버렸다. 주의가 산만하거나 변덕스러운 어머니의 아기는 불안하고 양면적인 아이가 되었다. 둘이 함께 있을 때 아기는 어머니를 꼭 붙잡고 있다가, 어머니와 떨어지면 통곡을 하고 소리를 질렀으며, 다시 재결합해도 여전히 슬퍼했다.

아이들이 성장함에 따라 어머니들의 양육 태도는 아이들의 개인적 특성과 더 잘 일치했다. 반응을 잘 보이는 어머니의 아이들은 행복하고, 사회성이 좋고, 쾌활하며, 일관성이 있고, 호감이 가고, 마음이 따뜻한 학생으로 성장했다. 그들은 친구가 많았고, 친밀한 관계를 편하게 즐겼고, 해결 가능한 문제들을 혼자 해결해 나갔고, 필요할 때에는 도움을 구했다. 차가운 어머니 밑에서 자란 아기들은 접근하기 어려운 냉담한 아이들이 되었다. 그들은 권위에 적대적이었고, 고립을 즐겼으며, 특히 다쳤을 때에도 위로를 구하지 않았다. 그들은 종종 이해심이 부족했고, 다른 아이들을 약올리고 괴롭히는 행동에서 즐거움을 얻었다. 돌발적인 어머니의 아이들은 사회적으로 서툴고, 소심하며, 과민하고, 자신감이 부족한 어린이가 되었다. 관심에 굶주리고 쉽게 좌절했던 그 아이들은, 자신의 능력으로 쉽게 할 수 있는 간단한 과제에 대해서도 늘 도움을 청했다.

에인스워스는 신중한 태도로 연구를 시작했지만, 정밀하고 정확한 조사가 더해지면서 그녀의 연구는 현재까지도 눈덩이처럼 불어나고 있다. 장기적인 자료는 지금도 진행중이다. 유아였던 아이들은 십대 청소년이 되었고, 안정적인 애착은 여전히 인생의 성공을 예고하는 증거이다. 애착 행동이 안정적이었던 아이들은 자긍심과 인기가 높은 고등학생이 되었고, 그와 정반대인 아이들은 청소년기의 불행한 함정에 쉽게 빠지고 있다. 그들 중에는 청소년 범죄, 마약, 임신, 에이즈의 희생자가 속출하고 있다. 출생한 지 거의 20년이 지난 지금 그 아이들의 학문적, 사회적, 개인적 편차는 요람 속에 누워 있던 그 아기들을 어떤 성향의 어머니가 지켜보았는가에 밀접한 상관도를 보이고 있다.

에인스워스는 (그리고 그녀를 추종했던 많은 과학자들은) 어머니가 아기에게 어떻게 행동하는지가 매우 중요하다는 사실을 입증했다. 어머니는 아이들의 인성에 장기적이고 뚜렷한 영향을 미친다. 그들은 자신이 소유하고 의존하는 정서적 특질들을 아기들에게 부여함으로써 그들의 삶에 혜택을 주거나 상해를 입힌다. 이러한 연구 결과는 일반적인 상식과도 일치한다. 만일 아기 양육이 어떤 재능이나 기술을 요하는 일이고 반사 행동보다 더 복잡한 신경계의 작용을 필요로 하는 일이라면, 정서적으로 건강한 아이를 양육하는 데 보다 정통한 어머니들이 반드시 있을 것이다. 그리고 애착 행동에 관한 위와 같은 연구로부터 우리는 그러한 어머니들이 누구인지, 그들이 무엇을 어떻게 하는지를 알 수 있다.

에인스워스가 발견한 바에 따르면, 어머니가 아이를 돌보는 시간과 아이의 궁극적인 정서적 건강 사이에는 어떠한 상관관계도 없었다. 애착이 안정적인 아이들이라고 해서 어머니의 팔에 자주 안기거나 오래 안겨 있었던 것은 아니었다. 대신에 그들은 정말로 필요할 때 어머니의 품에 안기고 필요할 때 내려놓아진 아이들이었다. 아이들이 배고프면 어머니는 그것을 알고 젖을 먹였고, 아이가 힘들어 하면 어머니는 그것을 느끼고 요람에 눕혀서 잠을 재웠다. 어머니가 아기에게서 말없는 욕구를 감지하고 그에 따라 행동할 때마다, 어머니와 아기는 모두 최대의 즐거움을 누렸고 그 결과 몇 년 후 아기는 안정적인 아이로 성장했다.

어머니들은 어떤 기적과도 같은 매개 작용에 의해 아기에게 접근할 때와 멀어질 때를 알고, 따뜻하게 안아줄 때와 숨쉴 공간을 줄 때를 아는가? 어머니들에게 그러한 텔레파시 수단을 주는 것은 바로 변연계 공명이다. 아기의 눈을 보고 내적 상태에 동조함으로써 어머니는 아기의 느낌과 욕구를 직관적으로 파악할 수 있다. 이렇게 파악된 지식이 규칙적으로 적용되는 과정에서 아이의 정서적 기질은 변화를 겪는다. 오늘날 혈연성을 지배하는 신경계의 비밀이 속속 밝혀짐에 따라 그 과정의 세부적인 측면들이 드러나고 있다. 볼비의 생각에 따르면, 애착의 목표는 보호자를 필요로 하는 무기력한 유아가 신체적 안전을 확보하는 것이었다. 당시로서 그의 생각은 대담한 것이었으나, 관계의 영향력은 오히려 그가 생각했던 것보다 훨씬 크다. 지금까지 혈연성의 생리학을 조사해 본 결과에 따르면, 애착은 신경 세포의 인간적 핵심을 관통하고 있음을 알 수 있다.

사랑의 해부

슬픔은 전기적이다

강아지를 어미로부터 격리시켜서 우리에 혼자 가두어 놓으면, 결속이 깨어질 때 포유류가 일반적으로 어떻게 반응하는지를 알 수 있다. 그것은 포유류에게 변연계 구조가 공통적으로 있다는 것을 보여주는 증거이다. 단기적 격리는 항의라는 격렬한 반응을 불러일으키는 반면, 장기적인 격리는 절망이라는 생리적 상태를 유발한다.

격리된 강아지는 우선 항의의 단계에 들어선다. 그는 쉴새 없이 배회하고, 주변을 구석구석 검사하고, 짖어대고, 문을 긁는다. 감옥의 네 벽을 열심히 긁다가, 그마저 소용이 없다고 생각되면 납작 웅크린다. 그는 높고 애처로운 소리로 낑낑거린다. 그 모든 행동에는 그의 괴로움이 표현되고 있다. 사실 이것은 모든 사회적 동물들이 애착을 형성했던 존재와 격리될 때 보여주는 불안 행동이다. 새끼 쥐들도 강아지와 똑같이 항의 반응을 보인다. 어미가 없으면 그들은 쉴새없이 초음파의 울음소리를 낸다. 그것은 무딘 영장류의 귀에는 들리지 않는 구슬픈 합창이다.

인간 성인들도 다른 포유류와 똑같이 항의 반응을 보인다. 미친 듯이 사랑하던 연인에게 버림받은 사람은 맨 먼저 항의 단계를 경험한다. 내적으로 불안 상태가 증폭되고, (〈단지 말하기 위해서〉) 그 사람을 만나고 싶은 충동을 강하게 느끼고, 어디에서든 떠나간 연인의 모습을 찾으려고 두리번거린다(맹목적인 희망을 버리지 못하고 열심히 주위를 둘러본다). 이 모든 것이 항의 반응의 일부이다. 접촉을 회복하려는 충동은 대단히 강력해서, 상대가 더 이상 함께 있고 싶어하지 않는다는 것을 이해했을 때에도 쉽게 받아들이지 못할 때가 많다. 인간은 잃어버린 대상을 찾고 부르기 위해 장황한 편지를 보내고, 난데없이 전화를 걸고, 전자우편을 반복해서 보내고, 목소리라도 듣기 위해 자동

구분	행동 반응	생리 반응
증가	운동량 옹알이	심장 박동 체온 카테콜아민 합성 코티솔 합성
행동	찾기	•

항의 단계의 행동 반응과 생리 반응(Hofer, 1987년)

응답기에 전화를 건다. 실연 당한 연인이 작성하는 비탄의 편지는 새끼 쥐의 찍찍거림과 동일하다. 그것은 주파수만 조금 낮을 뿐 같은 노래이다.

항의 중인 포유동물은 독특한 생리 작용을 보인다. 심장 박동과 체온이 증가하고, 카테콜아민과 코티솔의 수치가 올라간다. 카테콜아민은 (아드레날린처럼) 경계심과 활동성을 상승시킨다. 어미를 잃은 어린 포유동물은 어미를 찾을 때까지 방심하지 말아야 하므로, 항의 단계 동안 카테콜아민의 상승은 새끼의 잠을 쫓는다. 오래된 애착 구조의 이 같은 작용 때문에 인간도 뜬 눈으로 천장을 바라보면서 밤을 지새는 것이다. 코티솔은 신체의 주요한 스트레스 호르몬이다. 격리된 포유동물들에게서 코티솔이 급격히 상승하는 것을 보면, 관계의 단절이 대단히 혹독한 신체적 긴장으로 이어진다는 것을 알 수 있다. 격리된 지 30분이 경과했을 때 어떤 동물들의 코티솔 수치는 6배까지 상승한다.

격리된 강아지의 항의 단계는 영원히 지속되지 않는다. 강아지를 어미와 재결합시키면 항의는 종료된다. 만약 격리가 지속되면 포유동물은 두번째 단계인 절망 상태로 들어간다. 항의와 마찬가지로 절망도 지속적인 생리 상태로서, 포유동물에 공통적인 일련의 행동 성향이자 신체적 반응이다. 절망은 불안이 무기력으로 바뀌면서 시작된다. 어미를 찾던 새끼는 왕복하기와 낑낑거리기를 중단하고 낙담한 표정으로 몸을 웅크리고 눕는다. 그는 거의 마시지도 않고, 음식에는 전혀 관심을 보이지 않는다. 또래나 놀이친구를 우리 안에 넣어주어도 흐릿한 눈으로 쳐다보거나 등을 돌린다. 감정 표현의 보편성으로 알 수 있듯이, 이 상태에 빠진 포유동물의 표정은 애처롭다.

절망 단계의 생리적 특징은 신체적 리듬의 전반적인 저하

고립된 붉은털원숭이(*Kaplan and Sadock's Synopsis of Psychiatry*, Williams & Wilkins).

구분	행동 반응	생리 반응
감소	운동량, 옹알이 사회 활동, 놀이 음식/물 섭취	심장 박동, 산소 소비량 체온&체중, REM 수면 성장 호르몬, 세포 면역성
증가	스스로 껴안기	불면, 불규칙한 심박
행동	구부정한 자세 슬픈 표정	•

절망 단계의 행동 반응과 생리 반응(Hofer, 1987년).

현상이다. 심장 박동이 저하될 뿐 아니라, 심전도 기록을 보면 건강한 심장 박동이 보여주는 규칙적이고 매끄러운 그래프 사이사이에 톱니 모양의 비정상적인 박동이 들어와 있다. 수면도 상당한 변화를 겪는다. 꿈이나 REM 수면이 줄어드는 등 잠이 더 얕아지고, 야간의 자발적 각성 시간이 증가한다. 명암의 교차에 따라 상승하고 감소하는 생리적 매개 변수들을 조율하는 작용을 24시간 주기 리듬이라고 하는데, 이 역시 변화를 겪는다. 혈액 속의 성장 호르몬 수치도 급격히 떨어진다. 심지어 면역 기능도 장기적 격리의 영향으로 큰 변화를 겪는다.

가까운 사람의 죽음을 슬퍼해 본 사람은 내면으로부터 발생하는 절망이 어떤 것인지를 안다. 납을 매단 듯이 꼼짝할 수 없는 신체적 무기력 상태, 상실 외에는 어떤 것도 생각나지 않는 전반적인 무관심 상태, 음식에 대한 혐오감, 누구와도 접촉하기 싫은 고립 충동, 불면, 세상 전체가 어둡고 냉혹하게 보이는 느낌 등, 슬픔을 겪어 본 사람은 심각한 우울증이 어떤 것인가를 어느 정도 이해하게 된다. 절망과 우울은 아주 비슷해서, 실험실의 동물들이 보이는 절망은 종종 인간의 우울증을 이해하는 모델로 이용된다. 우리가 대개 심각한 우울증이라고 말하는 질병 상태는 절망 반응과 혼재된 것일 수 있다. 그러나 상실에 직면했을 때 발생하는 뉴런의 변화가, 사랑하는 사람의 죽음이라는 일반적인 계기가 없을 때에도 왜, 그리고 어떻게 발생하는가는 아직 알려져 있지 않다.

장기적 격리 상태는 느낌 이상의 것을 유발한다. 절망 단계에 이르면 수많은 신체적 매개 변수들이 혼란스럽게 얽힌다. 격리는 신체적 혼란을 유발하기 때문에 가까운 사람을 잃으면 신체적 질병이 찾아온다. 절망 단계에서는 성장 호르몬 수치도 급감한다. 이 때문에 사랑을 빼앗긴 아이들은 성장이 중단되고, 칼로리 섭취량에 상관없이 체중이 감소하고 야윈다. 과거에는 장기간 병원에 갇혀 지내는 어린 환자들이 일반적으로 이 증후군에 잘 걸리곤 했다. 르네 스피츠는 그런 아이들의 증상을 〈병원증 hospitalism〉이라고 불렀으며, 이 말에는 종종 〈성장 부전 failure to thrive〉라는 공손한 동어반복의 표현이 덧붙여진다. 신체적 손상이 사회적 상실로 유발되었음을 이해한 의사들은 아이와 부모를 더 자주 접촉하게 함으로써 어린 환자들의 생존 가능성을 높일 수 있었다.

신체가 사랑의 상실에 복잡한 반응을 보이는 것은 아이들의 경우만이 아니다. 성인들도 장기간 격리를 겪을 경우, 심장 혈관 기능, 호르몬 수치, 면역 기능 등이 교란된다. 따라서 결혼의 실패나 배우자의 상실이 질병이나 죽음으로 이어지는 경우가 빈번하다. 예를 들어 한 연구 결과에 따르면, 사회적 고립은 심장마비로 인한 사망률을 세 배 증가시킨다고 한다. 다른 연구에서는, 유방암 수술을 받은 여성들이 집단 심리 치료에 참가하면 수술 후의 수명이 두 배 연장된다는 사실이 밝혀졌다. 세번째 연구에서는, 사회적 지원이 강한 백혈병 환자들은 그렇지 못한 환자들보다 2년 동안의 생존율이 두 배 이상에 달한다는 사실을 보고했다. 『사랑 & 생존 *Love & Survival*』의 저자인 딘 오니쉬 Dean Ornish는 고립과 사망률의 관계에 관한 의학 문헌들을 조사하여 다음과 같은 결론을 내렸다. 수십 개의 연구 결과, 고독한 사람은 모든 원인에서 비롯되는 조기 사망률이 대단히 높으며, 보살펴주는 배우자, 가족, 공동체와 연결되어 있는 사람들보다 일찍 사망할 확률이 세 배에서 다섯 배 가량 더 높다.

이러한 결과들이 포유동물의 군집성에 담겨 있는 의학적 효능을 뒷받침한다면, 여러분은 유방암 수술을 받은 후에 집단 심리 치료를 받는 것이 이제는 일반적이라고 생각할 것이다. 그러나 사정은 어떠한가? 유대감은 약이나 수술이 아니고 따라서 서양 의학의 역사에도 거의 나타나지 않는다. 의사들이 이에 대해 전혀 모르는 것은 아니다. 오히려 대부분의 의사들은 이러한 연구 문헌들을 읽었으며 인색하게나마 지적으로도 인정하고 있다. 그러나 그들은 이에 대한 믿음이 없다. 그들은 유언비어나 다름없는 애착 이론에 따라 치료 결정을 내릴 수는 없다고 생각한다. 현재의 지배적인 의학적 패러다임은, 관계가 생리학적 과정이며 알약이나 외과적 조처만큼 현실적이고 강력하다는 개념을 수용할 능력이 없다.

은밀한 설득자

과학은 모순에서 출발하여 자연 세계에 도달하는 경이로운 체계이다. 과학의 합법칙적 본능은 현실적인 형태로 우리의 실생활을 지배하고, 그 결과물 즉 질서와 일관성을 갖춘 연구 논문들은 고된 작업을 통해 지식의 영토를 한 걸음씩 확대시켰다. 위대한 과학 정신의 소유자들은 누구나 그 고행에 참여했으며, 정신의 엔진을 자유롭게 가동시키고자 하는 순수한 사랑으로 고통을 극복해 왔다. 바로 그런 순간에 아인슈타인은 광선을 타고 날아가는 자신의 모습을 상상하고, 케큘러는 꿈속에서 벤젠의 구조를 공식화하고, 플레밍의 눈은 접시 위의 유기 물질에 달라붙는 성가신 곰팡이들 중에서 선명한 고리 모양을 이루는 특이한 박테리아를 발견하여 페니실린을 만들었다. 새로운 과학의 창시자가 될 수 있었던 사람들이 실험실 안에서 변덕과 우연과 불편을 무시함으로써 얼마나 많은 혁명적 발견들이 덧없이 지나갔겠는가?

1968년 (현재 콜롬비아 대학교의 정신의학 교수이자 발달 정신 생물학 과장인) 마이론 호퍼Myron Hofer는 심장 박동을 제어하는 뇌의 기능을 관찰하던 중에 뜻하지 않은 행운을 만나게 되었다. 어느 날 아침 출근해 보니, 자유를 갈망하던 어미 쥐가 결국 밤사이에 우리를 갉아서 도망쳤던 것이다. 호퍼는 버려진 새끼들의 심장 박동이 평소의 절반 이하임을 우연히 알게 되었다. 그는 어미의 체온이 없는 상태에서 새끼들의 심장 세포가 차가

워졌을 것이라 가정하고는, 이 시큰둥한 가정에 따라 한 가지 실험을 해보기로 결심했다. 그는 버려진 새끼 쥐들에게 어미가 있을 때와 똑같은 온도로 난방을 해주었다. 그러나 놀라운 일이 발생했다. 새끼들의 심장은 난방을 제공하기 전이나 후나 똑같이 느리게 뛰었다. 자세히는 알 수 없었지만, 어미 쥐에게는 실체가 없는 열로서는 흉내낼 수 없는 유기적인 체온 조절 능력이 있었던 것이다.

이 신비한 모성 능력에 흥미를 느낀 호퍼는 새끼 쥐들의 은밀한 생리 기능을 조사하기 시작했다. 실험을 거듭하면서 그는 도망친 어미 쥐를 대신할 수 있는 감각적 요소들을 하나씩 제공했다. 어미의 냄새를 묻힌 천 조각, 어미의 체온과 동등한 열을 방출하는 전등, 어미의 보살핌을 흉내내기 위해 브러시로 새끼들의 등을 쓰다듬어 주는 방법 등, 호퍼는 어미 쥐의 부분적 대체물을 차례로 적용시켜 보았다.

그 결과 한 가지 모성적 특성을 복구시키면, 절망으로 인해 발생했던 한 가지 생리적 측면이 회복되지만 다른 기능들에는 영향을 미치지 않는다는 사실이 밝혀졌다. 어미의 체온과 후각 신호는 새끼의 활동량을 조종한다. 어미의 촉각 자극은 새끼의 성장 호르몬 수치를 결정한다. 모유의 제공은 심장 박동을 지배하고, 정기적인 수유는 수면과 각성의 상태를 조절한다.

호퍼는 어미 쥐와 새끼 쥐의 연결 고리가 신체적인 것이고 생명을 좌우하는 것임을 깨달았을 뿐만 아니라, 결속 그 자체는 여러 가닥의 가는 줄로 짜여져 있어 각각의 줄은 신체를 조절하는 통로라는 사실도 깨달았다. 어미는 새끼의 생리 작용을 지속

유아 체계		감소 요인	증가 요인	모성 조절 요소
행동	활동량	체온	촉각, 후각 신호	
빨기	영양 공급	영양분(팽창) 촉각(입 주위)	미지의 신호	
신경 화학	노르에피네프린/ 도파민 수치	촉각, 후각	체온	
	ODC 수치	감각 운동	촉각	
	아편성 물질 수치		감각 운동	
신진 대사	산소 섭취	미지의 신호	우유의 당분 함유	
수면	REM		수유 정기성, 촉각	
	각성	수유 정기성, 촉각		
심장 혈관	심장 박동		우유	
	혈관 수축	우유		
내분비	성장 호르몬		촉각, 체온	
	코르티코스테론	촉각, 우유		
면역	B-세포와 T-세포의 반응	미지의 신호	미지의 신호	
24시간 리듬	반응 시기		우유, 체온	
	주기의 길이	멜라토닌(?)	멜라토닌(?)	

쥐의 관계 속에 감춰진 조절자들(Hofer, 1987년).

적으로 조절한다. 그러한 영향력이 전달되는 줄 하나를 차단하면, 그에 해당하는 새끼의 생리적 매개 변수에 혼란이 일어난다. 어미가 없어지면 새끼는 모든 유기적 통로를 한꺼번에 잃어버린다. 줄에 매달린 꼭두각시처럼 그 줄을 자르면 새끼의 생리 작용은 한꺼번에 무너져서 절망의 폐허더미로 변한다.

옆의 그래프는 고아 상태가 된 새끼 쥐의 신체 리듬이 어떻게 변하는지를 나타낸 것이다.

애착의 대상과 격리된 포유동물들은 신체적 혼란 상태로 신체 리듬이 급격히 떨어지는데, 그 정도는 외부에서도 측정이 가능하고 내부에서는 고통스럽게 느껴진다. 분열의 속도는 편차를 보인다. 외적 지원에 가장 많이 의존하는 유아들은 급속히 붕괴된다. 좀더 나이든 아이들의 안정성은 보다 천천히 쇠퇴하고 성인들의 경우는 훨씬 느리게 진행된다. 그러나 나이 차에도 불구하고 저하 경향은 피할 수 없다. 즉 어떤 속도로든 사회적 동물의 생리 기능은 불안정해진다. 포유동물의 이러한 약점에 대한 호퍼의 연구 성과는 인간의 혈연성에 관한 새로운 관점을 열었다.

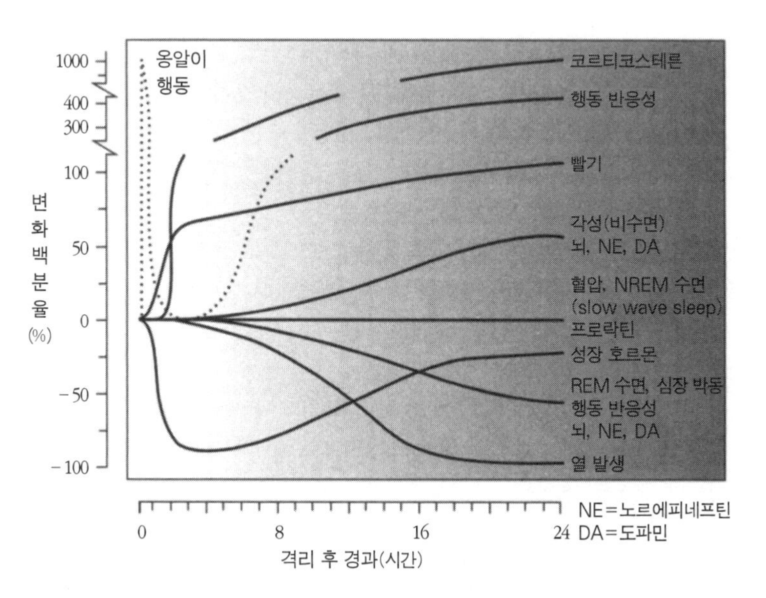

격리로 발생하는 생리적 혼돈(S. Goldberg, R. Mulr, I. Kerr, *Attachment Theory: Social, Developmental and Clinical Perspectives*, 1995년).

열린 고리

대부분의 사람들은 자신이 깃들어 있는 육체가 자동적으로 조절되고, 그들 자신의 생리적 균형이 닫힌 고리 안에서 발생한다고 생각한다. 순항 조절 cruise control(자동적으로 일정 속도를 유지케 하는 장치. 크루즈 컨트롤이라고도 한다——옮긴이) 장치는 닫힌 고리의 고전적인 예이다. 이것은 자동차가 자체 시스템으로 속도를 점검하고 그에 따라 조절판을 맞추는 것과 같다. 반면에 수동으로 조작되는 자동차는 열린 고리가 절반을 차지한다. 차가 굴러갈 때 외부 행위자가 달리는 속도를 조절한다. 그는 두 발로 페달을 조종하고, 조절판을 점검한다. 차의 속도는 그에 따라 오르고 내린다. 순항 조절 시스템이 없는 자동차는 자신의 운명을 지배하는 힘이 없어, 영(0) 이상의 속도에서는 자신이 원하는 대로 달릴 수 없다.

인간의 몸은 열린 고리인가, 닫힌 고리인가? 우리는 우리의 생리적 진동을 점검하고 조절하는 신체적 순항 조절 장치를 가지고 있는가, 아니면 다른 누군가가 운전석에 앉아 우리의 신체를 조절하는가? 둘 다 어느 정도는 맞는 말이다. 우리의 신체 조직 중 일부는 자동으로 규제되는 닫힌 고리들이고, 나머지는 그렇지 않다. 예를 들어, 함께 많은 시간을 보내는 여성들은 자동적으로 월경 주기가 맞춰지는 경우가 많다. 이 호르몬 공동체의 조화는 변연계의 작용으로 신체적 연관이 일어났음을 보여주는 증거이다. 단지 같은 방을 쓰는 사람들보다는 가까운 친구들 사이에 그 같은 동시성이 더 쉽게 발생하기 때문이다.

오늘날 다수의 과학자들은, 이와 같은 신체적 일치가 포유동물에게 정상적일 뿐 아니라 필수적인 것이라고 생각한다. 포유동물의 신경계는 신경생리학적 안정을 유지하기 위해 상호 작용의 조율 시스템에 의존한다. 즉 가까운 애착 대상과 동조화가 이루어지면 불변의 지속성이 발생한다. 항의는 이 생명 유지 조절 장치에 문제가 발생했음을 알려주는 경고음이다. 만약 문제가 지속되어 절망 단계로 접어들면 여러 가지 생리적 리듬들은 고통스러운 혼란을 겪게 된다. 포유동물은 진화의 과정에서 비밀스럽게 작용하는 배선을 획득했으며, 이것을 이용하여 서로의 생리 작용을 조작하고 서로의 나약한 신경 리듬들을 조절하고 강화시킨다. 그리고 이 모든 일들이 사랑이라는 춤 속에서 이루어진다.

이렇게 상호 조절과 일치를 위해 교환하는 작용을 우리는 변연계 조절 limbic regulation이라고 부른다. 인간의 신체는 심박, 혈압, 체온, 면역 기능, 산소 포화도, 당분과 호르몬과 염분과 이온과 여러 가지 대사 물질의 수치 등을 포함하여 수천 가지 생리적 매개 변수들을 쉴새없이 정밀하게 조정한다. 닫힌 고리 구조에서 각 신체는, 각종 수치들을 스스로 점검하고 교정 물질들을 스스로 투여하면서, 자신의 단독적인 체계를 조화로운 균형 상태로 유지해 나간다.

그러나 인간의 생리는 (적어도 그 일부는) 열린 고리 구조이기 때문에, 개인은 자신의 모든 기능들을 지배하지 못한다. 다른 사람으로부터 전달되는 조절 정보가 체내의 호르몬 수치, 심장 기능, 수면 리듬, 면역 기능 등을 조절한다. 이 상호 과정은 동시적으로 진행된다. 한 사람은 다른 사람의 생리 기능을 조절하고, 이 과정에서 자기 자신도 조절을 받는다. 어느 누구도 전적으로 자신의 생리를 조절하지 못한다. 각자의 생리는 다른 사람이 있어야 완성될 수 있는 열린 고리 구조이다. 두 사람은 함께 모일 때 비로소 안정되고 균형 잡힌 유기체로 탄생한다. 그리고 그들은 변연계의 결합으로 제공되는 열린 채널을 통해서 보완적인 자료를 교환한다.

아기의 생리 구조는 최대한 열린 고리이다. 변연계 조절 작용이 없으면 아기의 생명 유지 리듬은 붕괴되어 죽음에 이를 수도 있다. 이것은 프레데릭 2세와 르네 스피츠에 의해 입증된 바 있다. 현대적인 어법으로 말하자면, 아기들은 대부분의 생리적 통치권을 부모에게 하청을 주고, 몇 달에서 몇 년에 걸쳐 그 일을 하나씩 회수한다. 아기들은 부모가 제공하는 주문품을 먼저 접함으로써 생리적 리듬의 일부를 배운다. 예를 들어 한 연구에서는, 보통의 곰 인형을 안고 자는 조산아와 〈숨쉬는〉 곰 인형(보통의 인형에 아기의 호흡 리듬에 맞춰 함께 부풀었다가 줄어드는 환기 장치를 넣은 것)을 안고 자는 조산아를 비교했다. 얼마 후 숨쉬는 곰 인형을 안고 잔 아기들은 정지된 곰 인형을 안고 잔 아기들보다 더 평온한 수면과 더 고른 호흡을 한다는 것을 알 수 있었다. 규칙적인 바람을 통해 조산아들은 안정적인 호흡을 배운 것이다. 현대의 기술이 먼 옛날 속에 묻혀 있던 호흡의 원천에 이르는 수단을 제공한 셈이다.

신경계가 성숙함에 따라 아기는 일부 조절 과정들을 회수하여 자율적으로 수행한다. 양육 경험이 정점을 넘어선 후에도 아이들은 완전히 자발적인 조절 상태로 이행하지 않는다. 인간은 성인이 되어서도 사회적 동물로 남는다. 그들은 여전히 안정의 원천을 외부에서 찾는다. 그 열린 고리 구조가 의미하는 바는, 몇 가지 중요한 측면에서 인간은 그 자신만으로는 안정적일 수 없다는 것이다. 이것은 당위가 아니라 필연의 문제이다. 이러한 예측은 특히 우리처럼 개인성을 중시하는 사회에서는 많은 사람들에게 혼란스러울 것이다. 완전한 자아 충족이란 결국 변연계의 활발한 작용 속에 거품처럼 흩어지고 마는 백일몽에 불과하다. 안정은 자신을 능숙하게 조절하는 사람들을 찾고 그들 곁에 머무는 것을 의미한다.

붉은털원숭이를 어미로부터 너무 일찍 떼어내거나 어미가 없는 상태를 오래 지속시키면, 그는 평생 동안 절망에 취약한 원숭이가 된다. 그 이유는 변연계 조절 작용에 있다. 그러한 동물은 자기 감독의 능력이 충분히 내면화되지 못한 상태로 지내다가, 안정의 외적 원천이 사정 거리 밖으로 사라지면 즉시 생리적 혼돈으로 빠져든다. 어머니가 변덕스러운 아이들도 같은 이유로 과도한 집착성을 보인다. 그들은 자신의 생리 기능을 조절할 수 있는 닫힌 고리의 능력을 충분히 흡수할 수 없었기 때문에, 균형 상태를 유지하기 위해서는 외적 조절자와 가까이 있어야 한다.

개인들의 생리적 기능은 필연적으로 혼합될 수밖에 없기 때문에 혈연성과 공동 생활은 인간 생활의 중심을 차지한다. 우리는 본능적으로, 건강한 사람들은 고독하지 않다고 생각한다. 소로Thoreau는 월든 숲으로 은거하려는 자신의 유명한 결정에 대해 다음과 같이 썼다. 〈내가 숲으로 들어가려는 이유는 신중한 삶을 위해서이고 삶의 본질적 사실들만을 대면하기 위해서이다.〉 그러나 그는 혼자가 아니었다. 가장 가까운 이웃은 1.5킬로미터 밖에 있었고, 콩코드 여객기는 3킬로미터 밖에 있었다. 소로는 양자 모두를 자유롭게 이용했고, 종종 친구들과 함께 식사를 했다. 어린이들의 이야기에서 뿐 아니라 실제 삶에서도 질병 때문에 은둔자가 되어 카진스키 Kaczynski처럼 오두막에서 사는 경우가 있다. 사회에서 추방하는 것이 인간이 고안해 낸 형벌 중 가장 잔인한 이유는 바로 변연계 조절 작용 때문이다. 로미오는 친구인 로렌스 신부로부터 사형 선고가 무기한 추방으로 감형되었다고 전해 듣지만, 그의 가슴은 금방이라도 무너질 듯하다.

그래도 신부님은 추방이 사형이 아니라고 하십니까?
신부님은 제조한 독약이나 날카롭게 간 칼이 없고
또 당장에 죽이는 방법이나 그 어떤 비열한 수단이 없다고 해서
저를 〈추방〉이라는 것으로 죽이려 하십니까? 〈추방〉이라구요?
아 신부님, 그 말은 지옥에서 저주하는 말
그 말에는 울부짖는 소리가 들어 있습니다.
신부님은 성직에 몸을 두시고 성사를 주관하시는 분,
저의 친구라고 자칭하시면서 어째서
〈추방〉이라는 말로 이 몸을 토막토막 끊으려 하십니까?

변연계 조절을 위해 모든 나이의 사회적 동물들은 상호 의존에 의지해야 한다. 그러나 어린 동물들은 특별한 도움을 필요로 한다. 그들의 신경계는 미성숙할 뿐 아니라 성장하고 변화하기 때문이다. 변연계 조절이 지시하는 생리적 과정들 중의 하나는 뇌 자체의 발달이다. 그것은 애착이 아이 마음의 궁극적인 성격을 결정한다는 것을 의미한다. 정상적인 뇌의 발달에 있어 변연계의 접촉이 중요하다는 사실은, 그러한 접촉이 없을 때 초래되는 황폐한 결과를 통해 적나라하게 입증된다.

인간의 유아에게 음식과 의복을 제공하지만 정서적 접촉을 단절시키면 그 아기는 죽는다. 그러나 새끼 원숭이들은 그러한 결핍 상태에서 인간 유아보다 더 강하다. 원숭이들은 어미의 양육 없이 생존하는 경우가 많기 때문이다. 그러나 그들의 신경계는 영구적으로 불구가 된다.

위스콘신 대학교의 신체운동학과의 교수이자 사회적 박탈에 관련된 신경생물학의 뛰어난 연구자인 게리 크레머 Gary Kraemer는, 이른바 고립 증후군 isolation syndrome이라는 것의 효과를 연구하고 설명해 왔다. 혼자 양육된 원숭이들은 정상적인 원숭이들과 호혜의 원칙에 따른 상호 작용을 수행하지 못하고 시종일관 거부당한다. 그들은 짝짓기를 하지 못한다. 홀로 성장한 암컷에게 인공 수정을 시키면, 포유동물 특유의 모성적 태도를 거의 보이지 않는다. 무관심과 태만이 가혹한 공격과 교대로 나타난다. 격리된 원숭이들은 어른 원숭이들에게도 대단히 고약한 태도를 보인다. 보통의 원숭이들은 대개 지배권이 결정되면 싸움을 멈춘다. 그러나 고립된 상태로 성장한 원숭이들은 종종 죽을 때까지 싸우고 그것도 모자라서 적의 몸을 비틀고 찢는다. 자해도 고독의 한 유산이다. 이 원숭이들은 자신의 팔을 물어뜯고, 머리로 벽을 들이받고, 자신의 눈을 후벼낸다. 심지어는 먹고 마시는 등의 기초적인 행동들이 정상적으로 형성되는 데에도 사회적 환경의 역할이 결정적이다. 격리된 원숭이들은 전형적으로 먹이와 물에 오랜 시간 동안 과도하게 열중한다.

고립된 원숭이들이 기괴한 성격을 갖는 것은 포유류의 신경계가 저절로 조립되지 않기 때문이다. 포유류의 뇌를 구성하는 여러 개의 하부 조직들은 사전에 프로그램이 입력된 채로 생겨나는 것이 아니기 때문에, 성장하는 과정에서 신경 발달에 필요한 통일성을 얻기 위해서는 변연계 조절 작용이 필수적이다. 이러한 외적 도움이 없으면 뉴런의 불협화음이 발생한다. 즉 행동 체계들은 완성되지만 그것들이 서로 맞물려서 적절한 조화를 이루지는 못한다. 위에서 설명한 격리된 원숭이들처럼 핵심적인 조정 작용이 없는 상태에서 성장한 포유동물들은 파행적이고 불완전하다. 그들의 뇌는 잘못된 시간, 잘못된 장소에서 잘못된 방식으로 분열된 행동을 낳는다. 예를 들어 그들이 가진 공격성은, 서열에 따른 지위를 방어하거나 도전하기 위해 상황에 맞게 변조되지 않는다. 그 대신 그들은 사회적 집단의 일원으로서는 용납될 수 없는 의외의 폭력을 무차별적으로 휘두른다. 유년기에 어미 곁에서 자라지 못한 원숭이는 심지어 균형 잡힌 식사법을 모른 채 성장하기도 한다.

사랑이나 사랑의 결핍은 어린 뇌를 영구적으로 변화시킨다. 과거에 사람들은 방 안에서 혼자 그림 순서도를 보면서 종이학을 접는 것처럼, 신경계도 자체적인 DNA의 지시에 따라 성숙의 단계를 밟는 것으로 생각했다. 그러나 현재 우리가 알고 있는 바대로, (변연계를 포함하여) 신경계의 대부분은 건강한 성장의 추진력을 얻기 위해서 여러 가지 중요한 경험에 노출되어야 한다. 1981년에 데이비드 허블David Hubel과 토르스튼 위즐Torsten Wiesel에게 노벨 생리 · 의학상을 가져다 준 연구에 따르면, 한쪽 눈을 가린 채 성장한 새끼 고양이들은 시각을 담당하는 뇌 부위에 비정상적인 발육이 일어난다고 한다. 이것은 변연계 공명과 조절을 지향하는 모든 신경계에 적용된다. 다시 말해 뇌의 최종 구조에 도달하는 과정에는 적절한 경험이 필수적인 것이다. 동조를 이루는 어미가 없다는 것은 파충류에게는 큰 사건이 아니지만 포유류의 복잡하고 연약한 변연계에는 치명타이다.

격리된 환경에서 원숭이를 기르면, 전체적인 사회적 박탈이 신경에 미치는 영향에 관한 직접적인 자료를 얻을 수 있다. 인간의 유아는 그렇게 황폐화된 조건을 거의 극복하지 못한다. 일단의 과학자들은 보다 미묘한 교란들이 신경에 미치는 영향을 조사하기 위해 건강한 원숭이들을 무능력한 어미에게 양육시키는 독창적인 방법을 고안했다. 그들은 어미 원숭이와 새끼 원숭이를 음식이 불규칙하게 제공되는 환경에 놓았다. 때때로 어미는 음식물을 쉽게 얻었고, 때로는 자신과 새끼에게 먹일 것을 구하기 위해 음식을 부지런히 찾아다녀야 했다. 이러한 불규칙한 환경은 어미의 마음에 손상을 입혔고 모성적 주의력을 잠식시켰다.

그렇게 산만하고 근심스러운 양육 속에서 어린 원숭이들은 정서가 취약하고 신경 화학 기능이 비정상적인 청소년으로 성장한다. 그 원숭이들은 절망 반응과 근심 반응이 배가되는 양상을 보이고, 그들의 뇌는 이 두 가지 상태를 조절하는 신경 전달 체계에서 비정상적인 모습을 보인다. 격리 상태의 양육으로 초래되는 전면적인 손상과는 달리, 이러한 결점들은 국부적이고 미약해서 어미가 함께 있으면 드러나지 않는다. 손상을 입은 원숭이라도 어미 곁에서는 정상적으로 보인다. 그러나 둘을 분리시키면 표면적인 안정은 곧 증발해 버린다. 이 상태를 이른바 의사독립 pseudoindependence이라고 부른다.

완전히 성장했을 때 이 원숭이들은 변연계 조절이 지속적으로 작용한다는 것을 보여주는 살아 있는 증거가 된다. 그들은 다른 원숭이들과 유대를 맺는 과정에서 소심하고, 의존적이며, 종속적이고, 어색한 모습을 보인다. 이 동물들의 뇌에서는 신경 화학 작용이 영구적으로 변질되었음을 보여주는 증거가 발견된다. 과거에 어미 원숭이가 불확실성의 그늘 아래 살았다는 이유만으로, 성장한 자식 원숭이들은 세로토닌 serotonin과 도파민 dopamine 등의 신경 전달 물질이 평생 동안 비정상적인 수치를 기록한다. 그들은 근심과 우울증에 취약하고 성인으로서 애착을 형성하는 일에 서툴고 무능력하기 때문에, 인간으로 치자면 다방면에서 고통을 초래하는 노이로제 증상의 주인공이라 할 수 있다.

변연계 조절의 핵심적인 역할에도 불구하고 모든 포유류가 연결하기 위해 살고, 살기 위해 연결하는 것은 아니다. 자이언트팬더는 어슬렁거리면서 대나무 잎을 따먹는 동안에는 항상 혼자 지내고, 종을 보존하기 위해 짝짓기를 하는 동안에만 암수가 함께 모인다. 심지어는 대형 유인원 중에서도 기껏해야 반(半)사회적이라 할 수 있는 종이 있다. 오랑우탄이 바로 그것인데, 수컷 오랑우탄들은 서로를 보면 분노를 폭발시키기 때문에 평화로운 집회가 불가능하다. 상당한 기간 동안 서로 참고 지낼 줄 아는 것은 어미와 새끼 오랑우탄뿐이다.

포유동물의 조직화 원리에 명백히 위배되는 이러한 뜻밖의 경우를 우리는 어떻게 이해해야 하는가? 구불구불한 진화의 과정이 그 해답을 제공한다. 필연성이란 둥지에서 새로운 기술을 가진 종이 부화할 때, 잠시 후 그중 일부는 힘들게 획득한 유산을 버리고 예전의 생활로 다시 돌아가는 것이 유리하다고 판단할 수 있다. 따라서 이 세상에는 물고기를 닮은 조상들이 힘들게 탈출했던 그 바다로 다시 되돌아간 파충류들이 있고, 아주 오래전에 하늘을 포기해서 이제는 퍼덕거리는 것 외에는 쓸모가 없을 정도로 날개가 퇴화해 버린 새들이 있다. 이러한 퇴행성 동물 중에는 반사회적인 포유류들도 포함된다. 털이 많고 젖을 먹이는 동물들이, 가족을 이루기 위해 함께 모였던 조상들의 습성에서 이탈하여 훨씬 오래전의 고독한 생활 방식으로 다시 복귀한 것이다.

사랑의 벽돌쌓기

사람들은 감정에 문제가 생겼을 때, 가령 근심이나 우울증

혹은 계절적인 침체에 빠졌을 때 목격자가 용의자들 중에서 범인을 지목하듯이 과학이 문제가 되는 신경 전달 물질을 정확히 지적해 주기를 원한다. 그것은 노르에피네프린 norepinephrine이 과도해서인가, 도파민이 너무 부족해서인가, 잘못된 에스트로겐 때문인가? 대답은 대개 불만족스럽다. 단 한 명의 용의자를 딱 꼬집어 지적할 수 없는 이유는 질문 자체가 뇌의 복잡성에 비해 너무 단순하기 때문이다.

방대하고 복잡한 체계를 측량할 때, 미시적 요소와 거시적 요소 사이에서 인과 관계를 직접 끌어내는 것은 위험하다. 1929년의 대폭락은 어떤 주식 때문에 야기되었는가? 누가 제1차 세계 대전을 촉발시켰는가? 포우의 「갈가마귀」 중에서 어느 단어가 어둡고 우울한 분위기를 자아내고 있는가? 신경과학자들은 즉시 화학적 효과를 발휘하는 소수의 약물들을 알고 있지만, 미세한 점과 같은 그 분자들을 연결시켜서 인간의 행동과 사고와 감정과 특성을 그려내려면 복잡하게 얽혀 있는 생화학적 사건들을 일일이 추적해야 한다. 역사나 예술처럼 밀집된 덩어리로 상호 연결되어 있는 뇌는 환원주의자의 칼날로는 분해되지 않는다.

〈인간의 특성 A는 화학 물질 B로 발생한다〉는 식의 언급은 대중의 호기심을 자극할 수는 있어도 아무런 의미가 없다. 뇌는 이쪽 손잡이가 즐거움을 방출하고 저쪽 도르레가 공포를 자극하는 식의 단순한 기계가 아니다. 그러나 신경 화학으로부터 가치 있는 정보를 얻어내는 것은 가능하다. 신경 전달 물질들은 평등 사회의 시민이 아니어서, 변연계가 사랑과 같은 기능들을 조절하는 데 어떤 물질들은 훨씬 더 중요한 역할을 한다. 지금까지 진행된 많은 연구들은 세 가지 중요한 화학 물질에 집중되어 왔다. 세로토닌, 아편성 물질, 옥시토신 oxytocin이 그것이다.

프로작 – 항우울제의 대명사

1950년대에 의학은 우연히 몇 개의 항우울제를 발견했고, 그 후 30년 동안 대부분의 의사들은 너무 겁을 낸 나머지 그것들의 효능을 충분히 인정하고 설명하지 못했다. 그 이유는 간단했다. 전통적인 항우울제들은 자살에 쉽게 사용될 수 있는 것들이었기 때문이다. 대개의 경우 일주일치의 적은 분량으로도 자살하기에는 충분한 치사량이었다. 1988년 엘리 릴리 Eli Lilly가 다량을 복용해도 죽지 않는 항우울제를 소개하자, 의사들은 미친 듯이 그 약을 처방하기 시작했다. 몇 개월 내에 릴리의 약은 전세계적으로 가장 널리 처방되는 항우울제로 부상했다. 그것은 프로작이라는 유명한 약물로서, 세로토닌이라는 단어를 일상 대화에 끌어들이는 역할을 하기도 했다.

처음에는 우울증의 치료약으로만 여겨졌던 프로작과 그 밖의 세로토닌 작용제들은 곧 예상치 못했던 여러 가지 유익한 용도로 쓰일 수 있는 만능의 물질임이 밝혀졌다. 수천만 명의 환자들이 이 약을 복용함에 따라 그 우발적인 효과는 쌓여만 갔다. 근심, 적개심, 무대 공포증, 월경전 증후군, 로드 레이지 road rage(평소에는 그러지 않다가 운전만 하면 옆 차선의 운전자에게 거칠고 상스러운 욕을 해대거나 난폭한 운전 습관을 보이는 증세), 이상 식욕 항진, 자신감 부족, 조루, 그리고 앞다리의 털이 닳아 없어질 때까지 핥아대는 개들의 불안정 증세까지 오늘날 이 모든 증상들이 뇌 속의 수많은 세로토닌 회로들 중의 몇 가지를 신중하게 조작한다면 언제든지 치료할 수 있는 것이 되었다. 세로토닌 작용제의 효과 중의 보다 덜 알려진 것으로서, 때때로 이 약은 상실의 고통을 완화시킨다. 모든 사람에게 효과가 있는 것은 아니지만 어떤 사람들에게 세로토닌 작용제들은 누군가를 잃은 후에 발생하는 마음의 고통을 완화시키는 작용을 한다.

예를 들어 우리가 아는 한 여자는 단지 실연의 고통을 이길 수 없을 것 같다는 이유만으로 비참한 관계를 유지하고 있었다. 그녀의 연인은 그녀에게 말할 수 없는 불행을 안겨주고 있었지만, 관계를 끊으려고 시도할 때마다 그녀의 마음속에는 불행한 생각이 더 강하게 솟구쳤고, 그럴 때마다 마음의 저울은 만족스럽지 못한 남자와 계속 사는 쪽으로 기울었다. 그녀는 이렇게 말했다. 〈나는 정말로 그이와의 관계를 정리하고 싶어요. 우리의 관계는 계속되고 있지만, 나는 항상 이번이 정말로 마지막이라고 생각합니다. 그로부터 벗어날 수만 있다면 지구 반대편이라고 가고 싶은 심정이에요. 나는 항상 내 자신과 싸우고 있답니다. '그냥 떠나자, 다시는 그를 만나지 말자' 이렇게 다짐하는데, 막상 그럴 수가 없는 거예요.〉 수년간의 치료 끝에 그녀는 자신의 불행을 명백히 알게 되었으나 그것을 감소시키지는 못했다. 그러나 그녀가 세로토닌 작용제를 복용하자 슬픔의 저울추가 경미하게 움직였다. 상실감의 고통이 줄어들었고, 드디어 그녀는 과거에는 불가능했던 일을 단행했다. 고통을 극복하고 연인을 떠난 것이다.

관계를 정리할 자유는 타고난 권리가 아니라 물려받은 유산이다. 현재 싹트고 있는 영장류에 대한 연구에서 알 수 있듯이, 초기의 양육은 성인기에 고독으로 인해 발생하는 불안정의 고통을 차단해 줄 수 있다. 사회적 집단으로서 우리가 아이들의 정서적 욕구, 즉 변연계의 욕구에 주의를 기울이지 않는다면 상실에 취약한 신종 전염병이 위험 수위에 도달할 것이다. 그때 세로토닌 작용제들은 절망의 심연으로 추락하려는 사람들을 되돌릴 하나의 치료책이 될 뿐 아니라, 그 절벽 끝에 놓인 사람에게는 생존의 수단이 될 것이다.

고통으로부터의 해방

현화식물인 양귀비의 즙에는 특별한 성질이 있다. 고통을 완화시키는 성질이 그것이다. 양귀비의 삼출액을 모아서 말리면 아편이 된다. 이른바 아편성 물질에 속하는 화합물이자, 유명한 모르핀, 헤로인, 아편 팅크와 화학적으로 유사한 구조를 이루는 물질이다. 양귀비의 추출물이 통증을 제거하는 것은, 그와 똑같은 아편성 물질들이 뇌 자체에 있는 무통 체계에서 필수적인 역할을 하는 요소이기 때문이다. 이 물질을 맨 처음 투여한 의사들에게 육체적 고통을 신속하게 완화시키는 그 효능은 기적과도 같았다. 1680년에 토머스 시드넘 Thomas Sydenham은 다음과 같이 말했다. 〈전능하신 하나님이 인간의 고통을 경감시키기 위해 흔쾌히 내려주신 그 모든 치료약 중에서, 아편만큼 보편적이고 효험이 뛰어난 것은 없다.〉

그러나 시드넘의 이야기는 절반에 불과하다. 아편성 물질은 육체적 부상에서 오는 고통을 잠재울 뿐 아니라 관계의 단절에서 오는 정서적 고통에도 효능이 있다. 그리고 이 목적을 위해서라면 변연계는 다른 어떤 뇌 부위보다 아편 수용체를 더 많이 가지고 있다. 격리 연구에서 입증된 바에 따르면, 아편성 물질은 상실의 고통을 마취시키는 빠른 효과를 자랑한다. 새끼들로부터 어미 짐승을 떼어내면 새끼들은 고통을 호소한다. 그들에게 (진정 작용을 하기에는 너무 적은) 소량의 아편을 주면 항의 행동은 사라진다.

시인과 일부 사람들은 수천 년 동안 이 물질의 효능을 알고 있었다. 호메로스의 『오디세이』 제4권에는, 저녁 식사에 참석한 사람들의 대화가 동료들의 죽음이라는 슬픈 이야기로 바뀌자 다음과 같은 의학적 분석이 등장한다.

> 모든 이가 가슴을 찢는 고통으로 괴로워했다…….
> 이때 제우스의 딸 헬레네에게 새로운 생각이 떠올랐다.
> 그래서 그녀는 술을 마시기 전에 잔에다 약을 탔다.
> 이것은 모든 고통과 화를 풀고 온갖 설움을 잊게 하는 약이었다.
> 이 약을 탄 술만 마시면 누구든지 그날은
> 어머니나 아버지가 죽어도 모르고,
> 형제나 자식을 눈앞에서 칼로 친대도
> 눈물 하나 흘리지 않을 그런 약이었다.

진화의 우연한 행보 속에서 애도의 마음을 달래는 일이 아편성 물질의 역할로 맡겨졌다. 신체적 손상은 죽음에 이른다라는 이 엄연한 사실 앞에서 상처를 감지하는 신경계가 진화하지 않을 수 없었다. 그 뇌 기능의 핵심은 아픔을 주는 것이다. 아픔이라는 강력한 자극 덕분에 동물들은 위험한 상황을 벗어날 수 있는 것이다. 그러나 신체의 리듬은 항상 반대를 지향하고, 모든 생리적 경향은 정반대의 경향과 나란히 존재한다. 따라서 뇌에는 고통을 생산하는 신경 전달 물질만 있는 것이 아니라 그것을 완화시키는 아편성 물질도 있는 것이다. 변연계가 발생하여 포유동물들이 생존을 위해 상호 조절에 의존하게 되었을 무렵, 정교한 메커니즘도 함께 형성되어 신체적 외상으로 인한 정신적 후유증을 치료하기 시작했다. 그와 동시에 진화의 손길은, 상실로 인한 마음의 고통을 해결하는 데에도 그 메커니즘의 일부를 이용하기 시작했다.

데카르트 이후 대뇌 신피질에 대해서는 정신과 육체를 뚜렷하게 구분하는 반면, 다른 뇌들에 대해서는 그러한 구분이 전혀 없다. 팔에 입은 손상이나 신경 생리에 입은 손상이나 실제적인 외상이기는 마찬가지이며, 포유동물에게는 후자가 더 큰 타격을 줄 수 있다. 고통을 담당하는 중추 신경에게 정말로 중요한 것은, 고통의 종류를 따지는 이성적 범주화가 아니라 그것 때문에 초래될 수 있는 위험의 정도이다. 포유동물의 생리가 열린 고리라는 점, 그리고 그들의 생존이 변연계 조절 작용에 의존한다는 점을 고려할 때 애착의 파괴는 위험으로 직결된다. 포유동물의 입장에서 그것만큼은 피해야 하고, 또 실제로 피하고 있다. 무릎이 깨지거나 각막이 긁힐 때처럼 관계가 깨어질 때도 고통이 발생하기 때문이다. 대부분의 사람들은 사랑하는 사람을 잃을 때보다 더한 고통은 없다고 말한다.

뇌는 상실과 아편성 물질을 연계시킴으로써 긴박한 상황에 대처할 수 있다. 정신과 의사들은 의도적으로 자기 자신에게 작지만 고통스러운 상처를 입히는 사람들을 종종 본다. 그들은 날카로운 칼로 팔뚝에 얕은 상처를 내거나 담뱃불로 허벅지에 화상을 만든다. 여기에는 각양각색의 사람들이 포함되고, 그들의 자해적 성향 또한 각양각색의 동기에서 비롯되는 것으로 확인되어 왔다. 예를 들어 주목받고 싶은 욕망, 자신을 조작하려는 시도, 자아에 대한 분노의 우회적 분출 등이 그것이다.

그들 대부분은 한 가지 공통점이 있다. 이별의 고통에 유난히 그리고 평생 동안 민감하다는 것이다. 그들은 비난이나 말다툼과 같은 일시적인 불화를 실연의 축소판으로 보고 그로 인해 엄청난 슬픔과 낙담을 경험한다. 바로 그것이 자해 소동으로 이어져서, 자신의 피부를 찌르거나 지지거나 잘라낸다. 그 학대받은 피부 밑에서 아픔으로 요동치는 섬유 조직이 요란한 북소리 신호를 뇌로 송출하여 신체의 손상을 경고한다. 그리고 이 정보는 고통의 짝인 아편성 물질을 방출시켜 그 축복 받은 진정 효과로 슬픔을 달래준다. 상습적으로 자기 학대를 하는 사람들은 보다 적은 고통으로도 신경계를 자극시켜서 자신의 슬픔을 마비시킨다.

우리의 생활 속에는 자학보다 훨씬 부드러운 방법들이 많이 있다. 따뜻한 인간적 접촉도 아편성 물질을 체내에 발생시킨다. 연인, 배우자, 아이들, 부모, 친구들 모두가 우리의 일상적인 진정제이다. 그들은 포유류의 고독이라는 극심한 고통을 잊게 해 주는 마술 같은 효능을 발휘한다. 그것은 실로 강력한 마술이다.

마못의 성 생활

애착 형성을 유발하는 세번째 신경 전달 물질은 분만 당시의 생리적 사건들을 조율한다. 그것은 자궁 수축과 모유 분비를 촉진한다. 그러나 최근까지도 그것에 놀라운 정서적 능력이 있다고 생각해 본 사람은 없었다.

옥시토신의 활발한 성질들은 과학적 명성에는 도통 걸맞지 않을 것 같은 마못의 뇌를 통해 밝혀졌다. 에머리 대학교의 행동신경과학 연구소장이자 정신의학자인 토마스 인젤 Thomas Insel은 (들쥐라고도 알려진) 두 종의 마못을 연구했다. 초원 들쥐 *Microtus ochrogaster*는 공동 생활을 한다. 어른들은 일부일처를 이루고, 부모가 함께 새끼를 양육하며, 남편과 아내가 나란히 앉은 채로 대부분의 시간을 보낸다. 산악 지역에 사는 산지 들쥐 *Microtus montanus*는 상당히 비사회적이다. 그들의 짝짓기 습관은 우발적이고 난잡한 경향을 보이고, 부모는 자식을 돌보는 일에 거의 신경 쓰지 않아 평지에 사는 사촌들과는 상당히 대조적이다. 부모 산지 들쥐들은 자식들을 모른 척하기가 일쑤이고, 어미들은 대개 산후 2주 내에 자식들을 버린다.

인젤은 두 종의 뇌를 비교한 결과, 그들 사이에 하나의 신경 전달 물질 즉 옥시토신의 활동이 다르다는 것을 발견했다. 공동체를 이루는 초원 들쥐의 변연계에는 옥시토신 수용체가 풍부한 반면, 보다 냉담한 산지 들쥐에게는 그것이 훨씬 적다. 산지 들쥐들에게서 옥시토신 활동이 증가하는 것은 단지 새끼를 출산하기 전후, 즉 공동 생활이 불가피할 때이다. 양육이 끝나면 옥시토신은 다시 감소하고, 이와 함께 결속감도 사라진다. 이제 어미와 새끼는 각자의 길을 간다.

마못들의 성 생활에서 옥시토신은 혈연성을 형성하는 데 관여한다. 인간의 경우에도 출산 경에는 옥시토신 수치가 급증하는데, 이것은 노동과 육아를 자극하기 위해서라고 여겨진다. 그러나 오늘날 과학은 이 호르몬 수치를 새로운 관점에서 보고 있다. 수십 년 동안 전문가들은, 어머니와 아기가 분만 직후의 수 시간 내에 결속감을 형성하는가에 대해, 그리고 일반적인 서양의 병원에서처럼 이 시간 동안에 둘 사이를 격리시키는 것이 과연 현명한지에 대해 격론을 벌여왔다. 그렇다면 출산 전후에 옥시토신의 수치가 높아진다는 사실은 이때 형성되는 관계의 중요성을 가리킨다. 이로써 우리는 출산 후 어머니와 아기의 신경 화학은 유대의 끈을 부지런히 짜나가는 시간이기 때문에, 이 시간에 어머니와 아기는 함께 있는 것이 바람직하다는 것을 알 수 있다.

옥시토신은 또한 10대의 정열이 처음으로 꽃을 피우는 사춘기에 강하게 분출된다. 청소년기의 황홀한 마법이 단 하나의 분자 때문에 시작된다는 것은 다소 이상하게 여겨질 수도 있다. 그러나 뇌에서 발생하는 모든 일은 신경 화학의 작용으로 시작된다. 물론 여기에는 어린 시절의 풋사랑도 포함된다. 그 복잡한 비밀은 우리의 변연계 안에도 숨어 있지만 마못의 뇌에도 똑같이 숨어 있다.

결속의 폭

인간은 다른 포유류가 어떤 감정을 느끼고 있는지를 어느 정도 파악할 수 있으며, 그 역도 성립한다. 가끔 어떤 감정 표현들은 종 고유의 특성으로 국한된다. 가령 고양이가 동그란 눈을 깜박이면서 눈길을 돌리면, 이 신호는 사정거리 안에 있는 다른 고양이들에게는 대단히 풍부한 의미를 지니겠지만, 인간의 이해력으로는 그 뜻을 알 수가 없다. 그러나 포유류들의 감정 표현이 이렇게 다양함에도 불구하고, 그들은 공통적인 뉴런 구조를 지니고 있다. 우리는 변연계라는 이 공통의 유산을 아주 당연시하고 있다. 다른 종들 사이에 애착이 형성되는 일이 허다하기 때문이다.

이곳 마린 카운티에서도 일요일만 되면 길 건너 슈퍼마켓 앞에서 충분한 증거가 발견된다. 그 곳에는 항상 한두 마리의 골든 리트리버(온순하고 충성심이 강해서 맹도견으로 널리 이용되기도 한다——옮긴이)가 줄에 매인 채 쇼핑하는 주인을 기다린다. 기다리는 동안 그들은 유리문 너머로 중요한 존재의 모습을 한 번이라도 보기 위해 대부분의 시간을 서성거린다. 때로는 다른 사람이 다가와서 머리를 쓰다듬어 줄 때가 있다. 개는 다소 참을성 없는 태도를 보이면서도 그의 애정을 받아준다. 그러나 주인이 가게문을 나서는 순간, 그는 몸을 부르르 떨고 펄쩍 뛰면서 흥분을 감추지 못한다. 소도시의 슈퍼마켓 앞에서 10분이라는 짧은 시간에, 격리, 주의 깊은 탐색, 이방인에 대한 무관심, 재결합, 그리고 기쁨이 차례로 이어진다. 또한 이것은 진화의 과정에서 수천만 년이라는 시간적 차이로 떨어져 있는 두 종의 일이다.

어떤 이유에서인지는 몰라도 애착의 구조는 상당히 일반적이어서, 인간과 개가 서로를 정당한 파트너로 인식할 수 있을 정도이다. 그리고 양자는 서로 변연계 조절 작용을 주고받는다. 그들은 함께 시간을 보내고 서로를 그리워한다. 그들은 서로에게서 감정적 단서를 읽어내고, 상대방의 존재를 위로와 안정의 원천으로 삼는다. 그들은 서로의 생리 기능을 조절하는 동시에 그에 동조한다. 변연계 조절은 생명 유지 활동이다. 때때로 애완견이 사람을 회복시키거나 더 오래 살게 만드는 것도 이런 이유에서이다. 몇몇 연구 결과에 따르면, 개를 기르는 심장병 환자들의 사망률은 그렇지 않은 환자들의 4분의 1에서 6분의 1 수준이라고 한다.

20여 년 전에 루이스 토머스는 다음과 같이 말했다. 〈우리는 분명 모든 사회적 동물 중에서 가장 사회적인 동물이다. 우리의 행동은 꿀벌보다도 더 상호 의존적이고 서로에게 더 밀착하며 더 굳은 애착을 형성한다. 그러나 우리는 종종 우리의 지성이 하나로 결합된 것임을 알지 못한다.〉 현대 과학의 힘 덕분에 우리는 상호 의존이 무엇을 위한 것인지를 이해하게 되었고, 결속의 필연성으로부터 얻을 수 있는 바람직한 결과가 무엇인지를 알게 되었다. 또 공동 생활의 본질을 간파하게 되었다.

우리가 애착을 형성함으로써 우리의 뇌는 우리가 태어나기 이전부터 생을 마칠 때까지 삶의 전과정을 올바른 궤도로 이끌어갈 수 있다. 그 이중주는 첫 소절부터 우리의 관심을 사로잡는다. 변연계 조절 작용은 지속적인 정보 유형을 조각하여 발달을 위한 정신적 회로를 만들기 때문에 애착 형성은 어린 포유동물의 삶을 영구적으로 결정한다. 애착 형성이 한 개인을 어떻게 조각하는가를 이해하려면, 기억이라는 것을 먼저 이해해야 한다. 기억은 뇌가 경험을 통해 구조적인 변화를 겪는 과정이다. 기억은 일직선으로 진행하지 않으며, 인간의 마음도 마찬가지이다.

5
기억의 정원에 피는 사랑

기억이라는 작은 단어에는 온 세상이 담겨 있다. 누구나 약간의 의지만 실행해도 시간의 흐름 속에서 오래전에 소실되었던 장소와 사람들의 모습을 떠올릴 수 있다. 그들에 대한 인상은 구불구불한 시냅스 통로 속에 암호로 저장되어 있다. 과거에 대한 막대한 정보가 그 속에 잠복해 있다가 우리의 명령에 따라 깨어난다. 그러나 기억은 그 이상이다. 기억은 개인의 정신 세계 전체를 규정하고, 창조하고, 유지한다. 신경계 연구의 선구자인 에발트 헤링 Ewald Hering은 기억을 다음과 같이 보았다.

기억은 삶의 무수한 현상들을 수집하여 단일한 전체로 만든다. 우리의 몸이 물질의 인력에 의해 하나로 뭉쳐지지 않는다면 각각의 입자들로 먼지처럼 흩어질 것이다. 이와 마찬가지로 묶어주고 통일시키는 기억의 힘이 없다면 우리의 의식은 지금까지 살아온 분초만큼이나 수많은 파편들로 부서질 것이다.

헤링의 선언은 하나의 예언이었다. 모든 개인은 뉴런의 기계가 만들어내는 스펙트럼의 증기로서 살아가며, 그의 생각, 꿈, 느낌, 야망은 수십억 개의 뉴런 속을 흐르는 복잡한 신호의 순간적인 결과이다. 우리가 정체성이라고 부르는 개인의 정신적 안정성은 단지 어떤 뉴런의 통로들이 안정적으로 지속되기 때문에 존재한다. 그리고 우리의 정신이 적응하고 학습할 수 있는 것은 단지 뉴런의 연결 구조가 변하기 때문에 가능한 일이다. 기억의 활동에 의해 그 유연한 매듭들의 운명이 결정된다. 그것은 우리가 누구이고 어떤 존재가 될 수 있는가를 결정하는 핵심이다.

그러므로 기억에 대한 과학적 이론은 곧 정신의 지형도이다. 각각의 도표에는 정신이라는 검은 대륙의 모습이 그려져야 한다. 우리는 왜 의식적 자취를 남기지 않는 정서적 정보를 가지는가?

태초부터 낭만적인 연인들은 무의식적으로, 그러나 대단히 주도면밀하게 상대방을 탐색해 왔다. 안드레 모르와 André Maurois는 다음과 같이 썼다. 〈사랑에서나 문학에서나 다른 사람들의 선택은 놀랍기만 하다.〉 마찬가지로 그들은 우리에 대해 놀라워 한다. 〈적합성 compatibility〉이란 개념에는 어떤 만능의 틀도 사랑에는 적용되지 않는다는 의미가 담겨 있다. 성적인 매력도 사랑을 선택함에 있어서는 작은 필터에 불과하다. 결혼에 성공하는 연인들은 상대에게 육체적인 매력을 발견하는 수많은 연인들 중에 극소수에 불과하다. 괜찮은 사람은 극히 드물다. 오히려 짝을 찾는 사람에게는 괜찮은 사람이 거의 없다.

어린아이가 두 개의 그림 조각을 번갈아 맞춰 보듯이, 연인은 자기 자신을 일련의 사람들과 조합해 본다. 사랑의 퍼즐 게임은 무의식 속에서 진행된다. 미래의 파트너들이 눈을 가리고 상대를 좇는다. 그들은 찾고 있는 사람을 설명하지 못한다. 가능한 조각의 모양을 손으로 더듬는 과정에서 사람들의 마음에는 구체적인 모습을 형성하는 경이로운 과정이 진행된다. 이렇게 신중히 형성된 욕망은 어떻게 발전하는가? 사람들은 어떤 수단으로 상대를 가려내고, 또 누구를 어떻게 사랑해야 할지를 알게 되는가? 그리고 왜 마음의 눈에는 그 정보가 불투명하게 보이는 것인가?

이 장에서 기억의 과학을 설명하기 75년 전에, 프로이트는 무의식 차원의 정서적 기억에 관한 이론을 제시했고, 그 후 이것은 하나의 관례가 되었다. 프로이트의 무의식은 판도라의 상자였다. 그것은, 너무 불쾌하고 근심스러워서 의식으로부터 삭제되어 정신의 지하실에 감금되어야 할 생각, 기억, 개념, 충동의 창고였다. 프로이트의 가정에 따르면, 사람의 기억은 그리스의 납골 단지처럼 고고학적인 견고함을 가진 것으로 억압이라는 모래 바람에 의해 깊이 묻혀 있다가 후에 검열이 약화되면 본래의 모습으로 발굴된다. 프로이트는 다음과 같이 썼다. 〈억압된 기억의 흔적을 조사해 보면, 기억은 아무리 오랜 시간이 지나도 전혀 변화를 겪지 않는다는 사실이 명백히 입증된다. 무의식은 어떤 경우든 시간 제한이 없다.〉

판도라의 비유는 매력적이다. 이 비유의 핵심적인 이미지는 고대로부터 전승된 세계 질서의 개념과 만족스럽게 일치한다. 그것은 하늘에는 신들의 섭리가 있고, 밑에는 사악한 괴물들이 있으며, 거칠고 험난한 이 지구상에는 적대적인 세력들이 나날이 치열한 전투를 벌이고 있다는 개념이었다. 실제로 프로이트의 이러한 설계는, 무의식 속에는 이런 저런 보스치안Boschian 괴물이 들어 있다는 주장을 보호하는 방탄막의 역할을 했다. 만약 그러한 괴물이 발견되지 않으면 그것은 언제나 분석하는 사람의 지나친 상상력 때문이 아니라 과도한 억압의 사슬 때문이라고 결론을 내렸다. 따라서 프로이트의 기억 모델은 수많은 괴담을 만들어냈을 뿐 아니라 적지 않은 해를 야기했다.

그 악몽 같은 이야기 중에 하나가 프로이트 사건이었다. 1990년 조지 프랭클린은 억압된 기억과 관련된 가장 악명 높은 사건과 연루되어 살인죄로 재판을 받게 되었다. 사건의 발단은 그의 딸인 에일린이 갑자기 20년 전에 그가 여덟 살 난 여자아이를 때려서 숨지게 한 일을 〈기억〉해 냈기 때문이었다. 다른 목격자는 전혀 없었다. 그를 그 범죄와 연결시킬 물증이라고는 지문, 섬유 조직, DNA 등을 포함하여 어떤 것도 없었다. 프랭클린 부인이 회상했던 기억의 세부 사항들은 모두 수십 년 전 여러 신문 기사에 실렸던 것들이었다. 그러나 한 정신의학 전문가가 엄숙한 목소리로 에일린의 잊혀졌던 〈기억〉은 논쟁의 여지없이 진실이라고 선언하자 배심원들은 이를 믿고 말았다. 조지 프랭클린은 감옥에 갔다. 5년 후 연방 법원이 그 판결을 번복하자, 지방 검사는 그 사건을 재심하지 않기로 조용히 결정했다. 그 동안

스타덤에 올랐던 그 목격자는 그나마 빈약했던 신빙성마저 모두 잃고 말았다. 그녀는 자신의 아버지가 다른 두 명을 더 살해한 사건들을 〈기억〉해 냈다. 그러나 DNA 증거도 없고 알리바이도 완벽해서 범죄 가능성이 전혀 없었다.

프랭클린 사건이 일어났던 산 마테오San Mateo는 20세기 초의 비엔나와는 수천 킬로미터와 수십 년의 격차가 있지만, 프랭클린 판결의 기초 원리가 이론화된 곳이었다. 프로이트 자신이 억압이라는 잣대를 휘두른 것은 사람들을 살인죄로 기소하기 위해서가 아니라 무의식 속에 잠재해 있는 근친 상간의 욕구가 사람에게 영향을 미친다고 주장하기 위해서였다. 어린아이가 부모에게 보이는 열렬한 관심은 시간이 지나면서 사랑에 대한 집착으로 굳어진다. 그러나 그는 이 혐오스러운 욕망을 의식으로부터 추방하기 때문에, 자신의 불쾌한 욕망을 인식하지 못한다고 했다. 이것이 바로 정서적 기억의 무의식에 관한 프로이트의 설명이었다. 기억에 관한 모델로서 참으로 그럴듯한 허풍이지만, 그 핵심에는 적어도 두 가지 결점이 있다.

첫째, 기억은 사물이 아니다. 심장 근육의 섬유 조직은 사물이지만, 그로부터 발생하는 심장 박동은 생명에 추진력을 공급하지만 질량도 없고 공간을 점유하지도 않는 두근거림의 집합으로써 하나의 생리적 사건이다. 기억도 하나의 신체적 작용이다. 그것은 신체 기관들에 의해 생산되지만 그 자체는 정신처럼 비물질적이다. 만약 심장 박동이 한 번 뛴 다음 일 분 동안 쉰다고 하면, 우리는 그 심장 박동이 어느 곳에 도달했다고 말할 수도 없고 저항에 부딪히면 즉시 회수해야 한다고 말할 수도 없다.

기억은 다시 한번 작동하기까지 수십 년이 걸릴 수도 있다는 차이가 있지만, 신경계의 심장 박동이라 할 수 있다. 그것은 사물이 아니고, 이동하는 것이 아니다. 둘째, 기억의 불변성을 주장하던 프로이트의 확신은 현대 과학에 의해 지워졌다. 기억은 변덕스럽다. 뿐만 아니라 본질적으로 뇌의 저장 메커니즘 때문에 기억은 시간에 따라 변하지 않을 수 없다.

거짓된 기초 위에 세워졌던 프로이트의 기억 모델은 현대인들의 눈앞에서 붕괴되었고, 억압된 기억의 이론은 거센 비판 속에 사라졌다. 오늘날 대부분의 법정은 〈회복된 기억〉을 더 이상 유죄를 입증하는 증거로 받아들이지 않는다. 그럼에도 불구하고 의심할 수 없는 것은, 정서적 정보가 무의식 속에 존재한다는 사실이다. 기억의 지형 전반에는 그림자가 존재한다. 물론 그 어둠은 검열이라는 불길한 유령이 아니다.

달이 태양의 바로 앞쪽을 지나갈 때, 그 일시적인 겹침 현상은 지표면에 본영 umbra이라고 하는 둥근 그림자를 드리운다. 태양과 달이 다시 개별적인 천체로 분리될 때 지구는 또 한번의 새벽을 맞는다. 프로이트는 그가 도표화하려 했던 기억의 공간들이 실은 정신적 월식에 의해 계속적으로 만들지는 그림자라는 사실을 알지 못했다. 그는 미래의 과학이 기억을 태양과 달이라는 두 개의 독립된 구로 구분하리라고 예상하지 못했다. 뇌에서 작용하는 기억 메커니즘의 하나는 사실과 구체성이라는 조명으로 의식을 비추는 역할을 하며, 그보다 오래되고 깊고 조용한 나머지 하나는 그 자체의 창백한 불로 우리의 삶을 비추는 역할을 한다.

환상 속의 해마

누가 결혼식장에서 취했더라? 첫번째 애인의 눈은 무슨 색깔이었지? 『더 씬 맨 *The Thin Man*』에서 뮈르나 로이 Myrna Roy의 상대역이 누구였더라? 이 질문들의 대답이 떠오른다면 그것은 순전히 외적(외현적) 기억 explicit memory 구조 덕분이다. 외적 기억은 뇌의 쌍둥이 저장 기관 중의 더 공개적인 것으로서, 자서전적인 기억들 그리고 분리된 사실들과 같은 사건 기억들을 부호화하는 역할을 한다. 우리가 과거에 알았던 것이나 경험했던 것에 접근해야 할 때, 정신은 그 해답을 한 순간에 체로 걸러 의식에 제공한다. 외적 기억은 신속하고 용량이 큰 반면 정확성은 떨어져서 오답이 나오는 경우가 빈번하다. 새로운 스캐닝 기술이 개발되어, 인지와 상상이 동일한 뇌 부위를 활성화시킨다는 사실이 밝혀졌다. 아마도 이런 이유로 우리의 뇌는 경험으로 기록된 것과 마음속에서 지어낸 환상을 확실히 구별하지 못하는 것 같다. 오스카 와일드의 『진지함의 중요성 *The Importance of Being Earnest*』에서 프리즘 양은 〈세실리, 기억은 우리 모두가 가지고 다니는 일기장이란다〉라고 말한다. 그러자 영리한 세실리는 이렇게 대답한다. 〈그래요. 하지만 일기에 적는 것들은 대개 일어난 적도 없고 일어날 수도 없는 것들뿐이에요.〉

외적 기억을 창조하는 하드웨어는 뇌의 측두부에 있다. 그것의 가장 중요한 부분인 해마는 안쪽 중심부에서 측두엽의 끝까지 뉴런들이 나선형의 모습으로 이어져 있다.

뇌의 중심부에 깊숙이 자리잡은 해마는 좀처럼 상처를 입지

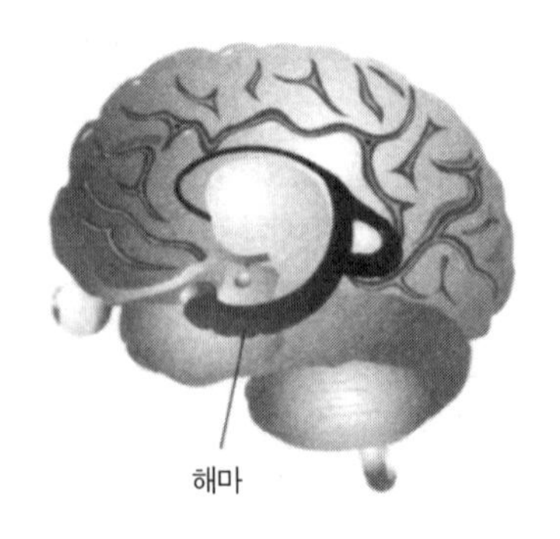

않을 것처럼 보인다. 그러나 갖가지 사고, 뇌졸중, 바이러스, 모험적인 신경외과 수술 등에 의해 해마는 종종 큰 손상을 입기도 한다. 해마를 잃어버린 환자들은 해마와 기억력의 관련성을 입증하는 증인이 된다. 해마가 없으면 외적 기억은 완전히 불가능해진다. 그 환자들은 멜로 드라마의 주인공과 똑같은 증상인 기억 상실증을 보인다. 아침 드라마는 주인공이 그 비극적인 사고의 경위를 전혀 기억하지 못하는 것에 초점을 맞추지만, 해마가 없는 환자들이 겪는 진짜 심각한 문제는 그들이 더 이상 어떤 것도 기록하고 기억하지 못한다는 것이다.

예를 들어 그러한 환자 한 명에게 언더우드 씨라는 이름을 붙여 보자. 67세의 이 노인이 혼동의 증세를 보이자 가족들은 그를 병원으로 데려왔다. 병원에서 조사해 본 결과 그는 코르사코프 증후를 보이고 있었다. 그는 외적 기억 구조의 핵심 부분이 파괴되었으며, 그 원인은 수십 년 간의 과도한 음주로 밝혀졌다.

뇌가 손상된 이후 언더우드 씨는 자신이 보거나 행동한 어떤 것도 기억하지 못하고 불변하는 현재의 한 시점에 갇히고 말았다. 그는 지금이 항상 1985년이고 대통령은 도널드 레이건이라고 생각했다. 그는 자신이 병원에 입원한 이유를 끊임없이 궁금해 했다. 아무리 차근차근 설명을 해도 그것은 몇 분 내에 깨끗이 증발해 버렸다. 그를 담당했던 의사와 간호사들도 그에게는 항상 낯선 사람이었고, 누구를 만나든지 처음 보는 것처럼 인사와 소개가 필요했다. 그는 몇 가지 농담을 즐겨 했는데, 대개는 10분에 서너 번씩 같은 농담을 반복했다. 이 행복한 노인은 농담이 반복되면 농담으로서의 가치가 없어진다는 사실을 전혀 몰랐다. 그는 자신의 병동을 벗어나 병원 전체를 배회하면서 모든 이들에게 친근함과 당황스러움을 동시에 선사했다. 결국 사람들은 그의 손목 밴드를 살펴본 후에야 그가 누구이고 어디에서 왔는지를 이해했고, 결국 그것은 본인만 제외하고 모두가 아는 사실이 되었다.

언더우드 씨는 치명적인 신경 손상 때문에 현재라는 창살 없는 감옥에 갇히고 말았다. 건강한 정신은 매순간 과거로 날아간다(저 사람이 누구더라? 내가 자동차 열쇠를 어디에 두었지? 지난밤에는 무엇 때문에 아내와 다투었지? 등등). 그렇게 함으로써 우리는 과거에 어떤 일을 겪었는지, 여기가 어디인지, 이 세상이 어떻게 돌아가고 있는지, 그리고 왜 그런지를 알게 된다. 모래가 그물눈을 새어나가듯 정보는 언더우드 씨로부터 쉽게 빠져나갔다. 그는 시간의 얇은 막에 덮인 채 한 장의 종이처럼 살았고, 실제 세계에 두 발을 디딜 수 있는 정보와는 갈수록 멀어졌다.

만약 언더우드 씨의 외적 기억 구조가 음주 때문에 황폐해졌다면, 그는 어떻게 무엇인가를 기억할 수 있었는가? 어떻게 그는 레이건이 1985년에 대통령이었다는 것을 기억하며, 아내의 이름과 자신의 이름을 기억하는가? 해마는 외적 기억들을 창조하는 핵심 장치이지만 기억 자체는 다른 곳에 거주한다. 언더우드 씨와 같은 환자들은 뇌 손상 이후의 일은 기억하지 못하지만 그 이전에 (며칠 내에) 발생했던 사건들은 기억할 수 있다.

적어도 사람들은 오랫동안 그렇게 생각했다. 그러나 언더우드 씨와 같은 환자들을 정밀하게 조사해 본 결과, 외적 기억이 없는 상태에서도 학습 능력은 잔존한다는 사실이 밝혀졌다. 이것은 달의 반대쪽 표면에서 도시를 발견한 것과 같았다. 그 이후 뇌에 숨겨진 두번째 기억 구조를 찾는 일이 진행되었다.

은밀한 작용

언더우드 씨와 똑같은 증상의 한 환자가 새끼 꼬는 법을 배웠다. 그것은 외적 기억이 소멸되기 전에는 배운 적이 없는 기술이었다. 환자가 그 기술을 완전히 익혔을 때 실험자들이 그에게 새끼 꼬는 법을 아느냐고 물었다. 그는 〈아니오〉라고 대답했다. 그의 관점에서 보면 지극히 당연한 일이었다. 그러나 그의 손에 세 가닥의 천을 쥐어주자 그는 주저 없이 새끼를 꼬기 시작했다.

만약 사람들이 기억을 형성하면서도 이를 의식하지 못한다면, 우리는 그것을 어떻게 알 수 있을까? 그가 무엇을 말하는가와는 상관없이 직접 경험을 통해 행동의 변화를 관찰하고 그것으로부터 그가 배웠음직한 것을 추론하는 수밖에 없다. 새끼 꼬는 법을 설명하는 신경의 기록은 이 환자가 기억하지 못하는 학습 시간에 대한 기억과는 다른 방식으로 저장되는 것이 분명하다. 따라서 우리가 환자 자신의 설명을 어느 정도 무시할 수만 있다면 뇌의 그림자 학습 구조로 들어갈 수 있다.

외적 기억은 본인의 의식에 반영되는 반면 내재 기억implicit memory은 그렇지 않다. 그래서 내재 기억은 우리의 인식에 포착되지 않는다. 학습과 인식의 간격이 큰 차이를 보이는 것은 새끼를 꼬는 법을 기억하지 못하는 환자나 건강한 뇌를 가진 사람이나 똑같다. 우리는 대단히 복잡한 지식을 획득하는 경우에도 그것을 묘사하거나 설명하거나 인식하지 못할 수 있다.

다음의 연구를 주목해 보자. 세 명의 과학자 바바라 놀튼Barbara Knowlton, 제니퍼 맨젤스Jennifer Mangels, 래리 스콰이어Larry Squire는 간단한 컴퓨터 프로그램을 이용하여 사람들이 가상 세계의 날씨를 예측하는 실험을 했다. 각 실험에서 컴퓨터 화면에는 다음 장면을 암시하는 단서들이 한 개에서 세 개까지 주어졌다. 피실험자가 할 일은 그 단서들을 조합하여 컴퓨터 가상 세계의 날씨가 화창할지 비가 올지를 예고하는 것이었다. 각각의 피실험자가 그 단서를 보고 대답을 입력하면, 컴퓨터는 그의 예언이 맞는지 틀리는지 반응을 보였다. 그러면 피실험자는 다시 시도했다.

과학자들은 이 실험에서 화면상의 단서들이 겉으로는 도움이 안 되는 것처럼 보이지만 실제로는 비나 눈이 올 것이라는 궁극적인 결과와 규칙적으로 관련되게끔 고안했다. 그러나 단서와

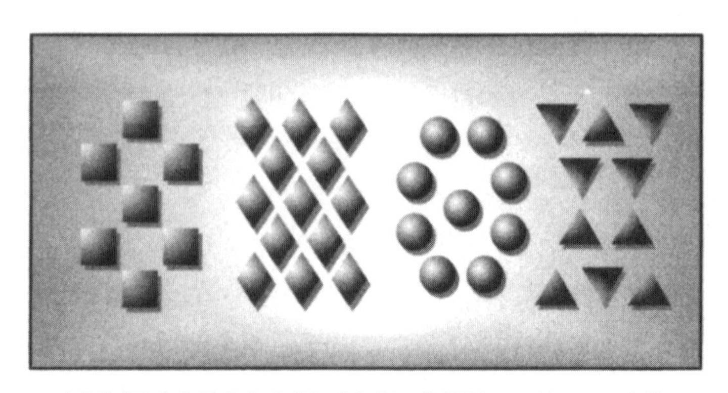

피실험자들에게 주어진 날씨를 예측하는 단서들(Knowlton , 1996년).

결과의 관계는 대단히 복잡하고 개연적이어서 피실험자가 아무리 영리해도 그것을 추론하기란 불가능했다. 과학자들은 그 과제를 논리적으로 해결할 수 없을 만큼 어렵게 만듦으로써 신피질의 추리 능력을 중립화시키고자 했다. 피실험자들은 그야말로 뇌 하나를 정지시킨 채로 주어진 과제를 해결해야 했다. 인식의 개입을 막는 작전은 성공이었다. 피실험자들은 누구도 단서와 날씨의 관계 속에 숨어 있는 구조를 파악하지 못했다. 그럼에도 불구하고 그들의 예보 능력은 꾸준히 향상되었다. 불과 50번의 실험 후에 피실험자들이 날씨를 맞출 확률은 평균 70퍼센트로 높아졌다. 피실험자들은 그들이 무엇을 하고 있는지 그것이 왜 그렇게 작동하는지는 이해하지 못했지만, 그럼에도 불구하고 그 과제를 해낼 수 있었다. 그들은 점차로 상황에 대한 느낌을 발전시켰고, 논리적인 뇌로서는 해결할 수 없었던 복잡한 문제의 핵심을 직관적으로 파악해 냈다.

실제로 날씨를 예측하는 일에 사용되는 단서들은 위의 것들과는 완전히 다르다. 그러나 현대 기상학이 출현하기 전까지 사람들은 위의 연구와 똑같은 과정에 의존하여 날씨를 예측했다. 상쾌하고 맑은 아침의 푸른 하늘, 바람의 방향, 공기 속에 느껴지는 미세한 냉기, 멀리서 감지되는 막연한 냄새 (그리고 어떤 사람에게는 무릎 관절의 통증) 등이 오후의 비나 해지기 전의 눈을 예측하는 단서로 이용될 수 있다. 하늘에는 구름 한 점 없는데도 〈비가 올 것 같다〉는 느낌이 들 때가 있다.

우리들이 쉽게 무시하는 이 내면의 감각이야말로 아마추어 예보자들(우리 대부분이 그렇지만)이 이용할 수 있는 최고의 수단이다. 한 연구에서는 일기 예보와 비슷한 과제들을 이용하여, 문제를 해결하고자 할 때 의식적인 노력을 기울이면 그것이 오히려 직관을 발휘하는 데 방해가 되며 실제로 피실험자의 성과에 해가 된다는 사실을 밝혀냈다. 또다른 실험에서는, 미리 단서의 의미를 자세히 설명해 주면 그것은 피실험자들이 과제를 잘 이해하는 데 도움이 되지만 그들이 과제를 잘 수행하는 데에는 별로 도움이 되지 않는다는 사실을 입증했다.

놀튼, 스콰이어, 세스 라무스Seth Ramus는 내재 기억의 한계를 시험하기 위해 새로운 문법 체계를 고안해 냈다. 그 문법은 복잡하고 자의적인 몇 개의 단계로 이루어져 있고, 피실험자는 그에 따라 난생 처음 보는 그리고 완전히 쓸모 없는 〈단어〉들을 만들었다.

이 문법 구조는 T, V, J, X를 이용하여 무한 개의 단어를 만들 수 있으나, 모든 조합이 다 유효한 것은 아니다. (예를 들어, XXVXJ는 문법적이지만 TVXJ는 아니다.) 과학자들은 그들이 만든 복잡한 규칙 체계를 공개하지 않았다. 그들은 단지 50개의 그럴듯한 단어를 제시한 다음 피실험자들에게 난생 처음 보는 그 단어들의 합법성을 판단하라고 요구했다.

과학자들은 사람들이 인공 문법에 일치하는 단어와 그것을 위반한 단어를 구별할 수 있음을 발견했다. 단지 피실험자들은 그들이 어떻게 올바른 단어들을 판단했는지 구체적으로 설명하지 못했을 뿐이었다. 여기에서도 사람들은 구체적으로 표현할 수 없는 방식으로 복잡한 체계의 내재적 원리를 터득했던 것이다. 그들은 단지 직관을 이용했다고 밖에는 말할 수 없다.

어떻게 사람들은 기초를 전혀 이해하지 못한 상태에서 그렇게 복잡한 판단을 내릴 수 있었을까? 뇌의 한 부분은 이해를 책임지는 신경계를 끌어들이지 않고도 인공 문법의 정교한 방식을 파악하는 것이 틀림없다. 그 뇌의 메커니즘이 분명 내재 기억일

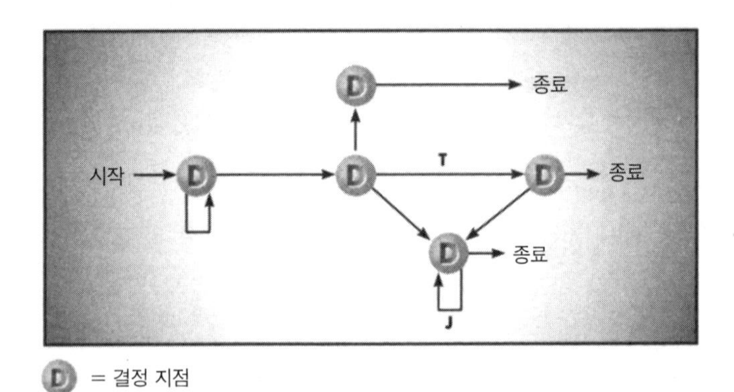

인공 문법 연구에 이용된 〈단어〉 생성 구조(Knowlton, 1992년).

문법적	비문법적
XXVT	TVT
XXVXJJ	TXXXVT
VXJJ	VXXXVJ
VTV	VJTVTX

인공 문법에서 문법적인 단어와 비문법적인 단어들
(Knowlton, 1992년).

것이다. 해마에 손상을 입은 (그래서 외적 기억이 전혀 불가능한) 환자들도 정상적인 피실험자들과 똑같이 그 인공 문법 실험과 일기 예보 실험을 수행했기 때문이다. 뇌의 이중적인 기억 구조는 상호 보완 장치로서 완벽하다. 내재 기억의 기관들에 손상이 생기면 사건과 사실과 목록들에 대한 정상적인 학습 능력은 그대로이지만, 직관적으로 습득한 그 고요한 정보는 말소된다.

직관에 대한 과학적 연구는 이제 막 시작되었다. 현재 과학자들은 그 능력을 탐사하고 있다. 1997년 안토인 베차라 Antoine Bechara, 한나 다마시오 Hanna Damasio, 안토니오 다마시오 Antonio Damasio, 다니엘 트라넬 Daniel Tranel은 특별한 연구를 수행했다. 그들은 피실험자들에게 2,000달러 상당의 칩과 함께, 마음대로 선택해서 돈을 걸 수 있는 네 벌의 카드를 제시했다. 이 카드 테이블들은 조작되고 있었다. 두 테이블에서는 정해진 카드가 나오면 100달러를 지불했고, 다른 두 테이블에서는 50달러를 지불했다. 그러나 피실험자들은 이 사실을 몰랐다. 모든 인생사가 그런 것처럼, 배당이 높은 테이블은 벌금도 높았고 배당이 낮은 테이블은 벌금의 횟수와 금액이 모두 낮았다. 전체적으로 볼 때 승리의 전략은 50달러 테이블에서만 게임 하는 것이었으나, 피실험자들은 테이블의 특성에 대해 전혀 모르고 게임에 임했다.

몇 번의 큰 손실을 경험한 후부터 사람들은 위험도가 높은 테이블에서 카드를 뽑는 일에 신중을 기하기 시작했고 그에 따라 성적도 조금씩 올라가기 시작했다. 피실험자들이 육감을 감지할 수 있는 유일한 기준은 신체적 긴장이었다. 20번이 지날 때까지는 어느 누구도 카드 테이블의 절반이 조작된 것이라고 말하지 못했다. 50번 정도가 되었을 때 사람들은 100달러 테이블을 피해야 한다는 생각이 들기 시작했지만 그 이유를 설명하지는 못했다. 80번이 되자 피실험자 3분의 2는 어느 테이블을 선택해야 하는지 그리고 그 이유는 무엇인지를 파악하게 되었다. 나머지 3분의 1은 그 정도로 개념적인 단계에 도달하지는 못했지만, 갈수록 예리해지는 직관을 이용하여 승률을 높이고 있었다.

우리는 이 세상을 살아가면서 성공은 이해로부터 나온다고 쉽게 생각한다. 합리성의 빛은 좁고 강하기 때문에 우리는 그러한 전제를 거의 절대적으로 받아들인다. 과학이 모든 것을 설명할 것이라고 기대했던 시대에 헤겔은 〈이성은 세계의 실체〉라고 외쳤다. 그러나 기억에 관한 지금까지의 연구 결과를 보면, 직관이 이해를 월등히 앞선다는 사실을 알 수 있다. 우리 눈에는 결코 보이지 않는 또 다른 태양이 강렬한 빛으로 우리의 삶을 비추고 있다. 반복적인 경험에 직면했을 때 우리의 뇌는 무의식적으로 그 기초에 놓인 규칙들을 추출한다. 이 능력의 일부를 지각할 때 우리는 그 태양의 그물망이 점차로 두터워지면서, 요긴한 목적에 이용될 수 있도록 준비되어 있음을 경험한다. 그러한 직관적 능력은 대단히 쉽고 불가피하게 발전하지만, 어떤 말로든 표현하기가 불가능하다.

아리스토텔레스는 어떤 것의 실상을 아는 것과 그 이유를 아는 것을 구분했다. 원인을 찾으려는 아테네인들의 끝없는 욕망은 과학적 탐험의 미숙한 첫걸음으로 기록된다. 그들의 설명은 신화적 형태로 변형되었으나, 진정한 지식, 참된 지식은 원인을 아는 것에서 비롯된다는 그들의 지식 체계는 유지되었다. 과학에 대한 중세의 정의도 원인을 아는 것(*cognitio per causas*)이었다. 그러나 우리 시대의 과학은 원인을 배제하고 〈X는 그러하다〉는 사실을 아는 것으로도 유용한 일이고 심지어는 더할 나위 없이 중요하다는 것을 확실히 입증하고 있다. 이해의 역할은 인식의 케이크 위에 설탕을 입히는 것이다. 파스칼이 언급했듯이, 이성은 진리를 발견하고자 하는 사람에게 느리고 우회적인 수단이다.

내재 기억은 보이지 않는 학습 능력이 우리의 삶에 깊숙이 퍼져 있다는 사실을 입증한다. 예를 들어 구어의 기초에는 음운론적 규칙과 문법적 규칙들이 미로처럼 얽혀 있는데, 언어를 사용하는 원어민들은 그것을 알면서도 설명하지는 못한다. 대부분의 사람들은 그러한 규칙을 인식하지도 못한다. 스티븐 핀커Steven Pinker가 『언어본능 *The Language Instinct*』에서 말했듯이, thole, plast, flitch는 영어 단어가 아니지만 그럴 수 있는 가능성은 있고, vlas, ptak, nyip는 절대로 영어 단어가 될 수 없음을 우리는 즉시 안다. 대부분의 사람들은 이 변덕스럽기만 한 구분법이 존재하는지도 전혀 모른다. 〈왜 nyip는 안 되는가?〉라는 돈키호테식 의문을 품어볼 수도 있지만, 그 단어가 이질적이라는 강하고 분명한 느낌이 즉시 의문을 삼켜 버린다. 〈내 동생은 죽어질 수 있어 My brother can be died〉라는 문장은 듣는 즉시 귀에 거슬리지만, 그와 대등한 구조를 가진 〈내 공은 튈 수 있어 My ball can be bounced〉나 〈내 말은 달릴 수 있어 My horse can be raced〉는 문제없이 수용된다. 내재적 지식 덕분에 우리는 문장 구조들을 심사숙고하지 않고 무의식적으로 사용한다. 아이들은 가르침이 없어도 언어를 습득한다. 그들이 언어적 규칙을 습득하는 것은 스펀지가 물을 흡수하는 것과 같다. 모든 언어는 복잡하지만, 혼란스러운 것은 없다. 우리의 신경계는 그 밑에 놓인 규칙성을 간파하여 경험의 바다로부터 되풀이 되는 유형들을 건져 올린다.

의식이라는 친숙하고 분명한 분석 장치의 이면에는 조용하고 어두운 힘이 작동하는데, 이로부터 발생하는 무의식적 행동, 비합리적 확신, 이유가 나중에 밝혀지거나 끝내 밝혀지지 않는 육감 등이 우리의 삶을 복잡하고 눈부시게 만든다. 사랑의 선택을 좌우하는 것도 바로 이 어둠의 체계이다.

다시 한번 데니스 레버토프의 시를 인용해 보자.

안을 들여다 보라. 그 곳에는
미완성의 양쪽 날개,
검게 그을린 깃털의 한쪽 날개와

강렬하게 타오르는
눈부신 깃털의 반대쪽 날개
그러나,

한쪽 날개로
날아갈 수 있을까,

하얀 날개로만?

어둠을 버리고 빛에 의지하여 사랑의 영토에 들어갈 수 있는가? 그것이 불가능한 이유를 다음에서 보게 될 것이다.

기억의 정원

어린아이가 가진 이중의 기억 구조는 완성되는 속도가 다르다. 갓 태어난 아기의 경우 외적 기억을 발생시키는 구조는 미완성이다. 그것이 완전하게 기능하기까지는 여러해의 신경 발달 과정을 거쳐야 한다. 내재 기억은 어떠한 준비 과정도 필요 없다. 그것은 아기가 태어나기 전부터 제 역할을 한다. 성인이 되면 외적 기억 구조는 수십 년에 걸쳐 서서히 쇠퇴하는 반면, 내재 기억은 청춘의 건강함을 그대로 유지한다.

이렇게 독립적인 성숙의 과정 때문에 정보를 얻기 위한 각 구조의 발달은 상이한 궤적을 그린다. 사람이 일단 30세를 넘기면 개인적 정보를 유지하는 능력은 감소하기 시작한다. 나이를 먹을수록 사람들은 아는 사람들의 이름을 떠올리기 위해, 자동차 열쇠를 어디에 두었는지, 때로는 자동차를 어디에 두었는지를 기억하기 위해 애쓰는 경우가 많아진다. 그러나 우리의 직관은 계속 유지되고 더욱 깊어진다. 자전거 타는 법은 한 번 배우면 절대로 잊어버리지 않는다는 사실은 뇌가 기억이라는 노동을 할 때 분업에 의존한다는 것을 입증한다. 사실보다는 느낌에 의존하여 습득한 능력은 쉽게 잊혀지지 않는다. 외적 기억은 출생과 죽음을 전후한 시기에는 원활하지 않기 때문에, 사람들은 두 살 이전의 사건들을 기억하지 못한다. 프로이트는 1897년 1월 24일자 한 편지에서 동료인 빌헬름 플리스Wilhelm Fliess에게, 그의 치료 덕분에 생후 7개월의 기억을 되찾은 환자가 〈그 당시에 어른 두 명이 주고받던 이야기를 다시 듣는다! 그것은 마치 축음기에서 흘러나오는 것 같다〉라고 이야기했다고 주장했다. 프로이트의 영리함은 모르는 바가 아니지만, 적어도 이 편지에서 그는 자신의 환자가 보여주는 놀라운 기억 능력이 모차르트의 음악적 재능을 능가한다고 주장하고 있다.

만약 영아들이 자서전적 사건들을 기록하지 않는다면 그들은 무엇을 배우는 것인가? 아기들은 운동 신경이 거의 없기 때문에 자신의 뛰어난 능력을 마음대로 증명하지 못하지만, 몇몇 탁월한 실험들은 아기들이 대단히 우수한 학생이라는 사실을 입증한다. 과학자들은 새로운 것에 대한 유아들의 심리적 반응을 관찰함으로써, 어떤 사건들이 아기들에게 하품에 해당하는 반응을 유발하는지, 그리고 어떤 것이 유아의 마음에 신기한 것으로 여겨져서 학습되는지를 알 수 있다.

이 기술에 의해 입증된 바에 따르면 아기들은 생후 36시간 내에 어머니의 목소리와 얼굴을 기억한다. 며칠 내에 유아는 어머니의 목소리는 물론이고 모국어를 인식하고 선호한다. 모국어의 인식과 선호는 낯선 사람이 말할 때에도 마찬가지이다. 이러한 지식은 산후의 반응에서 비롯되는, 정말로 빠른 학습이라고 생각될 수 있다. 그러나 신생아가 아버지의 목소리를 인식하지 못한다는 것은 신생아의 선호 경향이 출생 이전의 학습에 의해 좌우된다는 사실을 가리킨다. 급속히 발달하는 청각 시스템의 특성과 물로 가득 차서 소리 전달에 유리한 자궁 내의 조건 덕분에 자궁 내에서 태아는 화려한 교향곡에 둘러싸인다. 9개월 동안 항상 들려오는 어머니의 목소리를 통해서 태아의 뇌는 그 소리를 번역하고 저장한다. 여기에는 화자의 어조뿐 아니라 그녀의 언어적 방식도 포함된다. 일단 태어나면 아기는 어머니의 목소리와 모국어에 친숙함으로 느끼고 그것을 선호한다. 그 과정에서 아기는 애착과 기억의 발생 흔적을 모두 보여준다.

구어의 습득처럼 정서적 학습도 내재적으로 발생한다. 아기의 머리는 자궁 내에서부터 발달하기 시작하지만, 아기가 완전한 문장을 이해하기까지는 수개월이 걸리고 그것을 생산하는 데에는 더 오랜 시간이 걸린다. 그러나 표정, 말투, 촉감에는 포유동물 특유의 정서적 내용이 담겨서 전달된다. 3장에서 언급했듯이 아기는 태어날 때부터 그러한 신호 체계에 능통하다. 어머니와 아기가 변연계의 상호 작용으로 강하게 결속되어 있는 생후 1년 동안, 내재 기억은 뇌의 유일한 학습 활동이다.

정서적 기억은 외적 구조 없이도 기록될 수 있는가? 안토니오 다마시오는 그것이 가능함을 보였다. 다마시오의 환자인 보스웰은 언더우드 씨처럼 외적 기억이 없었다. 그러나 다마시오와 다니엘 트라넬이 관찰한 바에 따르면, 보스웰의 결속 행동은 무작위적이지 않았다. 그는 한 간호사에게 특별한 애착 행동을 보였다. 그의 선택적인 애착 행동에 흥미를 느낀 트라넬과 다마시오는 한 실험을 고안하여, 보스웰에게 정서적 기억을 형성하고 보존하는 능력이 있는가를 시험했다. 그들은 세 명의 공모자에게 세 가지 행동 방법을 지시했다. 〈좋은 사람〉은 보스웰의 비위를 맞춰주고 염려해 주는 모습을, 〈보통 사람〉은 다소 어색하지만 온화한 모습을, 〈나쁜 사람〉은 노골적으로 불쾌한 모습을 연기했다. 실험이 끝난 후 보스웰은 누구를 만났는지 아무 기억도 없었다. 그런 종류의 정보는 그의 장기 기억에 전혀 저장되지 않았다. 그러나 누구에게 껌이나 담배를 요청하고 싶은지 선택하라고 하자 보스웰은 우연적인 가능성보다 더 높은 확률로 좋은 사람 쪽을 지목했다. 사건 기억도 없고 이름이나 얼굴을 기억하는 능력도 없었지만, 그는 감정적 인상을 보유하고 있었다.

시인인 샤를 보들레르Charles Boudelaire는, 악마가 사용하는 최고의 속임수는 악마가 존재하지 않는다고 믿게 만드는 것이라고 말한 적이 있다. 내재 기억이 하는 일도 그와 똑같다. 어떤 사람에게 정서적 기억에 관해 질문을 하면 그는 과거의 회상 속에서 불연속적으로 떠오르는 사건들을 설명하기 시작할 것이다. 다섯 살 때 애견이 차에 치어 죽었고, 아홉 살 때 가족이 베이커즈필드에서 보스턴으로 이사했고, 고등학교 시절에 짝사랑하던 검은 머리의 아리따운 여학생에게 거절당해서 무도회를 비참하게 보냈던 일 등. 기억 속에 뚜렷이 남아 있는 외상들이 가장 큰 영향을 끼쳤다고 생각하는 것이 가장 자연스럽지 않겠는가? 어떤 외상들은 뚜렷한 흔적을 남기지만, 진정한 정서적 학습은 완만하고 은밀한 내재적 구조 속에서 진행된다.

특정한 관계에 속해 있는 어린아이는 그 관계의 구체적인 특성과 리듬을 배우고, 그와 함께 일련의 사례들을 증류시켜서 보다 단순하고 일반적인 원칙을 만든다. 그리고 그 과정에서, 의식의 그물에는 영원히 걸리지 않는 사랑에 관한 직관적인 지식이 성립된다. 자기 자신의 마음을 모르는 것은 억압 때문이 아니라 기억을 담당하는 뇌의 이중적 구조 때문이다. 사랑의 교본이 판독 불가능한 것은, 소프트웨어 프로그래머들이 문제를 발견했을 때 하는 이야기처럼 그 자체의 특징이지 오류가 아니다.

경험을 무차별적으로 응축시켜서 교훈을 만들어 내는 것은 뇌 기능의 장점이자 함정이다. 내재 기억이 원칙을 추출하는 이유는 맬로리 Mallory가 에베레스트 산을 오르는 이유와 똑같다. (그는 〈산이 그 곳에 있기 때문〉이라고 대답했다.) 어린 시절에 똑같은 사건들을 연속적으로 경험함으로써 아이의 마음에는 잘못된 일반적 원칙이 고정될 수도 있다. 이 심리적 장치는 정보를 증류시킬 뿐, 평가하지 않는다. 그것은 이 세계의 움직임이 가족이라는 정서적 소우주로부터 이끌어낸 설계도와 일치하는지 아닌지를 간파하지 못한다. 문법적인 말이 우리의 입술에서 무의식적으로 나오듯이, 정서적 관계를 드러내는 구조화된 행동 패턴들도 자연적으로 방출된다.

우리의 무의식적 지식은 우리가 사랑의 춤을 추는 동안 생각 없이 행하는 모든 동작에서 드러난다. 올바른 부모 밑에서 자라는 아이는 올바른 원칙을 배운다. 그는 사랑이 보호와 배려와 충성과 희생을 의미한다는 것을 배운다. 그리고 그것은 부모로부터 그렇게 해야 한다고 이야기를 들어서가 아니라 그의 뇌가 무의식적인 작용으로 복잡하고 혼란스러운 정보를 몇 가지 규칙적인 원형으로 압축시키기 때문이다. 만약 정서적으로 문제가 있는 부모라면, 아이는 어리석게도 그들의 불행한 관계가 주는 교훈을 곧이곧대로 기억한다. 사랑은 서로를 질식시키고, 분노는 끔찍하며, 의존은 굴욕적이라는 가르침을 비롯하여 그 밖에도 수많은 불행의 변주곡들을 익힌다. 이런 점에서 행복한 가족은 (건강한 육체들이 서로 비슷한 것처럼) 서로 비슷하고, 불행한 가족은 병리학적으로 독특하고 다양한 증상을 보인다고 말한 톨스토이는 옳았다.

예를 들어 한 젊은이가 불행한 독신이고 그럴 이유가 충분하다고 가정해 보자. 지금까지 그가 경험한 모든 사랑은 똑같은 과정을 되풀이했다. 먼저 사랑의 전율과 달콤한 열정을 온몸으로 느낀다. 그런 다음 맹목적이고 헌신적인 사랑이 몇 주간 지속된다. 어느 날 최초의 경고음이 들린다. 그녀가 사소한 것을 트집잡아 잔소리를 하기 시작한다. 그들의 관계가 정착될수록 그녀의 잔소리는 점점 더 거세진다. 그는 게으르고, 무신경하고, 식당에서의 매너는 촌스럽고, 생활 습관은 공포에 가깝다. 그녀의 비판이 참을 수 없는 수위에 도달하는 순간 그는 관계를 끝낸다. 행복한 고요와 안도감이 그를 감싼다. 몇 주가 지나고 몇 달이 흐르면서 행복한 고요함은 서서히 외로움으로 바뀐다. 그는 새로운 여자와 데이트를 시작하지만, 그녀 역시 (얼마 지나지 않아) 마지막에 헤어진 애인과 조금도 다르지 않다는 사실이 드러난다.

끝없이 순환되는 이 과정은 내재 기억으로부터 울려 나오는 태고의 메아리이다. 전체적으로 볼 때 그의 여자친구들은 그의 마음속에 그려져 있는 어머니의 모습, 즉 지적이고 창의적이지만 한편으로는 성질이 급하고 까다로운 여성이다. 어린 시절 그의 뇌는 그 방정식을 흡수했고, 따라서 그는 모든 사람의 사랑으로부터 그 원형을 찾는다. 그는 다른 것에 전혀 눈을 돌릴 수 없는데, 그 이유는 다음 장에 설명할 것이다. 주위의 도움이 없으면 그는 다른 것이 있다는 것조차 깨닫지 못한다.

상식조차도 그를 오해로 이끌고 만다. 이성적인 정신을 가진 모든 사람들처럼 그도 어린 시절의 중심적 사건들을 분석하면 그의 문제들이 밝혀질 것이라고 생각한다. 이 단순한 가정은 환자들과 정신병 의사 모두에게 매력적이다. 복잡한 현상이 단 한 가지 핵심적인 원인에서 비롯되었다고 믿는 것이 얼마나 쉬운 일인가? 또 대부분의 자연적인 습관에 의해 나타나는 미세한 영향들을 하나하나 모아서 어떤 문제에 서서히 접근해 가는 것이 얼마나 어려운 일인가. 의사들은 므네모시네(기억의 여신, 뮤즈 신의 어머니——옮긴이)의 흔적을 발견하기 위해 마치 낡은 찬장을 뒤지듯이 환자의 외적 기억을 파헤친다. 그리고 그 속에서 〈발견해 낸〉 불행한 사건을 억지로 끄집어내어 속죄의 의식을 거행한다.

정신병 치료가 외적 기억에서 보물을 찾는 일로 변질된 것은 잘못된 일이다. 특정한 혈연성에 노출된다는 것은 그 문법과 구문론이 뇌에 각인된다는 것을 의미한다. 지각 있는 관찰자라면 그 정보의 흔적을 모든 곳에서, 즉 꿈과 일과 인간 관계에서, 배우자와 자식과 강아지를 사랑하는 방식에서 볼 수 있다. 이런 행동 양식은 외적 기억에도 그대로 반영되어 있기 때문에 자서전적인 기억들을 파헤치는 것도 유용하다. 그러나 이 점에 있어서 외적 기억은 부대 시설에 불과하다. 환자는 매일 보석과도 같은 기억을 꺼내고 의사는 옥석을 가린다. 그것들은 씨줄과 날줄 속에서 환자가 살아온 양탄자의 무늬를 형성한다. 환자는 자신의 얼굴이나 지문을 감출 수 없듯이 더 이상 과거의 흔적을 숨기지 못한다. 모든 것이 그를 똑바로 쳐다보고 있는 상대방에게 명백히 드러난다.

사람들은 문제 해결을 위해 지성에 의존한다. 따라서 타당한 이해를 획득한 후에도 그것이 감정 변화에 도움이 되지 않을 때 그들은 당연히 낭패를 겪는다. 추상화의 능력을 풍부하게 갖춘 신피질에게 이해는 대단히 중요하다. 그러나 이해 능력이 발생하기 이전에 진화한 신경계에게 그것은 그리 큰 중요성이 없다. 생각과 개념은 변연계와 파충류의 뇌 앞에서는 딱딱한 완두콩처럼 튈 뿐이다. 정서적 지식은 완강하게 내재적이고 무자비할 정도로 비합리적이기 때문에 논리 속에서 구원을 얻기란 불가능하다. 이런 맥락에서 자가 치료서들이 도움을 줄 수 있다는 생각 또한 무익하다. 이른바 자가 치료에 필요하다고 하는 갖가지 서적들의 엄청난 종류와 분량을 보라. 그것은 엄청난 수요에도 불구하고 그 책들이 수요를 제대로 충족시키지 못하고 있음을 반영한다.

현실의 비약

내적 기억은 세상으로 향한 우리의 창을 휘게 만든다. 그것은 세계를 바라보는 많은 정신적 메커니즘 가운데 하나이다. 뇌는 현실 자체가 아무 여과 없이 의식에 침투하는 것을 허락하지 않는다. 안으로 향하는 모든 감각적 인상은 복잡하고 거친 모서리를 연마하는 과정을 거친다. 그 예로서 한쪽 눈을 감고 반대편 눈의 가장자리를 지그시 눌러 보면 눈앞의 세계가 몇 도 기울어지는 것을 볼 수 있다. 그것은 마치 당신의 손가락이 눈을 1밀리미터 눌렀다기보다는 신의 손이 지구를 약간 기울인 것처럼 느껴질 것이다. 뇌는 그 눈의 위치를 감지하는 것이 아니라 뇌의 명령에 따른 시각적 운동만을 탐지한다. 뇌가 눈에 운동을 명령하지 않으면 뇌는 어떤 일도 받아들이지 않는다. 그러나 위의 경우가 한 가지 예외적인 상황이다. 손으로 그 눈을 누르면 망막에 들어오는 빛이 변하고, 이에 따라 눈은 고정된 상태에서도 뇌는 이 세계가 변형되었다고 결정하는 것이다. 우리에게 들어오는 모든 경험이 이와 비슷한, 눈에 보이지 않고 때로는 믿지 못할 추론의 층들을 거친다.

그러나 오즈의 마법사처럼 우리의 뇌는 칸막이 뒤에 숨어 있는 노인을 보지 못하게 유도한다. 망막은 시야 정면의 30도에 있는 색깔만을 등록한다. 반면에 광학적 세계는 전방향으로 펼쳐진 캔버스로, 그 위에는 우리의 시각적 즐거움을 위해 수많은 빛깔들이 반짝거린다. 이 세계가 보이는 대로 존재한다고 생각하는 것은 신경의 자극에 따른 이른바 순진한 현실주의이며, 대부분의 사람들은 별 생각 없이 이에 동의한다. 움베르토 에코 Umberto Eco는, 인생의 수많은 확실성 중에서 다음의 것이 최고라고 말했다. 〈이 세계의 모든 것들은 우리 눈에 보이는 대로 존재하는 것처럼 보인다. 그렇지 않은 것처럼 보이는 것은 불가능하다.〉

우리의 내적 현실은 엄청난 설득력의 모형들이다. 한 개인을 구성하는 신경 덩어리는 결국 현실과 경험의 불균형을 생성하는 장치라 할 수 있다. 물론 돌연한 고장이 발생하기도 한다. 만약 시각의 세계가 현실을 아주 조금이라도 잘못 해석하면 우리는 그것을 착각이라고 부르고, 그 부조화가 큰 경우에는 환상이라고 부른다. 정신 이상은 개인의 가상 세계와 냉엄한 객관 세계 사이에 놓인 부조화를 의미한다. 심지어는 소화 감각도 뇌 속에 그 자신의 영역을 가지고 있어서 다음과 같은 이상한 병이 발생하기도 한다. 뇌졸중을 겪은 한 여자는 식도로 삼킨 음식이 왼쪽 팔의 어느 구멍으로 내려간다고 느꼈다. 이것은 내면의 세계가 붕괴된 결과를 보여주는 불안한 사례라 할 수 있다. 변연계도 이 세계의 모형을 만든다. 변연계가 만드는 정서적 현실은 신경에 의해 생겨난 환영들이 마음속을 자유롭게 떠도는 세계이다.

이와 같이 현실은 우리가 일상 생활에서 느끼는 것보다 훨씬 개인적이다. 어느 누구도 동일한 정서적 세계에 거주하지 않는다. 사람들이 거주하는 세계는 매우 독특해서, 아침에 눈을 떴을 때 보이는 것이 다른 사람들에게는 전혀 이해되지 않을 때도 있다. 어떤 여자에게는 그녀를 소유하고 그녀의 창의성을 질식시키는 남자가 매력적으로 보이는 반면, 다른 여자에게는 어머니처럼 돌봐줄 여자를 기다리며 고뇌하고 있는 외로운 남자가 매력적으로 보이고, 또 다른 여자에게는 착하고 예쁘지만 가진 것 없는 애인에게서 빼앗아 와야만 하는 플레이보이가 매력적으로 보인다. 그들 모두는 자신이 무엇을 보고 있는지를 알고, 그들의 공상적인 뇌와 그 뇌의 충직한 하인인 망막 앞에 서 있는 남자의 정체를 조금도 의심하지 않는다. 사람들은 자신의 감각을 믿으며, 그 결과 자신만의 가상 세계로 구축된 각자의 종교를 열렬히 신봉한다.

자기 자신의 광활한 주관성을 둘러보고, 마음의 눈앞에 있는 모든 것이 힌두교의 환상처럼 조물주에 상응할 만큼 정교한 꿈이자 몽상의 세계라는 것을 아는 사람은 대단히 드물다. 뛰어난 지혜를 가진 사람만이 자기 자신의 정신을 의심할 줄 안다. 연방 대법원 판사인 로버트 잭슨은 자신의 판결을 번복하면서 다음과 같이 말했다. 〈지금 내 눈앞에 보이는 이 문제는 그 당시에 보였던 것과 사뭇 다른 모습이다.〉

6

사랑의 신경 네트워크

7시 15분, 병원 주위로 땅거미가 내려앉을 무렵 한 남자가 응급실로 들어온다. 올챙이배에 안색이 잿빛으로 어두운 50대의 중년이다. 가슴에 통증을 느끼는 그 남자는 접수계 앞에서 가슴뼈 안쪽에서 지속적으로 따끔거리는 불편함을 호소한다. 간호사가 그의 바이탈 사인을 검사한다. 심박, 혈압, 호흡비가 모두 높은 상태이다. 그는 검사복을 입고 침대에 눕는다. 인턴이 심장 모니터를 준비한다.

만약 응혈이나 콜레스테롤 덩어리가 심장 동맥을 막고 있다면 심장의 일부가 죽었을 것이고, 그는 병원에 입원해서 직원들과 의료 장비에 그의 생명을 맡겨야 한다. 그러나 의학적으로 이런 증상은 대개 한쪽 방향을 가리키지 않는다. 그의 증상들은 비교적 해롭지 않은 수십 가지 질병들, 가령 궤양, 불안 증세, 근육의 쇠약, 소화 불량 등을 가리킨다. 만약 흉통을 호소하는 모든 사람이 입원한다면 모든 병원은 일찌감치 문을 닫았을 것이다. 이 경우에는 어떤 진단으로도 분명한 결과를 낼 수 없다. 막연할 수밖에 없는 사실들에 근거해서 전문적인 소견을 내는 것만이 가능하다. 하루에도 수천 번 이렇게 불확실한 정보에 기초하여 중요한 결정이 내려진다. 이 사람은 심장마비인가?

의사들은 이 문제를 수백 년 동안 세밀하게 조사해 왔다. 그들은 심장이 병들었다는 사실을 알려주는 사소한 단서와 은밀한 징후들을 정성껏 수집했다. 오늘날 그들은 심장마비가 무엇이고 그것이 어디에서 어떻게 왜 발생하는지, 어떤 사람이 이 질병의 제물이 될 가능성이 가장 높은지를 이해하고 있다. 그러나 심근경색을 탐지하는 의료 기술은 여전히 불완전하기만 하다. 샌디에이고 캘리포니아 대학의 응급의학과의 윌리엄 벡스트 William Baxt는 진단의 효율성을 개선시킬 목적으로, 심장마비와 그와 유사한 여러 가지 증세들을 구별할 수 있는 컴퓨터 보조 프로그램을 개발했다. 벡스트는 356명의 환자들의 자세한 병력을 프로그램에 입력했다. 그런 다음 실시된 비교 분석에서, 320명의 흉통 환자를 대상으로 의사들은 80퍼센트의 정확도로 증세를 구분한 반면, 컴퓨터는 97퍼센트의 정확도를 기록했다.

현실 속에서 인간과 기계의 노동 분업은 대개 만족스럽게 결정된다. 컴퓨터는 지칠 줄 모르고 연산을 반복한다. 이것은 인간으로서는 좀처럼 손대고 싶지 않은 지루한 정신 노동이다. 체스 챔피언에 오른 슈퍼컴퓨터는 영리한 전략이 아니라 기계적인 조합 능력에 의존한다. 아무리 똑똑하고 천재적인 계산 능력을 가진 기계들이라도 간단한 비유를 이해하지 못하고, 시트콤 드라마를 요약하지 못하며, 개를 산책시키지 못한다. 그렇다면 우리는 위의 비교에 대해 의문이 들 수 있다. 심장의 생리 작용에 대해 아무것도 이해하지 못하는 수백 줄의 프로그램 코드에 불과한 것이 어떻게 인간 의사들보다 더 정확한 진단을 내릴 수 있었는가?

인간에게는 이중의 가슴이 있다. 첫째는 흉부에서 고동치는 근육 덩어리이고, 둘째는 느낌, 열망, 사랑 등을 창조하고 전달하는 우리의 소중한 신경 집단이다. 이 두 개의 가슴은 심장의 위험을 매우 영리하게 판단하는 일종의 프로그램인 신경 네트워크 neural network(다수의 뉴런 결합에 의해 복잡한 처리를 하는 생체 작용을 현상 실험하는 컴퓨터 시스템 ── 옮긴이)에서 순간적으로 교차한다. 이렇게 시적인 이름이 붙은 이유는 그것이 신경도 네트워크도 아니며, 뇌의 영특한 연산 능력을 모델로 한 일련의 수학적 연산 프로그램이기 때문이다.

신경 네트워크의 처리 방식은 독특하다. 표준적인 소프트웨어는 인간 입안자가 미리 작성한 전문적 기술, 루틴(프로그램에 의한 전자 계산기의 일련의 작업 ── 옮긴이), 부수적 반응 등에 따라 작동한다. 일단 작성된 프로그램 자체는 변하지 않기 때문에 그러한 프로그램은 제작자가 미리 예측하지 못한 상황을 처리하지 못한다. 반면에 정교하게 제작된 신경 네트워크의 중심부는 경험과 변형물로부터 스스로 배운다. 이것은 뇌 속의 유기적인 세포들이 주고받는 의사 소통을 모델로 한 소규모 소프트웨어의 한 능력이다. 신경 네트워크는 해결책을 계산해 내기 전에 먼저 집중적인 훈련 기간을 거치면서 정보를 흡수한다. 프로그램의 내부 구조는 이 학습 기간을 거치면서 점차적으로 변한다. 신경 네트워크는 (이것은 병렬 배치 처리 parallel-distributed processing 혹은 연결 모델 connectionist model이라고 불린다) 수백 개의 변수들에 의해 공동으로 결정되는 미세한 행동 양식들을 수집하는 데에도 탁월한 능력을 보인다. 최고의 신경 네트워크들은 의사들보다 더 정교하게 진단을 내리고, 기상학자들보다 더 훌륭하게 날씨를 예보하며, 주식 종목을 선택하는 데 기관 투자가들보다 더 유능하다.

신경 네트워크는 기계적 직관이다. 연결 프로그램이 해답을 낸 후에도 우리는 왜 환자 A는 심장마비로 고생하고 환자 B는 그렇지 않은가 같은 세부적인 처리 과정과 관련된 중요한 정보를 얻을 수 없다. 네트워크를 검사해 보면 최종 결론을 이끌어낸 기초에 대해 최소한의 정보를 얻을 수 있다. 신경 네트워크는 뇌의 정보 처리 메커니즘을 이용하기 때문에 정교하고 분석이 불가능한 추론에도 도달할 수 있다는 점에서 마치 인간의 정서적 가슴과 같다. 따라서 신경 네트워크가 어떻게 작용하는가를 이해하면 우리를 사랑으로 이끄는 직관의 가장 깊은 비밀들을 알 수 있을 것이다.

앞 장에서 우리는 거시적 관점에서의 기억, 즉 개인의 기억 과정과 학습 과정을 살펴보았다. 신경 네트워크 이론은 이와 정반대인 극소점에서 시작한다. 수학자들은 뇌의 기억 생성 단계들을 방정식으로 만들어 그것을 컴퓨터에 실행한 다음 그들의 생산물을 능숙한 제자로 만들기 위해 노력한다. 그들은 심장마비를 판단하는 현명한 프로그램을 만들어낼 뿐 아니라 살아 있는 학습 메커니즘과 관련된 과학자들의 사고 방식을 근본적으로 변화시키기도 한다. 그리고 그들의 탐구는 충분히 완결되었다. 컴퓨터 신경과학이라는 새롭게 부상하고 있는 분야에서는, 커넥셔니즘connectionism과 관련된 수학적 원리들을 뇌의 기능을, 또 그럼으로써 인간 생활의 작용 방식을 예측하는 최초의 문제에 적용시키고 있다. 이 발견들을 통해 변연계 영역의 마지막이자 명쾌한 능력이 밝혀졌다. 그것은 바로 사랑이 우리의 두뇌 구조를 변화시킨다는 것이다.

기억은 무엇으로 구성되는가?

적절한 조건하에서 뉴런 집단은 학습할 수 있다. 미로를 통과하는 쥐, 명령에 따라 앉는 독일산 셰퍼드, 게티즈버그 연설문을 암송하는 어린아이는 정보를 기록하고 간직하는 신경계의 능력을 반영한다. 쥐나 개 혹은 아이가 보존된 자료를 이용하여 우리가 행동이라고 알고 있는 근육 수축 작용을 조절하기까지는 여러 해가 경과할 수 있다. 예를 들어, 미국 초등학교에 다녀본 사람은 누구나 게티즈버그 연설문이 어떻게 시작되는지를 알 것이다. 연설문의 첫부분은 마치 마술사가 링컨의 실크 해트에서 매듭진 보자기를 꺼내듯이 마음의 표면 위로 불쑥 솟구쳐서 혀끝으로 자연스럽게 흘러나온다. 이 미세한 자료를 떠올리는 것은 심리학적으로 대단히 놀라운 마술이다. 그 하나의 자료는 살아 있는 세포 집단 속에 음각되어 있다. 수십억 개의 자료 중에 하나의 티끌과도 같은 그것은 부호화되어 잠재적 활기를 띤 상태로 부유하다가 그 세포들의 유기적 기능이 그것을 한 번 휘저으면 일순간에 의식의 표면 위로 떠오른다. 절대로 잊혀지지 않을 것 같은 링컨의 문장은 우리가 살아 있는 동안에는 언제나 뇌의 세포 구조물 속에 신비스러운 기록으로 남는다. 어떻게 그런 일이 가능한가?

자료의 저장을 목표로 하는 모든 시스템은 그 자료를 기록한다. 흠정 영역 성서 The King James Version Bible는 자신의 진리들을 지면 위에 검은 점들로 저장하고, 〈모나리자〉는 캔버스 위에 안료로 저장하고, 콤팩트 디스크(줄여서 CD)는 반짝이는 플라스틱 음반 위에 홈으로 저장한다. 메커니즘은 다양하지만 결과는 일정하다. 어떤 경우든 무형의 정보가 내구성 있는 물리적 실체로 표현된 것이다.

뇌에는 점이나 물감이나 홈이 없는 대신 뉴런들이 있다. 수학적 정리를 깊이 생각하는 일, 방금 만든 캔디 아이스크림을 맛보는 일, 옆집 남학생의 꿈을 꾸는 일 등의 모든 정신적 활동은 뉴런들이 특정한 순서로 점화됨으로써 발생한다. 뉴런들이 게티즈버그 연설문을 저장하려면, 그 단어열을 규정하는 특정한 뉴런의 불꽃이 존속되어야 한다. 뉴런의 섬광 형태들은 일 분에 수백만 개씩 뇌를 순환한다. 하나의 뉴런 섬광이 저장되는 방식을 살펴보자.

기억의 변형

감각 정보를 저장하고 인출하는 단순한 네트워크 모델을 생각해 보자. 그것은 다음과 같이 여러 개의 뉴런이 사방으로 인접해 있는 형태이다.

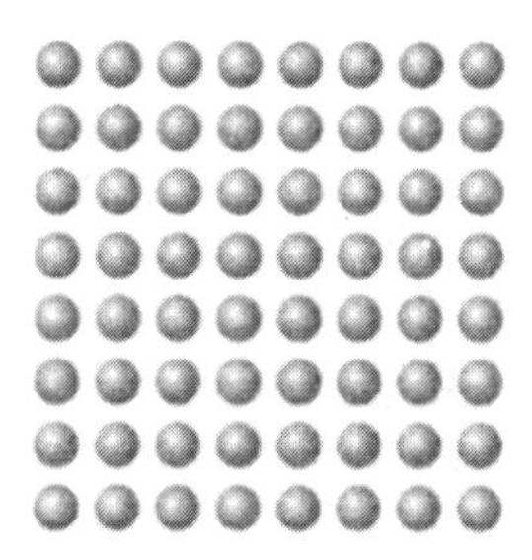

이 네트워크는 순결하다. 현재로서는 어떠한 기록도 없는 상태에서 경험을 받아들일 준비를 하고 있다.

여기에 다음과 같은 감각 정보가 도달한다.

피아니스트는 자기 앞에 놓인 복잡한 점과 선들의 부호를 손가락의 움직임으로 변형시켜서 아름다움을 만들어낸다. 여기에서는 그것의 정반대 과정이 발생한다. 즉, 풍부한 감각 경험이 뇌의 고유한 기보법으로 변형된다. 어떤 보표나 16분음표는 없지만 뉴런의 불꽃이 발생한다.

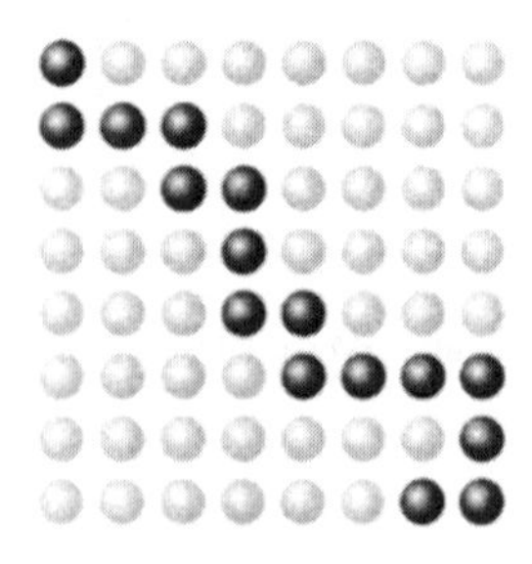

우리는 그러한 전환의 세부적인 면들, 가령 왜 하필이면 저 뉴런이 아니라 이 뉴런인가 등에 시간을 낭비할 필요는 없다. 중요한 것은 어디에선가 일련의 뉴런들이 자극과 관련된 감각 자료들을 기록하기 위해 순간적으로 깜박인다는 것이다. 뇌가 하나의 기호를 기록하기 위해서는 수백만 개의 뉴런이 필요하지만, 현재의 예는 편리성을 위해 보다 작은 규모로 진행되고 있다. 이 신경 네트워크에 지그재그의 선들을 등록하기 위해서는 단 16개의 뉴런이 필요하다. 하나의 기억을 만들기 위해 이 네트워크는 그 특정한 집단에 영속성을 부여해야 하고, 그러기 위해서는 이전에는 희미했던 뉴런간의 연계를 강화시켜야 한다.

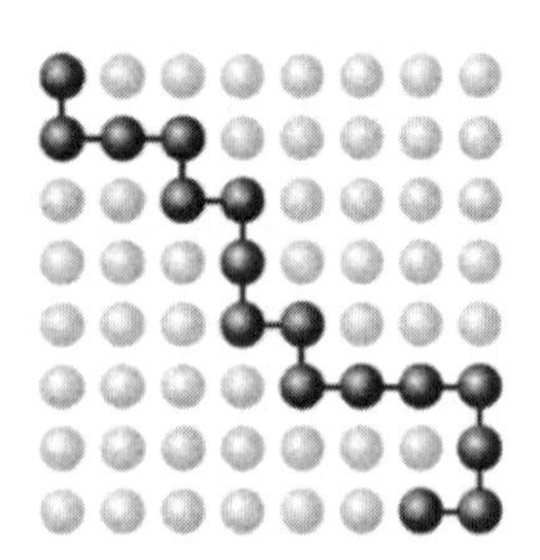

그 형태가 희미해지고 세포들이 잠잠해지면 다음과 같은 골격이 남는다.

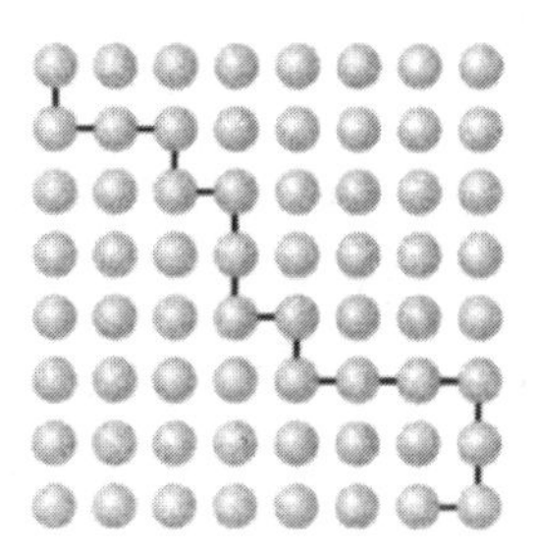

접속이 강화된 덕분에 이 뉴런들은 다시 함께 점화될 수 있다. 몇 개의 뉴런이 폭발하면(A) 그로 인해 과거에 점화되었던 경로를 따라 잠잠하게 놓여 있던 주위의 뉴런들이 촉발된다. 과거의 형태가 다시 활력을 얻고(B) 그와 함께 최초의 문자가 다시 떠오른다.

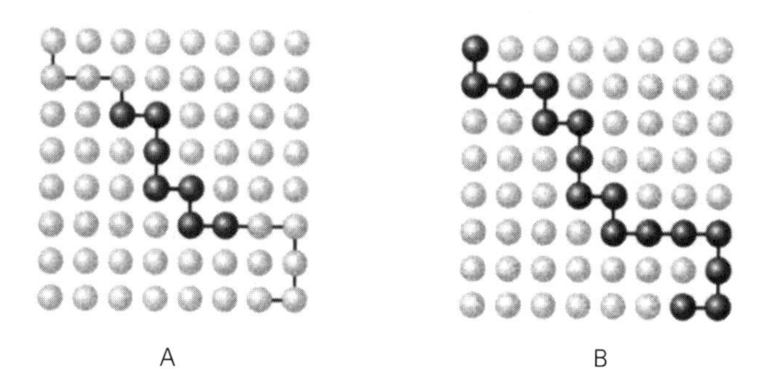

심리학자 도널드 헤브Donald Hebb의 발명품인 이 저장 도식은 일종의 발전소이다. 헤브는 제2차 세계대전이 끝나기 몇 년

전에 이 메커니즘을 제시했다. 그러나 과학자들이 헤비안 학습의 수학적 전제들을 탐구하고 대규모의 컴퓨터 모델을 구축한 것은 불과 15년 전이었다. 그 이후 수학적인 이해와 컴퓨터 시뮬레이션의 실행이라는 두 가지 노력을 통해, 사람들은 왜 그렇게 생각하고 느끼는가에 관한 여러 가지 의문들이 밝혀졌다.

헤브의 핵심적 제안이 이론의 수준을 벗어난 것은, 개별적인 뇌세포들로부터 전기적 수치를 이끌어낼 수 있는 실험 기술이 도래한 덕분이었다. 수학의 추상적 이론을 새롭게 물리적으로 확인한 결과, 살아 있는 뇌의 뉴런들은 헤브가 예측했던 대로 행동한다는 사실이 입증되었다. 뇌는 동시적으로 점화되는 뉴런들 사이에 연결 장치들을 강화시킴으로써 기억을 만든다.

이 책 속에 인쇄된 기록은 수백 년 동안 존속될 수 있다. CD의 저장 수명은 10년에서 20년이고, 에치어스케치 Etch-A-Sketch 낙서판은 기껏해야 몇 분이다. 뉴런의 〈온〉 상태는 1,000분의 1초 동안 지속된다. 신호의 수명이 이렇게 순간적이기 때문에 뇌는 현재의 자료와 과거의 자료를 다르게 구분할 수 있다. 뉴런의 정밀한 점화 형태 덕분에 어떤 순간이건 뇌가 지금 무엇을 대상으로 활동하고 있는지를 자세히 기록할 수 있다. 그러나 현재가 아닌 과거는 각기 다른 힘을 가진 축적된 링크의 형태로 네트워크의 구조물 속에 동면한다. 별자리처럼 고요하게 연결된 그 뉴런 속에는 이전의 앙상블이 부활하여 기억될 수 있는 잠재력이 구현되어 있다. 과거와 현재를 구분함으로써 신경 네트워크는 살아 있는 독특한 타임 머신이 된다.

뇌에 부딪히는 삶의 모든 단편들은 뇌의 링크들을 조금씩 변화시킨다. 물론 하나의 개별적인 자료는 엄청난 전체 규모 중에서 극히 적은 부분에만 영향을 미친다. 이러한 미묘한 변화들이 발생함에 따라 뇌의 미시적 구조는 자체의 배선을 조금씩 바꿈으로써 과거의 우리를 현재의 우리로 변형시킨다. 미시적 차원에서 뇌는 쏟아져 들어오는 감각 정보를 이용하여 뉴런의 구조들을 조용히 그리고 정교하게 변형시킨다. 작은 사건들은 몇 개의 헐거운 매듭에 단지 일시적인 변화를 가하는 반면, 형성적 경험들은 일생 동안 지속되는 탄력성 있는 형태들로 확립된다.

변연계에도 그러한 암호 형태들이 담겨 있어서, 우리의 마음은 서로의 허약한 장벽을 넘어서 상대방에게 도달할 수 있고 그 이상의 광범위한 영향을 미칠 수 있다.

반향의 고리

신경 네트워크 하나를 구성하여 작동시키면 그 기묘한 기억 메커니즘은 마술과도 같은 구분법을 실행하기 시작한다. 일단 함께 점화되어 본 뉴런들은 다시 함께 점화되는 경향을 띠며, 그러는 과정에서 그들의 접합부들은 더욱 밀접해진다. 동시에 손을 잡아본 경험이 없는 세포들은 서로 차단되기 시작한다. 이전에는 성질이 같았던 하나의 네트워크가 서로 다른 팀으로 분리되어 마찰을 일으킨다. 한 팀의 구성원들은 서로 불꽃을 일으켜서 한 묶음으로 점화되지만, 각 팀들은 활동할 기회를 얻기 위해 서로 경쟁을 벌인다. 각각의 뉴런은 동료들이 보내는 자극이나 적들이 보내는 억제 신호를 언제든 접수한다. 각 세포들은 목소리를 높여 찬반 양론을 주고받으면서 각자의 활성도를 발견한다. 그러는 과정에서 네트워크 전체는 활성 단위와 비활성 단위로 구분된다. 동맹군이 화력을 점화시킬 때 즉 한쪽 팀이 승리할 때 네트워크는 가장 안정적인 상태가 된다.

뇌 속에서 어떤 뉴런들은 수만 개의 다른 뉴런들로부터 정보를 받고 그 이상의 다른 뉴런들에게 메시지를 보낸다. 그렇게 광범위하게 신호가 확산되는 환경에서도 전체적인 뒤섞임을 관통하는 하나의 가정은 거의 정확하다. 즉 한 팀의 구성 세포들이 서로를 자극해서 함께 활성화되는 것처럼, 호환성 있는 네트워크들은 뇌 속에서 서로를 자극한다. 또한 불일치하는 네트워크들은 경쟁을 통해 상대방을 정지시킨다. 전체적으로 볼 때 이 소통 작용은 예측 불가능한 결과를 낳는데, 그것은 바로 정서적 기억이 시간의 선형적 흐름에 따라 만들어진다는 것이다.

하나의 네트워크가 켜지면 그것은 즉시 일치하는 다른 모든 네트워크들에게 전기적 자극을 송출한다. 그러면 2차 네트워크들이 1차와의 친밀도에 비례하여 점화된다. 만약 A 네트워크가 점화되고 B가 호환성이 높다면, A는 B를 직접적으로 활성화시킨다. 이 공동 작업은 계속된다. B가 활성화되면 B의 동맹자들이 깨어나고, 다시 똑같은 과정이 시작된다. 수면 위에서 동심원을 그리며 퍼져 가는 물결처럼 기억 네트워크들은 유사한 것들의 방향을 따라 확산되고 서로 가장 일치하는 것들을 일깨운 다음 일치성의 감소와 함께 그 영향력을 감퇴시킨다.

개라는 단어를 생각해 보라. 그러면 독일산 셰퍼드와 골든 리트리버가 부호화된 회로들이 마음속에서 먼저 활성화되고, 산책과 뼈와 벼룩에 해당하는 회로들은 그보다 적게 활성화될 것이다. 개에 해당하는 회로가 아무리 강하게 활성화되어도 뮤추얼 펀드라는 단어는 동면 상태에서 꿈쩍도 하지 않을 것이다(가령 베토벤이 당신의 수수료 통지서를 물어뜯었을 경우 같이 아주 희한한 사건이 발생하지 않는 한). 컴퓨터 신경 네트워크들은 이런 식으로 작동하는데, 이것은 인간의 경우도 마찬가지이다. 실제로 어떤 사람에게 개라는 단어를 보여주면 그는 뼈나 벼룩과 같은 단어에 이전보다 더 빨리 반응하는 반면, 뮤추얼 펀드에 반응하는 시간은 전혀 변화가 없을 것이다.

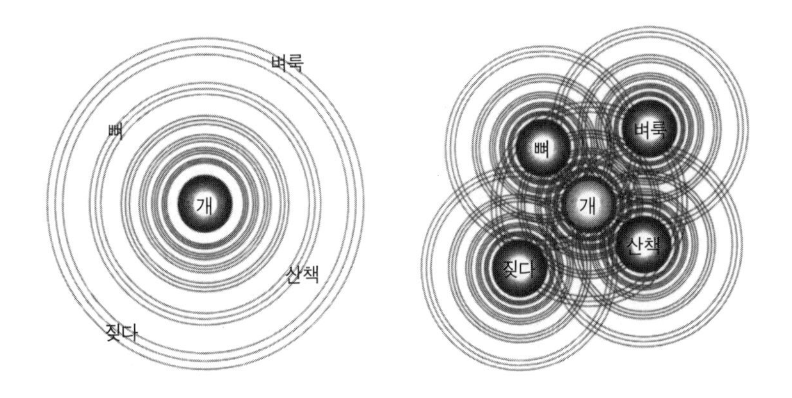

변연계를 가진 동물들의 경우에 정서는 그 연합 네트워크의 주요한 차원을 구성한다. 여기에서는 개라는 단어가 뼈와 산책과 벼룩을 찾아서 물어오는 대신, 특정한 감정이 그와 관련된 이전의 모든 기억들을 소생시킨다. 모든 느낌은 (1차적으로 자극된 후에는) 하나의 다층적인 경험이고, 단지 부분적으로만 현재의 감각적 세계를 반영한다.

3장에서 우리는 감정의 일시성, 즉 흥분과 쇠퇴의 경향이 거의 음악적이라는 사실을 보았다. 이제 그 비유는 더욱 분명해진다. 하나의 음은 여러 물체들을 자신의 주파수로 진동시키는데, 이것이 공명 반향sympathetic reverberation 현상이다. 소프라노 가수는 정확한 음정으로 포도주 잔을 떨리게 만들어 그로부터 소리를 낼 수 있다. 뇌 속의 정서적 음정들도 이와 비슷한 방식으로 살아 있는 하모니를 연출한다. 뇌는 현으로 구성되어 있지 않으며, 두개골 속에는 진동하는 섬유도 없다. 그러나 신경계에 들어온 정보는 가는 선들을 따라 그에 연결된 신경 네트워크들에게로 메아리를 보낸다. 마음의 현이 울리면 동일한 감정과 관련된 과거의 기억들이 되살아난다.

기억의 환기가 교향곡과 같이 이루어진다는 사실은 정서적 기억의 즉각적인 선택에서 볼 수 있다. 즐거운 사람들은 무의식적으로 행복한 시절을 떠올리는 반면, 우울한 사람은 어쩔 수 없이 상실, 유기(遺棄), 절망 등의 사건들을 회상한다. 불안한 사람들은 지나간 과거의 위험들을 잊지 못하며, 편집증 환자는 과거를 회고하면서 피해 망상에 시달린다. 만약 어떤 감정이 충분히 강력해지면, 그것은 대립하는 네트워크들을 완전히 진압해서 그 속에 담긴 내용들을 접근 불가능하게 만든다. 다시 말해 자신과 일치하지 않는 부분들을 차단해 버리는 것이다. 그 사람의 내면 세계에서 그러한 사건들은 아예 발생한 적도 없다. 외부 관찰자의 눈에 그는 자기 자신의 역사를 완전히 망각한 사람으로 보인다. 우울증이 심한 사람들은 과거의 행복했던 삶을 〈망각〉하고, 다른 사람이 그에게 실재로 있었던 사실을 상기시켜 주더라도 그러한 것은 없었다고 완강히 부인한다. 격노는 증오를 압도적으로 증가시켜서, 때로는 사랑하는 사람들까지도 그들을 사랑한다는 사실을 잊은 채 거리낌없이 공격하게 만든다.

뇌의 네트워크에서 일어나는 정서적 반향의 결과는, 한 가지 감정이 지배하는 동안의 선택적인 건망증으로만 국한되지 않는다. 고통스러운 유년은 마음속에 쓰라린 고통의 부호들로 잠재한다. 그 고통과 거의 무관한 일이라도 어느 순간에 불쾌한 생각, 느낌, 예상 등을 촉발시킬 수 있다. 유년기에 학대를 받았던 성인은 당시의 상황이 우연히 암시되기라도 하면 마치 잠자는 사자를 건드린 것처럼 기억의 날카로운 이빨에 희생될 수 있다. 경험적으로 입증된 슬픈 예로서, 학대받은 아동들은 다양한 표정이 담긴 그림책을 넘기는 동안 성난 표정과 마주치면 뇌파가 급속히 증가한다.

어떤 사람들의 정서 네트워크는 부정적인 감정의 신호들을 차례로 유통시키는 경향을 보인다. 그러한 사람은 일단 불쾌한 감정에 사로잡히면 쉽게 헤어나지 못한다. 대개 몇 분이 지나면 감소하는 감정이 그와 연관된 감정들을 일깨우면서 며칠 동안 그의 마음을 점령한다. 변연계가 그 정도로 민감하다면, 우리의 몸이 자연적으로 마주치게 되는 수천 가지의 충격들까지도 거의 참을 수 없는 것이 된다.

과도한 정서적 반향을 일으키는 네트워크를 위해 오늘날 여러 가지 치료법이 시행되고 있다. 몇 가지 정신약리학적 작용제들은 피아노의 지음기 페달이 진동하는 현을 부드럽게 억제하는 것과 같은 역할을 한다. 그 약품들이 왜 그런 작용을 하는지는 아직 알려지지 않았으나 내면 세계에 미치는 영향은 우리의 기대를 충족시킨다. 그로 인해 정서적 현들은 보다 조용히 울리고 더 빨리 진동을 멈춘다. 변연계 네트워크가 예민한 사람에게 그것은 생명을 구하는 것과 마찬가지의 효과를 낸다.

예를 들어 아무리 사소한 문제라도 쉽게 넘어가지 못하고 며칠 동안 집착하던 사람이 있었다. 그녀는 이렇게 말했다. 〈그것이 그리 중요하지 않다는 건 나도 압니다. 하지만 며칠 전 사장이 내 서류에서 잘못된 철자를 바로잡아 주던 순간부터 내 생각은 걷잡을 수가 없었지요. 사장은 내가 무능하고 일을 엉망으로 한다고 생각할 것이다, 나는 해고될 것이다 등의 생각이 꼬리를 물고 이어지더군요. 사실 그것은 터무니없는 생각이에요. 나는 지금까지 최고의 매니저였거든요. 하지만 어떤 문제가 생길 때마다 그 끔찍한 느낌을 떨쳐버릴 수가 없어요.〉 그녀는 정서적인 모욕에 대단히 민감했기 때문에 누구와도 친밀한 관계를 맺을 수 없었다. 아무리 조심성이 있는 말이나 행동에서도 그녀의 감정은 쉽게 상처를 받았고, 그런 다음에는 몇 주 동안 불행한 감정이 지속되었다. 사랑한다는 것은 맨발로 춤을 추는 것과 같아서 결국에는 발가락에 멍이 들 뿐이라고 그녀는 말했다. 그녀는 항상 도망치기만 했다.

소량의 치료제를 복용하는 순간부터 그녀의 정서적 울림은 정상치로 떨어졌다. 그녀는 태어나서 처음으로 작고 순간적인 고통을 느낄 수 있었다. 그녀는 불행한 느낌을 30분 만에 끝내고 하루 일과를 계속할 수 있게 되었다. 그녀는 이렇게 말했다. 〈다른 사람들은 이렇게 살아가나요? 그들이 사랑을 하는 것은 놀라운 일이 아니군요.〉 예민했던 정서가 생활에 적합한 수준으로 감소하자 그녀는 사랑할 준비가 되었다. 그녀는 이제 사랑은 신발을 신고 춤을 추는 것과 같다고 말했다.

기억과 신경 네트워크

신경 네트워크는 이 세계의 더 많은 것들을 보기 때문에, 사랑의 경험은 시시각각 발생하는 변덕스러운 요소들과 뒤섞이고 그로 인해 복잡해진다.

다음 그림은 최초의 감각 정보를 만난 후의 네트워크이다.

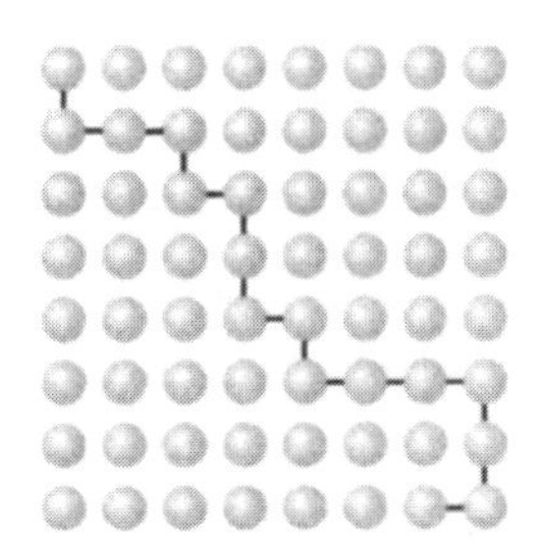

다음으로 그와 비슷한 모양이 제시되면, 네트워크는 그 특징들을 분해한 다음 그에 해당하는 형태로 뉴런들을 점화시킨다.

두번째 예는 첫번째 예와 비슷하기 때문에 이 뉴런의 연결 형태는 앞의 것과 상당 부분 중복된다.

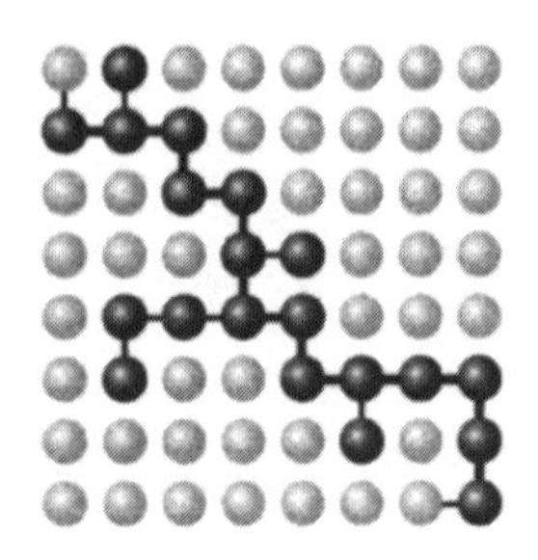

헤비안 장치로 인해 이 접합부들은 다음과 같이 강화된다.

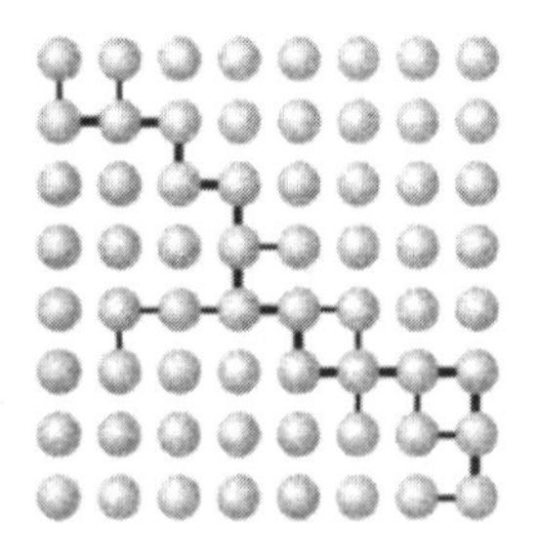

만약 우리의 네트워크가 그와 비슷한 세번째와 네번째의 그림을 본다면, 그때마다 위의 과정이 반복된다.

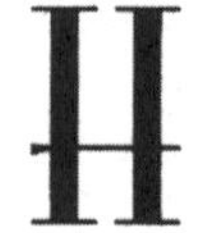

즉, 이 그림들도 여러 개의 동일한 뉴런들을 이용하는데 그

에 따라 연결들은 한층 강해진다.

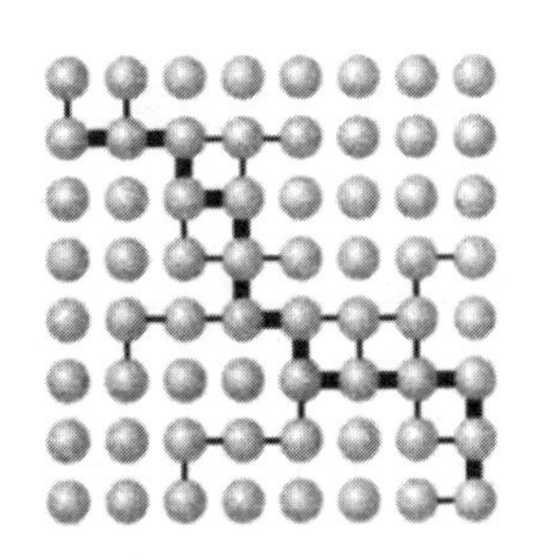

네트워크가 네 개의 정보 묶음을 저장한 후 휴식에 들어가면, 뉴런 기억은 신기한 측면들을 드러낸다.

처음에는 뇌 속의 기억은 유동적이다. 다람쥐가 다른 짐승들의 도둑질에 대비하여 도토리를 여러 장소에 묻어 놓듯이, 뇌도 기억이라는 보물을 여러 개의 개별적인 뉴런 접합부에 분산시킨다. 분산의 장점은 안전하다는 것이고, 단점은 배신할 수 있다는 것이다. 뇌는 여기저기에서 뉴런을 잃어버릴 수 있지만 저장된 자료의 손실은 상대적으로 적다. 신경 네트워크 기억의 이러한 성질을 완만한 퇴화 graceful degradation라고 한다. 그러나 새로운 사실들이 빗방울처럼 네트워크 위에 흘러내림에 따라 오래된 연결들은 녹아 내리기도 한다. 서로 다른 정보 패턴들이 서로 크게 방해하지 않고 뇌 속에서 동거할 수 있는 이유는, 그것들이 대개 서로 다른 뉴런 묶음에 의존하기 때문이다. 그러나 여러 패턴들이 서로 밀치고 부딪히고 포개지다 보면, 서로의 윤곽을 지우고 수정하는 일은 불가피해진다.

우리는 기억이라는 조각품을 단단한 바위 위에 새기고 싶어하지만(또 그럴 것이라고 상상하지만), 우리의 인생사는 시간과 경험이라는 바람 때문에 점차적으로 형태가 바뀌어 가는 모래 언덕 위에 새겨진다. 기억의 흔적은 최초의 순간이 지난 직후부터 그 모습이 변하기 시작하며, 그러한 이유로 우리가 맨 처음에 부호화되었던 초기 자료를 원형 그대로 기억해 내는 것은 절대로 불가능하다.

이 연상 기호(인간이 암기하기 쉬운 형으로 간략화한 코드 ──옮긴이)의 변화 때문에 발생하는 불편하고도 불행한 한 가지 결과는, 목격자의 증언을 그대로 믿을 수 없다는 사실이다. 사람들은 객관적인 사건들을 실제와 똑같이 기억할 수 없지만 이것을 깨닫는 사람은 매우 드물다. 거듭되는 연구를 통해 밝혀진 사실에 의하면, 하나의 사건은 이전과 이후 사건들의 파편과 통합되며 유도 심문에 담겨 있는 암시와 일반적 기대가 실제로 보고 들었던 것에 대한 기억 속으로 침전된다. 결국 사실과 환상과 암시가 뒤섞인 결과물이 매우 정확한 기억으로 느껴진다. 심리학자 울릭 네이서 Ulric Neisser는 1986년 우주 왕복선 챌린저 호가 폭발한 다음날 아침 44명의 학생을 인터뷰했다. 그는 학생들에게 맨 처음 사고 소식을 들었을 때 어디에 있었는지를 물었다. 그리고 그는 같은 질문을 2년 반 후에 다시 물었다. 그러자 원래의 것과 똑같이 대답한 학생은 한 명도 없었고, 대답들 가운데 정확히 3분의 1이 〈매우 부정확했다〉. 학생들은 기억이 위조되었다는 사실을 흔쾌히 무시했다. 다수의 학생들이 최근의 잘못된 버전이 정말로 옳다고 주장했다. 네이서는 다음과 같이 평가했다. 〈우리가 알 수 있는 것은 원래의 기억이 그냥 사라졌다는 사

실이다.〉

신경 네트워크 안에서 새로운 경험들은 과거의 윤곽들을 희미하게 만든다. 그러나 그 역도 성립한다. 즉 뉴런의 과거는 현재를 방해한다. 경험은 조직적으로 뇌의 배선을 바꾼다. 그리고 과거에 목격했던 것의 성격이 현재 볼 수 있는 것을 규정한다.

우리의 네트워크에서 뉴런 집단은 연결선으로 묶인다. 연결선은 네트워크 작용에 의해 서너 번 강화된 접합부들을 공유한다.

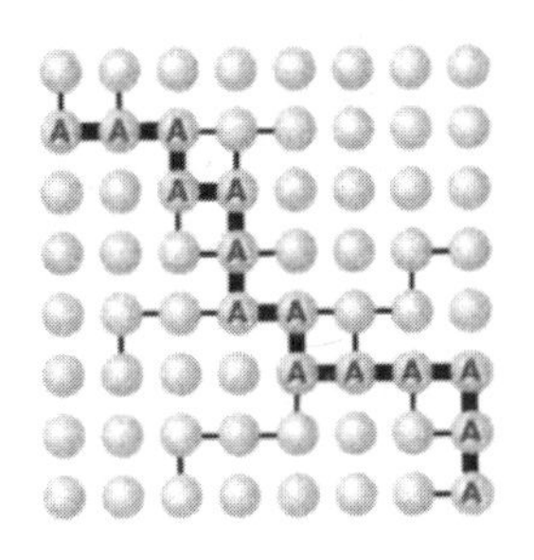

이렇게 누적된 링크 집단에는 네 번의 공통된 정보 요소들이 저장된다. 그 4중주를 협연하면 다음과 같은 내용이 명시된다.

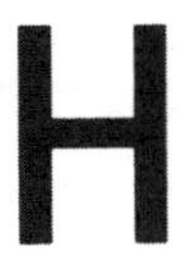

이 혼합물에는 한 쌍의 수직 기둥과 그 기둥을 연결시키는 수평의 가로선이라는 공통의 특징이 간직된다. 세리프(M, H 등의 글자에서 상하의 획에 붙이는 가는 장식 선——옮긴이)나 소용돌이 장식 같은 개별 요소들은 희미하게 등록되어 쉽게 씻겨 나

간다. 네 번의 작용이 각각 한 번씩 직렬로 연결된 기준점을 통과하는 동안, 네트워크는 그로부터 합성되고 요약된 것, 즉 네 번의 작용으로 예시화된 경향인 로마자 H를 아주 강하게 부호화한다. 단지 일련의 서체들을 마주친 결과 신경 네트워크는 무의식적으로 그것들 속에 잠재되어 있는 H의 성질을 추출해서 강조한 것이다.

원형 추출은 다양하고 혼란스러운 경험으로부터 순수하고 강렬한 원리들을 증류시키는 과정으로서, 신경 기억의 자연스럽고 필연적인 결과이다. 우리는 〈기억〉과 〈요약〉을 언어적으로 다르게 보지만, 뇌 속에서 그것은 하나이다. 인간의 사고 구조는 그에 따라 형성된다.

다음은 원형이 깊이 스며든 네트워크의 모형이다.

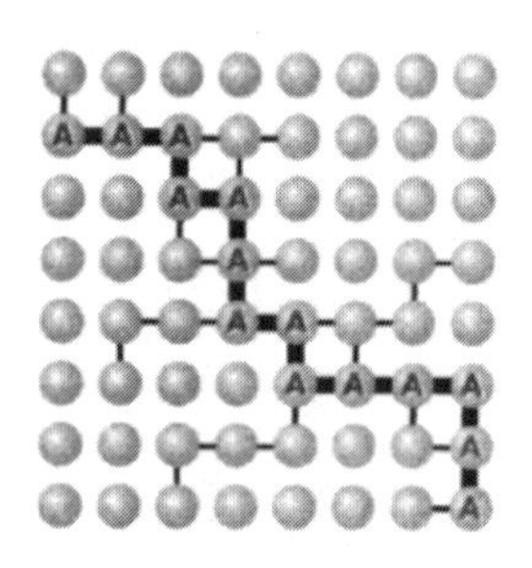

여기에 다섯번째 그림을 제시해 보자.

이번의 것은 원형과 비슷하게 보이도록 유혹한다. 그리고 신경 네트워크가 그 입력물을 처리할 때 시간은 과거로 되돌아가고 정확도는 깨어진다.

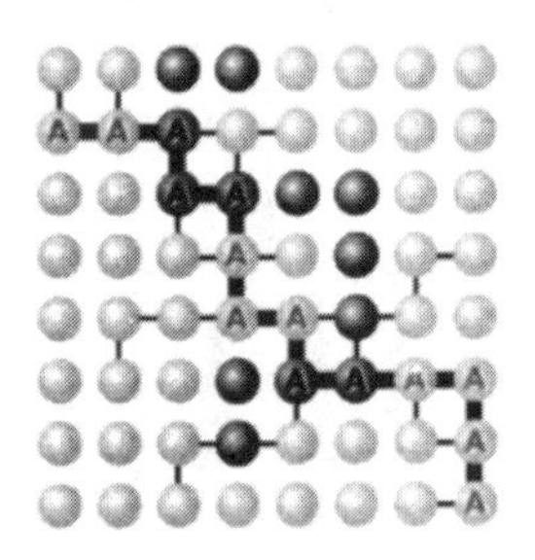

다섯번째 형태는 단지 몇 개의 원형 뉴런들을 촉발시키지만, 순간적으로 공동의 체인망이 함께 점화된다. 일렬로 늘어선 경기장 라이트처럼 한 팀을 이룬 그 원형은 눈부신 인광을 동시에 발산시킨다.

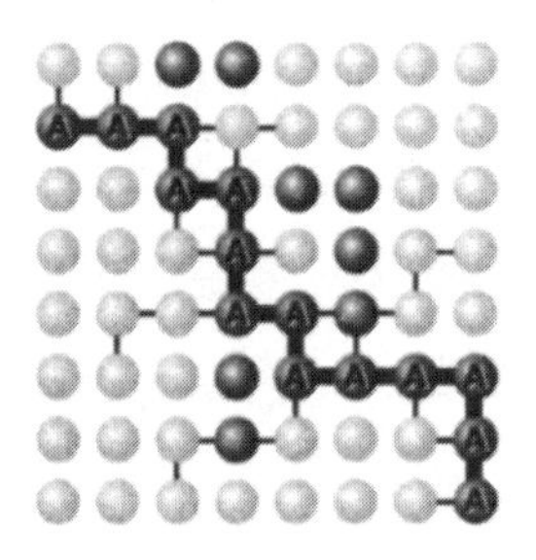

A팀의 빛은 매우 밝아서 마지막 철자의 진짜 모습을 극소의 순간 동안 부호화했던 뉴런들을 쉽게 압도한다. A 뉴런 팀이 재생되는 순간 네트워크는 현실을 벗어난다. 지금 그것이 그리는

모습은 현재와 과거, 실재와 원형의 절충물이다.

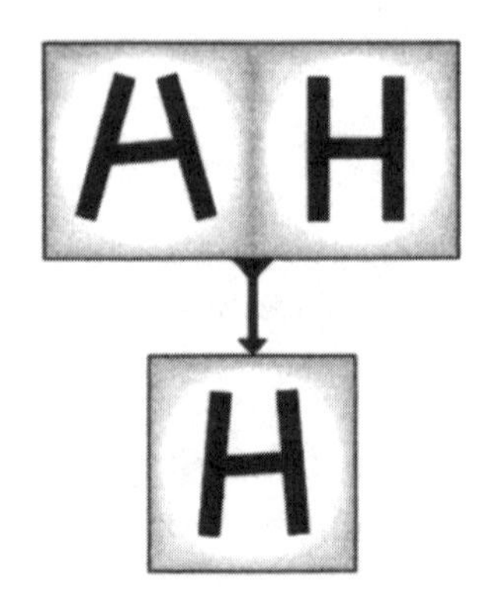

네트워크는 마지막 입력물을 H로 본다. 약간 기울어진 두 기둥과 비스듬한 가로선은 거의 원형의 모습을 띠고 있다. 모오한 실제의 감각 정보를 나름대로 해석하여 변화시키는 것은 살아 있는 뇌가 이용하는 특유의 기억 메커니즘이다.

원형 팀은 힘이 약한 다른 정보 패턴들을 압도할 수 있는 연결 그룹인 유인자Attractor로 기능한다. 감각 자료가 들어와 유인자의 단위들을 자극하면, 그들은 자신의 동료들을 자극해서 활기를 띠게 만든다. 유인자의 힘은 다른 단위들을 완전히 압도할 만큼 강력하기 때문에, 네트워크는 희미한 빛을 깜박이는 다른 패턴의 흔적을 무시하고 주로 유인자의 강렬한 빛을 등록한다. 이때 네트워크는 마치 그 감각 정보가 과거의 경험에 합치하는 것처럼 그것을 등록한다. 이것은 한낮의 눈부신 태양이 하늘에 떠 있는 무수한 별빛을 감쪽같이 가리는 것과 같은 이치이다.

뉴런 유인자들 덕분에 인간은 필사본을 해독할 수 있다. 성인들이 쓰는 글자들은 초등학교 1년생들이 베껴쓰기 연습을 하는 똑바른 철자와는 거리가 멀다. 이렇게 제멋대로 쓰여진 필체를 영어 철자로 해독하는 것은 신경 네트워크로는 불과 천 분의 몇 초 내에 행할 수 있는 일이지만, 현실을 왜곡하고 정의하는 유인자의 영향력에 의존하지 않고 그것을 있는 그대로 처리하는 연산 장치에게는 대단히 힘든 노동이다. 유인자의 역할 때문에 교정은 특히 어려운 일이 된다. 예를 들어 문장 중간에 〈taht〉이 나와도 인간의 뇌에서는 〈that〉에 해당하는 유인자가 강하게 활성화된다. 대개 마음의 눈에는 무의식적으로 수정된 〈that〉만 보이고, 따라서 본문의 오류를 수정할 기회가 교묘히 의식을 비껴나간다.

우리의 마음속에는 현실을 왜곡하는 유인자들이 작용한다는 사실을 여러분 스스로 입증해 보라.

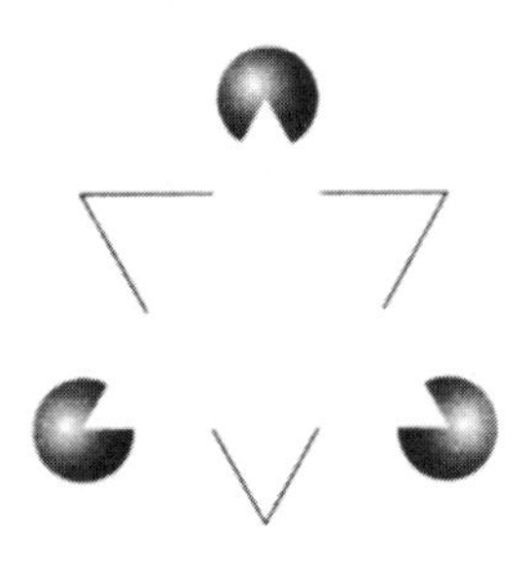

위의 그림은 카니자 삼각형Kanisza triangle이지만 이것은 외견상 삼각형일 뿐 실제로는 완전한 허구이다. 사실은 팩맨(정해진 루트 위에 놓인 것들을 먹어치우면서 전진하는 오락 게임—옮긴이) 삼총사와 여섯 개의 선분일 뿐 삼각형은 존재하지 않는

다. 그러나 우리의 마음이 이것을 삼각형이라고 확신하는 이유는, 아홉 개의 교묘한 공모자들이 뇌 속의 하드웨어 뉴런을 흥분시켜서 삼각형의 면과 모서리를 인지하게 만들기 때문이다. 실제로 존재하는 것들만을 보도록 노력해 보자. 그러면 우리의 뇌가 만들어내는 보다 간단하고 부정확한 세계 뒤에 숨어 있는 진실을 발견하게 될 것이다.

다음도 그와 동일한 예이다.

TAE CAT

각 단어의 중앙에 놓인 〈철자〉들은 양의적 의미를 지닌 동일한 것들로서, 앞의 신경 네트워크에 제시되었던 다섯번째 그림이다. 첫째 단어의 경우, 뇌 속에서 〈THE〉를 학습하는 유인자의 영향력 때문에 그 철자는 애매하지만 〈H〉로 받아들여진다. 그러나 둘째 단어에서는 다른 유인자의 영향력 때문에 앞 단어와 똑같은 그림이 불완전한 〈A〉로 인지된다. 사실적인 관점에서 〈TAE CHT〉이라고 볼 이유도 충분하지만 실제로 그렇게 보는 사람은 매우 드물다. 사실 그것은 〈T?E C?T〉이지만 그 진실을 보는 사람은 아무도 없을 것이다.

아인슈타인의 상대성 이론에 따르면, 질량이 부분적으로 집중되면 공간이 휘어져 근처의 사물들이 곡선으로 날아가고 심지어는 빛의 탄도(彈道)도 구부러진다. 공간이라는 직물은 당구대나 볼링 레인처럼 그 표면을 비행하는 물체를 통과시키지 않는 단단한 평면이 아니다. 대신에 공간은 팽팽한 고무판과 같아서 물질의 반입을 허용한다. 그것은 완두콩만한 행성의 질량에 의해 약간 들어가는 부분도 있고 태양과 같은 항성의 엄청난 밀도 때문에 움푹 들어가기도 한다.

경험을 유인자들로 집중시키는 뇌의 습관 때문에 우리의 마음도 이와 같이 수많은 만곡을 가진 아인슈타인의 유연한 직물과 같아진다. 모든 힘의 장의 기초에는 유인자가 있어서 평면적이고 사실적인 사고를 뒤엉키게 만들고 정보 패턴들에 영향력을 미쳐서 심지어는 왜곡과 기만을 자아내기도 한다. 뿐만 아니라 질량을 가진 물체 주변에서 시간의 흐름이 변하는 것처럼, 강한 유인자 주변에서도 같은 일이 발생한다.

월리스 스티븐스는 시간, 마음, 정신에 관해 이렇게 노래한다.

> 시간은 가슴을 두드리고
> 생각을 두드린다, 소리 없이 당당하게,
> 시간에 의해 파괴될 운명을 아는 생각을.
>
> 시간은 마음속을 달리는 말,
> 한밤중에 저 혼자서 길 위를 달리는 말.
> 생각은 가만히 앉아서 시간이 지나가는 소리를 듣네.

시간이 마음속을 내달리는 말과 같다면 각각의 유인자는 말이 달리는 길에 굴곡을 만드는 역할을 한다. 감각되는 현재를 체로 거르는 동안 우리의 뇌는 이전의 정보 패턴들을 자극해서 일순간 활기를 되찾은 그 힘이 네트워크 전체를 가득 채우게 만든다. 과거의 정보가 되살아나면 그 정보의 주인은 과거에 알았던 것을 알게 된다. 인간은 뉴런의 존재이기 때문에 인간 속에는 과거가 잠재적으로 살아 있다고 볼 수 있다.

변연계에는 어린 시절에 부호화된 정서적 유인자들이 담겨 있다. 그렇다면 최초의 성향은 정서적 세계를 바라보고 사랑을 수행하는 뉴런 체계에서 중심적인 부분을 형성한다. 만약 변연계 네트워크가 초기에 건강한 정서적 상호 작용을 경험했다면, 그 네트워크의 유인자들은 당사자를 성공적인 사랑의 세계로 인도하는 유능한 안내자 역할을 할 것이다. 반대로 어린 시절에 병적인 사랑을 경험한 사람이라면 그 경험은 그의 유인자들 속에 부호화되어 성년기의 사랑을 항상 그러한 경향으로 이끌어 갈 것이다. 개인의 마음은 헤비안식 기억과 변연계의 유인자들을 갖추고 세상에 나오기 때문에 설령 그를 둘러싼 세계가 극적으로 변하는 경우에도 그의 정서적 경험은 크게 흔들리지 않는다. 실제로 많은 사람들이 수십 년 전에 형성된 가상 세계에 갇힌 채로 살아간다. 마크 트웨인이 언급했듯이, 상상력이 초점을 잃으면 두 눈은 믿을 수 없어진다.

변연계 유인자들 때문에 우리의 정서 활동에는 귀찮고도 매력적인 한 측면이 발생한다. 그것은 프로이트의 용어로 〈전이 transference〉라는 것인데, 특정한 사람들에 대해 그들이 마치 과거의 인물인 것처럼 정서적으로 반응하는 인간의 보편적 경향을 가리킨다. 프로이트는 추방된 기억이 감옥을 벗어나 사랑하는 사람의 특징 앞을 배회하면서 현재의 천사를 과거의 악마로 가리거나 현재의 악마를 과거의 천사로 가릴 수 있다고 하며, 전이를 그 증거로 보았다.

과학은 그러한 신화 못지않게 환상적인 사실들로 진실을 밝힌다. 전이가 존재하는 것은 뇌가 기억을 뉴런에 담아두기 때문이다. 헤비안식 기억 처리를 행하는 모든 체계는 그것이 생물이든 기계든 동일한 종류의 왜곡을 수행한다. 컴퓨터 신경 네트워크 프로그램은 때로는 잘못된 기대에 의해 경험이 압축되기도 하는 기억 메커니즘이다. 우리 인간도 역시 그러하다.

인간은 뉴런으로 기억하기 때문에 본 것보다 더 많이 보고, 자주 듣는 것을 새롭게 듣고, 항상 생각하는 것을 다시 생각한다. 우리의 마음은 쏜살같은 흐름이 쉽게 느려지지 않는 과거 지향성의 정보적 관성을 가지고 있다. 그리고 삶이 길어질수록 운동량은 증가한다. 두 명의 신경과학자가 들려주는 부러운 여담을 들어 보자.

> 과학적 연구를 수행하면서 발견하게 되는 하나의 사실은 단지 대학원생들만이 새로운 이론을 이해한다는 것이다. 새로운 이론을 이해할 때 그들의 지적 정체성은 완전히 변한다. ……이와는 대조적으로 나이 지긋한 교수들은 적지 않은 관성의 부담 때문에, 새로운 이론을 접하더라도 큰 영향을 받지 않거나 때로는 다소 성가시다는 반응을 보인다.

어떤 개인도 자신의 유인자들을 벗어나 생각할 수 없다. 유인자는 사고의 구조 깊은 곳에 놓여 있기 때문이다. 그리고 인간의 경우 유인자의 영향은 당사자의 마음에만 국한되지 않는다. 유인자의 영향력이 미치는 범위는 초신성의 화려한 폭발처럼 외부로 확장된다. 변연계 공명과 조절 작용을 통해 인간의 마음은 영향력이 담긴 신호들을 지속적으로 주고받기 때문에, 모든 뇌는 정보와 유인자를 공유하는 지역 네트워크의 일부이다.

변연계의 유인자는 그런 식으로 자신을 생산한 뇌 속에서뿐 아니라 다른 뇌들과의 네트워크에서도 왜곡의 힘을 발휘하여 그들 사이에서 호환성 있는 기억들, 정서적 상태, 관계의 유형 등을 불러낸다. 변연계가 유인자의 영향력을 전달함으로써 한 개인은 다른 사람들을 자신의 정서적 가상 세계로 끌어들일 수 있다. 사랑을 할 때 우리 모두는 다른 정서적 세계의 중력에 이끌려 가는 동시에, 다른 사람의 감정을 우리 쪽으로 끌어온다. 모든 사랑은 같은 중심을 공전하는 한 쌍의 쌍성(雙星)으로, 힘의 장을 지속적으로 교환하고, 깊고 깊은 태고의 영향력을 서로 발산하고 느낀다.

레이첼 나오미 레멘Rachel Naomi Remen은 저서 『마음을 치유하는 79가지 지혜 *Kichen Table Wisdom*』에서, 상대방의 생각으로 인해 자기 자신의 생각이 어느 정도 규정되는 사례를 설명한다. 사춘기 시절에 볼품없었던 그녀는 사촌 오빠의 관심을 끌어보려 했으나 여성으로서 인정받으려는 그녀의 행동은 당황스럽고 어색하기만 했다. 그 후 레멘 박사는 훌륭한 여성으로 성장했으나 예전의 정체성에 대한 사촌 오빠의 고정 관념을 극복할 수 없었다. 그와 함께 있을 때 그녀는 거리를 걷는 도중에 비틀거렸고, 옷 위에 음식을 흘리고, 레스토랑 바닥에 지갑의 내용물을 쏟았다. 우리가 어떤 사람에 대해 마음속에 간직하고 있는 생각은 〈우리가 있는 자리에서 그에게 다시 반영되어 불가사의한 방식으로 그의 행동에 영향을 미치는 것 같다〉고 그녀는 말한다. 〈여러 해 동안 나는 사촌 오빠가 나에게 했던 것처럼 신비스럽지만 확실한 방식으로 개인적 이미지를 다른 사람과 공유함으로써 그것이 보다 직접적으로 전달되는 것이 가능한지 의문을 품어 왔다.〉

유인자들을 전송하는 변연계의 작용 덕분에 개인의 정체성은 부분적으로 변화될 수 있다. 우리가 애착을 느끼는 사람들이 우리의 일상적인 뉴런의 활동에 어느 정도 자극을 가하기 때문이다. 상상력을 동원하자면, 자아는 호화롭고 당당한 한 척의 배이다. 그 배는 주위 환경의 바람과 조수에 영향을 받지만 한편으로는 돛대와 활대와 갑판보를 곧게 세우고 굳건히 항해한다. 정체성이 그 자아가 항해하는 바다만큼이나 유동적인 것이라고는 거의 누구도 상상하기 어려웠을 것이다.

커밍스는 정체성을 주조하는 사랑의 힘을 다음과 같이 노래한다.

그대의 귀향은 나의 귀향이 될 것입니다.

내 모든 자아는 그대와 함께 가고
이제 남은 것은 그림자 같은 허깨비 혹은 껍데기뿐.

(언제나 아무것도 아니었던 사람)

내 자아가 그대와 함께 돌아올 때까지,
그대의 아침이 내 자아를 밝히기를 꿈꾸면서
하염없이 외로움에 잠겨 있던
아무것도 아닌 사람

자아의 별들이 그대의 하늘 높이 솟는 것을 느끼면서……

변연계 유인자들은 현재의 순간 너머까지 도달한다. 신경 네트워크의 한 가지 필수 조건은 사용과 정비례하여 뉴런의 패턴을 강화시키는 경향이다. 어떤 것을 더 자주 행하거나 생각하거나 상상할수록 우리의 마음이 이전의 정지점을 다시 방문할 가능성이 더욱 커진다. 생각이 날 때 마찰이나 저항이 거의 없을 정도로 회로가 충분히 가동되었다면, 그 정신적 통로는 이미 당신 자신의 일부이다. 그것은 이제 말과 생각과 행동과 태도의 한 습관이 되었다. 누군가의 유인자들에 지속적으로 노출되는 사람은 그에 따라 뉴런 패턴들이 활성화되는 동시에 강화된다. 오랫동안 함께 지내면 뇌라는 펼쳐진 책에는 영구적인 변화들이 인쇄된다.

사랑하는 사람들은 서로의 마음을 교정한다. 한쪽의 마음이 상대방을 변화시키는 것이다. 우리가 포유동물인 동시에 뉴런의 존재라는 이중의 자격으로 물려받은 이 놀라운 유산을 우리는 변연계 교정 limbic revision이라고 부른다. 정의하자면 그것은 우리의 유인자가 어떤 변연계의 통로들을 활성화시키고 뇌의 정밀한 기억 메커니즘이 그것들을 강화시킴에 따라, 그로 인해 사랑하는 사람들의 정서가 부분적으로 개조되는 작용을 가리킨다.

현재의 우리와 미래의 우리는, 우리가 누구를 사랑하는가에 의해 어느 정도 좌우되는 것이다.

ㄱ

사랑을 통한 정서의 형성

베이커 가 221B번지의 아파트로 이사한 존 왓슨 박사는 우연히 새 룸메이트의 간행물 한 권을 뽑아든다. 첫 장을 넘기니 굵은 글씨의 제목으로 「생명의 서」라는 논문이 눈에 띈다. 그 곳에서 왓슨은 이른바 추론의 과학이라는 이론을 보게 된다.

논리학자는 직접 보거나 듣지 않고도 물 한 방울로부터 대서양이나 나이아가라 폭포와 같은 거대한 물의 가능성을 추론할 수 있을 것이다. 모든 삶이 거대한 하나의 사슬을 이룬다. 그 사슬의 본질은 사슬을 이루는 단 하나의 매듭만을 보아도 알 수 있다. ……한 남자의 손톱, 그의 옷소매, 그의 장화, 바지의 무릎, 엄지와 검지의 각질, 그의 표정, 와이셔츠의 커프스 …… 이것들 각각에 의해 그 사람의 직업이 쉽게 드러난다. 유능한 조사관 한 명이 모든 사람을 합친 것보다 뛰어나다는 것은 대단히 놀라운 사실이다.

잡지를 탁자 위에 던지면서 왓슨은 이렇게 말한다. 〈말도 안 되는 헛소리! 내 생애에 이런 쓰레기 같은 글은 처음 보는군.〉 순간 그는, 그 글의 저자가 바로 자신이 일생을 바쳐 업적을 기록하려고 했던 사람이라는 사실을 발견한다. 저자는 바로 유명한 명탐정 셜록 홈스였다.

홈스가 즐겨 사용했던 위와 같은 방법은 〈결과로부터 원인을 추론하는 경우〉로서, 정서 발달을 규명하고자 하는 사람이라면 누구나 직면하는 과제이다. 변연계를 조사하는 탐정은 손톱이나 바지의 무릎에서가 아니라 식별 가능한 정서적 특징들로부터 시작한다. 예를 들어 그의 출발점은 만성적인 우울증세, 자신의 권리를 주장하지 못하는 무능력, 무관심한 연인을 향한 평생의 사랑 등이다. 그의 업무는 그러한 특징들이 한 인간의 마음속에 어떻게 생겼는지를 설명하고 그 원인을 공식화하는 것이다.

개성은 어떻게 생겨나는가? 뇌의 발달과 함께 유아는 놀라운 변화를 겪는다. 맨 처음 유아는 감정 해독의 타고난 재주를 가진 총명한 존재로 출발하여, 오래지 않아 정교한 정서적 특징과 기술들을 갖춘 존재로 급성장한다. 지문처럼 분명하고 특징적인 정체성이 사람마다 형성되어, 그 정신적 능선과 골짜기를 감지할 수 있게 된다. 한 성인을 만날 때 우리는, 그가 후한 사람인지 인색한 사람인지, 신뢰할 수 있는지 없는지, 공격적인지 사근사근한지를 큰 어려움 없이 알 수 있다. 우리는 그가 신뢰를 좋아하는 사람인지, 경쟁을 좋아하는 사람인지, 그 자신과 남들을 잘 아는지, 남을 사랑하는 사람인지를 알 수 있다. 변연계는 어떻게 하나의 총체적인 구조를 종합해 내는가? 광범위하고 산만한 뉴런의 경향들에서 시작한 유아는 어떻게 한 개인으로 성장하는가?

홈스는 안락 의자에 편하게 앉아서 대부분의 조사를 수행할 수 있다고 생각했다. 홈스의 동시대인이자 아류인 프로이트도 그와 같은 믿음에 따라 홈스의 흉내를 낸 것인지도 모른다. 프로이트는 침대 머리맡에서 행한 정신분석으로부터 추리의 기술과 단서들을 얻어냈고, 이를 기초로 정서 발달에 관한 추론과 아이의 마음을 촉진시키는 여러 작용들을 쌓아 올려 거대하고 화려한 성을 건립했다. 그 건축물에 대한 프로이트의 자신감은 예리한 지성에 관한 홈스의 믿음에 뒤지지 않았다.

불행하게도 홈스의 조사 방법은 그 즐거움에도 불구하고 불가능한 허구에 불과하다. 손재주가 좋은 마술사가 조수의 귀에서 빳빳한 100달러짜리 지폐를 꺼내는 순간 그는 새 돈을 주조하는 것이 아니다. 그 돈은 그가 미리 숨겨 놓은 것이었다. 이와 마찬가지로 왓슨의 경탄을 자아낸 홈스의 수수께끼 같은 단서들, 그리고 그와 관련된 모든 상황들은 범인의 정체와 범죄 행위의 수단들을 선험적으로 알았던 작가에 의해 꾸며진 것이었다. 작가는 짜여진 구성을 진행시키기 위해 그의 주인공이 수백만 개의 의미들로부터 문제 해결에 들어맞는 하나의 의미를 운좋게 골라내도록 만들었다.

한 예로 〈보헤미아 사건〉에서 홈스는 왓슨의 신발 옆면에서 긁힌 자국들을 발견한다. 다른 증거는 전혀 없이 그는 단지 이것으로부터, 왓슨은 진창길을 마다 않고 뛰어 다니는 좋은 의사이고, 그가 최근에 새 가정부를 고용했으며 그녀가 주인의 구두에 묻은 진흙을 서투르게 긁어내는 과정에서 구두창에도 칼자국을 냈을 것이라고 결론짓는다. 홈스는 추리의 검을 휘두르고 왓슨은 비굴하게 고개를 조아린다. 두 사람은 수백 가지의 다른 가능성들을 깨끗하게 무시한다. 즉, 왓슨이 갈퀴를 밟아서 구두에 자국을 낼 수도 있었고, 술 취한 상태에서 구두를 닦다가 흠집을 낼 수도 있었고, 좋은 신발을 클럽에 두고 와서 낡은 신발을 벽장 구석에서 꺼내 신고 왔을 수도 있었다. 이 밖에도 가능한 설명은 거의 끝이 없다.

홈스가 외투의 소매나 셔츠의 커프스를 조사하여 조금도 망설임 없이 살인자를 지목할 때, 그는 너무나도 간단하고 명쾌하게 결론에 도달하기 때문에 우리는 그것이 정말로 기본적인 방법이라고 생각할 수도 모른다(홈스는 왓슨에게 기본적인 것을 놓치지 말라고 계속 충고한다——옮긴이). 그러나 그것은 홈스의 속임수이다.

감정의 세계를 연구하는 사람은 그렇게 엄청난 지름길을 만나지 못한다. 감정의 조물주가 해답을 미리 제공해 주지 않기 때문이다. 아무리 논리적인 관찰자라도, 한 성인의 정서적 특징들에서 출발해서 추론의 고리를 만들어낸 다음 시간을 거슬러 올라가서 문제의 한 가지 원인을 발견하기는 불가능하다. 그렇게 편리한 조사 방법을 쓸 수 있는 것은 전지전능한 신의 능력에 도전하는 스포츠뿐이다. 현대의 탐구자들은 마음이 어떻게 그리고 왜 성숙하는가의 문제를 규명하는 데 과학의 힘을 이용해야 한다.

이전의 4개 장에서 우리는 부모와 자식을 포함하여 인간 관계를 묶어주는 생리학적 결속의 몇 가지 면모들을 자세히 살펴보았다. 구체적으로 그것은 변연계 공명, 변연계 조절, 변연계 교정이었다. 이 장에서 우리는 그 작용력들이 어떻게 결합하고 공모하여, 순수하고 민감한 유아의 가능성으로부터 한 명의 인간과 하나의 정서적 정체성을 창조하는지를 설명할 것이다.

한 인간의 삶에는 우리가 이 자리에서 고려하지 못한 다른 작용들도 들어 있을 것이다. 가령 우연, 정신적 외상, 신체적 질병, 지적 능력, 정열적인 활동성, 가난, 인종 등등의 수많은 요인들이 작용할 것이다. 삶의 궤적을 결정하는 데에 이것들은 물론 중요하다. 그러나 우리의 목적은 마음이라는 재료에 힘을 가하는 모든 요소의 영향력을 세부적으로 기술하는 것이 아니다. 그렇게 거창하고 고단한 작업으로는 이 장의 이야기를 일관성 있게 이끌어내기보다는 거대한 불협화음 속에 빠뜨리고 말 것이다. 이제 그 이야기로 들어가 보자. 부모의 사랑은 어떻게 아이의 마음을 주조하는가?

뉴런의 가지치기

한 개인의 존재와 그가 아는 모든 것은 덤불처럼 뒤얽힌 그의 뉴런 속에 존재한다. 이 작고도 치명적인 교량의 수는 수천조에 달하지만, 그것들은 단 두 개의 원천에서, 즉 DNA와 일상생활에서 발생한다. 어떤 시냅스들은 유전적 암호에 의해 발생하는 반면, 다른 시냅스들은 경험에 의해 발생하고 수정된다.

따라서 뇌의 형성은 엄격한 제한과 무제한적인 자유 사이의 타협이라고 볼 수 있다. 그것은 무수한 구성원들이 하나의 불변하는 정수에 종속되는 눈송이나 소네트와 같다. 눈송이는 물 분자의 극성 때문에 항상 육면체를 이루고, 소네트는 언제나 14행을 이룬다. 이 세계에는 칠면체의 눈송이나 다섯 개의 4행시로 된 소네트는 어디에도 없다. 그러나 이 구속의 바다에는 아름다움의 무한한 가능성이 있다.

뇌 속에서는 다양한 하부시스템의 핵으로 기능하는 미완성의 뉴런 골격들이 유전적 청사진의 지시에 따라 형성된다. 천억 개의 세포들은 다양한 설계도를 자유롭게 증식시킬 수 있으나 DNA가 이를 통제한다. 한 뇌에는 하나의 도면만 있다. 어떤 뇌도 세 개의 측두엽이 생기도록 돌연변이를 일으키지 않으며, 입꼬리를 치켜 올리는 표정으로 분노를 나타내지도 않는다. 그러나 정원수를 다듬는 기술에서처럼 그 내부에서는 다양성이 만발한다. 초기의 경험은 어느 정도 조정 가능한 뉴런 골격을 하나의 주형으로 다듬는다. 그것은 특정한 환경에서 가능하기 위해 정교하게 조율된 뉴런과 접합부들의 집합이다. 뇌의 기본적인 거시적 · 미시적 해부도는 유전 정보에 의해 정해진다. 그런 다음 후천적 경험을 통해 광범위한 가능성들이 좁혀지면서 하나의 결과물이 나온다. 다수로부터 소수가 나오고, 소수로부터 하나가 결정된다.

주형이 형성된 후 뉴런의 유연성은 감소하지만 대개 완전히 사라지지는 않는다. 바로 이때 뇌는 엄격한 교정을 거치는 소네트나 허공에서 육각형의 날개를 결정시키는 눈송이와 비슷하다. 지속적인 경험이 뉴런의 접합부들을 계속 주조하므로, 한 인간의 개성은 결코 정지하는 법이 없다. 헤라클레이토스는 수천 년 전에 다음과 같이 말했다. 〈우리는 같은 흐름 속에 들어가는 동시에 들어가지 않는다. 우리는 존재하는 동시에 존재하지 않는다.〉

뉴런의 학습 장치는 초기의 영향을 강조하는 선천적 경향을 가지고 있다. 어린 뇌에는 나중까지 유지되는 것보다 훨씬 많은 수의 뉴런이 있다. 이들 중 대부분은 유년기를 거치면서 사멸하고 그와 동시에 풍부했던 뉴런 골격들도 그보다 빈약한 주형으로 축소된다. 사라질 세포와 접합부에도 자료가 저장되어 있을 수 있기 때문에 그것들의 소멸은 뇌에 의해 부호화되었을 정보의 손실을 의미한다. 뇌 속에서 수십억 개의 뉴런이 가지치기로 잘려 나갈 때 마음의 책에서는 페이지들이 군데군데 찢겨나간다.

어떤 뉴런들은 어린 시절 이후에도 살아남는 반면 다수의 뉴런들이 소멸되는 이유는 무엇인가? 포유동물의 생명을 지탱하는 애착은 뇌 속의 미시적 차원에서도 똑같이 반영된다. 여기에서도 연결이 생존을 보장한다. 동료들과의 강한 상호 연결에 성공한 뉴런들, 즉 유인자에 참여한 뉴런들은 가지치기의 단계를 통과한다. 반면에 안정된 결속에 참가하지 못한 뉴런들은 쇠약해져서 주형에 참가하지 못하고 탈락한다.

아기가 어떻게 언어상의 딸깍 소리, 휘파람 소리, 보글거리는 소리를 단순한 소음과 구분하는 법을 습득하는지 생각해보자. 인간의 성대, 인두, 혀, 입술, 치아, 구개는 수천 가지의 다른 소리 조각들, 즉 음소phoneme들을 만들어 매끄러운 말로 결합시킨다. 유아의 뇌는 가능한 모든 음소들을 듣고 구별할 수 있다. 유아의 유전자에는 이 메커니즘을 위한 설계가 간직되어 있기 때문이다. 이렇게 폭넓은 음소론적 능력 때문에 유아는 모든 인간 언어를 받아들일 수 있지만, 머지않아 그것은 뉴런의 사치가 된다. 모든 언어는 단지 적은 수의 음소만을 사용한다. 영어는 40개 정도로 만족한다. 결과적으로 걸음마를 하는 시기가 되면 아이의 뇌에는 이미 모국어 음소들을 위한 유인자들이 형성된다. 아이는 단지 그 언어적 소리만을 듣고 발성할 수 있다. 청각적 경험 속에서 아이의 다목적 뉴런 골격은 사정없이 깎여서 분명한 목적을 가진 주형으로 바뀌는 것이다.

미사용된 뉴런들이 소멸되고 나면 절단된 네트워크는 더 이상 일정량의 정보를 재연하지 못한다. 일본어에서는 영어의 〈r〉과 〈l〉 소리가 구별되지 않으므로, 일본어에 귀가 젖은 아이는 그 차이를 듣지 못한다. 프랑스어에는 〈th〉가 없다. 프랑스인들은 대개 발음이 어려운 그 소리를 〈z〉와 비슷하게 소리내기 때문에, 〈페페 Pepé Le Pew(스컹크 만화 캐리터——편집자)〉의 사랑 고백에는 zee, zis, zat가 자주 등장한다. 프랑스어도 영어 사용자들에게 그와 비슷한 문제를 안겨준다. 귀에 거슬리는 후음 〈r〉이나, 짧고 날카로운 〈u〉(tube의 〈oo〉 발음이나 unique의 〈yoo〉 발음과는 완전히 틀리다)가 그 예이다. 그리고 〈eye〉에 해당하는 프랑스어인 œil의 모음도 영어에서는 비슷한 것조차 들어볼 수 없는 발음이다. 파리식 발음을 기준으로 검열을 한다면 소수의 영국계 외에는 통과할 사람이 없을 것이다.

이 같은 발달 과정(전체적인 뉴런 골격, 맹렬한 축소, 분화된 주형, 구성의 전개)은 변연계를 포함하여 대부분의 뉴런 시스템에서 펼쳐진다. 유아의 정서적 뉴런 골격은 기질을 공급하고 또 표정을 읽는 등의 선천적 능력을 제공한다. 부모와의 변연계 접촉은 여러 가지 잠재성을 가진 그 구조를 정서 활동의 주형으로, 즉 정서적 정체성의 뉴런 모형(母型)으로 만들어낸다. 일단 이 본체가 확고해지면, 우리는 한 개인이 존재한다고 말할 수 있고, 정서적 자아의 개별화된 특징들을 알아볼 수 있다. 지속적인 경험은 점차적으로 이 뉴런 구성을 변형시키고 그에 따라 그 개인의 시냅스는 한 번에 하나씩 과거의 존재에서 현재의 존재로 변화된다. 정서적 정체성은 일생에 걸쳐 표류한다. 만약 그것이 빠르게 진행되면 그 개인은 친구나 연인의 마음에 낯선 존재로 비쳐질 수 있다.

앨프레드 드 뮤셋Alfred de Musset이, 소설가인 조지 샌드George Sand(Amandine-Aurore-Lucile Dudevant의 필명)와의 사랑이 끝나고 오랜 후에 그녀를 다시 보았을 때 이렇게 이야기했다.

내 마음은 아직도 그리움으로 가득하여
그녀의 얼굴을 더듬어 보지만
그녀는 어느덧 내 마음속에서 사라졌지……
낯선 여자가 그녀의 목소리와
두 눈을 빌려 입은 것만 같구나
하여 그 차가운 여신상이 내 곁을 지나갈 때
나는 먼 하늘만 바라보았네

정서의 유전 형질

정서에 가해지는 최초의 영향은 생명 그 자체의 기원이다. 그것은 DNA를 구성하는 이중의 나선 구조와 관련이 있기 때문이다. 유의성 배열인 한쪽 가닥에는 단백질 구성을 명령하는 지시 사항들이 일렬로 담겨 있다. 그와 대칭을 이루는 무의성 배열에는 아무것도 부호화되어 있지 않다. 이 두 가닥을 분리시키면 상보적인 가닥이 새롭게 형성된다. 즉 유의성 배열 반대편에는 그와 대칭인 무의성 배열이 형성되고, 무의성 배열의 반대편에는 새로운 유의성 배열이 만들어진다. 이 미세한 생화학적 차원에서도 현실적 정보와 시적 정보의 이원성이 존재하는 것이다. DNA 이중 구조의 절반은 아무 의미도 표현하지 않지만, 그 생화학적 무용성 안에는 순수한 가능성이 담겨 있다. 무의성 가닥은 자신의 또다른 분신이 실용적인 단백질 형성 알고리듬을 새롭게 발생시킴으로써 세포 분열을 일으킨다. 이 마술과도 같은 성질 때문에 DNA는 수십억 년 동안 복제될 수 있었다. 그리고 가시두더쥐의 조상이 파충류의 계보에서 갈라져 나온 후로 수억 년 동안 포유동물들은 변연계를 형성하는 유전자를 우리 모두에게 성공적으로 물려주었다.

유전자가 생성하는 변연계의 뉴런 골격은 수줍은 성향으로 기울 수도 있고 급한 성질로 기울 수도 있다. 이것은 유전자에 의해 큰 키나 흰 피부가 결정되는 것과 같다. 애완견들은 품종에 따라 정서가 다르기 때문에, 사육자들은 유전적 기질에 따라서 온순한 품종으로는 스파니엘을, 용맹한 품종으로는 불독을 선택한다. 어떤 종류의 쥐들은 다른 쥐들에 비해 불안감이 30배나 높다. 이러한 차이는 인간 종족들에게도 적용된다. 어떤 뇌는 자신의 청사진의 명령에 따라 다른 뇌보다 더 많은 즐거움을 조장하지만, 또다른 뇌에서는 비관적 정서가 지배적일 수 있다. 한 개인이 행복을 누리는가 아닌가는 그에게 우연히 부여된 DNA에 의해 어느 정도 결정되는 것이다.

그렇다면 유전자 배열은 불가항력인가? 전혀 그렇지 않다. 개성에 대한 유전자의 영향은 여성 골반의 곡선에 의해 제한된다. 지난 수백만 년 동안 영장류의 뇌는 아기가 숨쉬는 세상으로 나오는 입구인 골반 구조보다 더 빨리 발달했다. 유아의 머리가 골반을 빠져 나올 수 있을 때 세상에 나와야 한다면, 출산시 아기의 뇌는 최종 크기의 극히 일부에 불과할 것이다. 따라서 유아는 자궁을 떠날 때까지 신경계의 성장을 대부분 연기해야 한다. 그의 생리 작용은 아직 단독 비행을 하지 못하고 변연계 결속을 통해 부모의 생리 작용과 연계를 맺어야 한다. 따라서 그의 신경유전적 형질은 부모의 사랑에 의해 지배될 수밖에 없다.

정서의 형성

유전자가 정서적 측면들을 형성하는 주축이라면, 경험은 유전자를 켜고 끄는 데 중심적 역할을 한다. DNA는 마음의 운명이 아니다. 테이블 위의 카드를 결정하는 것은 유전적 운이지만 패를 관리하는 것은 경험이다. 예를 들어, 과학자들은 불리한 기질이 훌륭한 양육으로 극복될 수 있음을 입증해 왔다. 그들은 정이 많은 어미 원숭이에게 유전적으로 불안한 새끼 원숭이를 키우게 했다. 불안한 새끼 원숭이들은 대개 소극적이고 집단 내에서 지위가 낮은 어른으로 성장한다. 그러나 따뜻하고 주의 깊은 어미로 교체하자, 평생 동안 소극적인 원숭이로 살아야 하는 그들의 유전적 운명은 보란 듯이 역전되었다. 충분히 사랑 받은 원숭이들은 집단 내에서 지배적인 위치를 차지하는 어른 원숭이가 되었다. 이와 반대의 경우도 발생한다. 부적절한 양육은 건강한 변연계 유전 형질을 붕괴시켜서 행복한 삶의 유전적 성질을 가진 사람에게 불안과 우울증을 안겨 준다.

아이들은 그들이 가지고 노는 대부분의 장난감처럼 여기저기 조립을 해야 완전해진다. 아이의 뇌는 변연계의 소통으로 조율되고 조정되지 않으면 정상적으로 발달하지 못한다. 유아와 부모가 교환하는 정다운 소리들, 껴안기나 흔들기, 서로의 얼굴을 즐겁게 응시하기 등은 해롭지는 않아도 특별한 의미가 있는 것처럼 보이지는 않는다. 앞으로도 당분간은 삶을 결정하는 과정들이 상세히 밝혀지지는 못할 것이다. 그러나 첫 만남의 순간부터 부모는 두 팔에 안긴 아기의 신경 발달을 지배한다. 아기가 태어난 순간부터 그들은 아기의 선천적인 정서 구조를 한 자아의 신경 핵심으로 주조하는 것이다.

시각의 학습

맹세코 나는 두 눈으로 그대를 사랑하지 않노라.

그대를 보는 두 눈에는 수천 가지 오류가 비쳐질 뿐,
보이지 않는 것을 사랑하는 것은
그저 사랑하는 것만으로 행복한 나의 마음.
또한 그대의 달콤한 노래 앞에서도 내 귀는 즐겁지 않으며,
속된 감촉의 부드러운 느낌도, 맛도, 냄새도,
그대를 향한 감각의 유혹을 갈망하지 않노라.
나의 다섯 가지 지혜도, 다섯 가지 감각도
한 어리석은 마음이 그대를 섬기는 것을 막지 못하네.
어리석은 마음이 한 남자의 모습으로 가장하여
그대의 자랑스러운 마음의 노예가 되는 것은
단지 나의 운명일 뿐,
나를 바보로 만든 그대가 나에게 하사한 것이
오직 고통뿐일지라도.

이 시에 인용된 다섯 가지 감각은 이미 진부한 표현이 되었다. 신경학자들은 말초 신경에 대한 분석에 기초하여 그보다 더 많은 개별 감각들의 목록을 작성하고 있다. 냄새, 시각, 소리, 맛, 가벼운 촉감, 강한 촉감, 진동과 고통과 관절의 위치를 감지하는 능력 등. 이 시인은 그 이후에 발견된 사실들을 모른 채 시를 썼으나, 더욱 중요한 것 즉, 감정은 또다른 종류의 보충적이고 통합적인 감각 능력이라는 사실을 알고 있었다. 변연계는 지각에 의해 공급되는 정보에 의존하지만, 이 정보를 변환시켜서 시각, 청각, 촉각의 성질보다 차원이 높은 경험을 창출한다. 따라서 사랑의 핵심이라 할 수 있는 정서적 통합체는 감각

적 부분의 종합 이상의 것이다.

다음은 유명한 네커 정육면체이다.

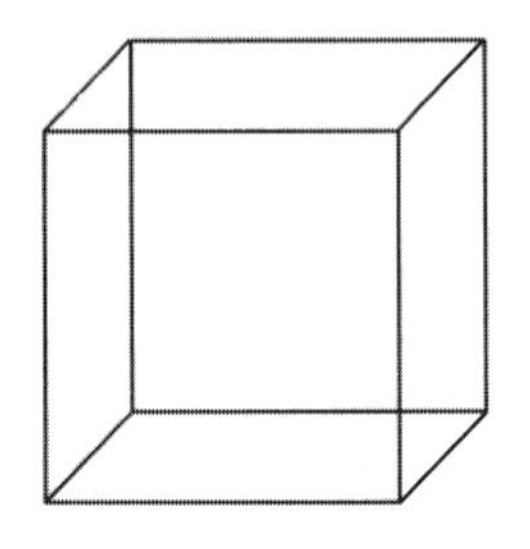

벌레 한 마리가 (산수를 할 줄 안다면) 이차원의 도면을 기어다니면서 이 그림의 필수 요소들을 셀 수도 있을 것이다. 외형상 그것은 12개의 직선이 직각과 둔각과 예각으로 만나는 도형이다. 그것이 전부이다. 그러나 평지밖에 모르는 벌레는 도형의 부분적 요소들을 종합하여 그것을 지면으로부터 3차원 공간으로 일으켜 세우지 못한다. 우리의 뇌는 3차원적으로 배선되어 있기 때문에 우리에게 보이는 것은 12개의 선 이상으로 확장된다. 오히려 우리는 이 도형을 바닥에 누워 있는 12개의 막대기로 보는 것이 불가능할 정도이다. 이제 그 2차원의 벌레가 파충류이고, 그 선들이 다른 생물의 내적 상태를 표현한다고 가정해 보자. 파충류는 변연계 차원에 대해서는 목석 같아서 아무런 반응을 보이지 않을 것이다. 감정은 인간적인 삶의 경험을 파충류의 평지로부터 높은 곳으로 끌어 올린다. 감정은 다른 생명체의 내적 상태를 중요한 것으로 만든다.

아이는 변연계 감각을 위한 하드웨어를 가지고 태어나지

만, 그것을 기술적으로 이용하기 위해서는 안내자가 필요하다. 누군가가 아이의 음파 탐지기를 조정하고 정비해 주어야 한다. 그리고 누군가가 아이에게 정서적 세계를 올바로 감지하는 법을 가르쳐 주어야 한다. 정상적인 감각적 신경 발달을 위해서는 경험이 필수 요소라는 사실은 놀라운 일이 아니다. 두 눈으로부터 입력되는 정보가 없으면 아이의 뇌는 깊이 지각에 필요한 뉴런 지각을 발육시키지 못한다. 또한 변연계가 잠재력을 충분히 실현하기 위해서는 올바른 경험을 통한 훈련이 필요하다. 그러한 교육적 경험은 조화로운 성인으로부터 시작된다. 부모가 아이의 상태를 잘 감지한다면, 즉 어머니가 아이의 내적 상태를 조율할 줄 알고 아이의 느낌을 잘 안다면, 그 아이 역시 정서적 세계를 읽는 데 뛰어난 기술을 갖게 된다.

아이는 주변으로부터 받는 영향에 순응하기 위해 자신의 변연계 접합부를 지속적으로 이용한다. 여름날 저녁의 공원에서는 이 드라마가 수십 번 되풀이된다. 걸음마 하는 아이는 돈키호테처럼 용감하게 보이려고 작정이나 한 듯 위태롭게 비틀거리면서 잔디밭을 걸어간다. 아이의 무경험보다 중력의 힘이 우세한 것은 어쩔 수 없는 일이므로, 아이는 기우뚱거리다가 넘어진다. 그 즉시 아이는 부모의 얼굴을 점검한다. 만약 어머니가 경계심이나 근심을 보이면 아이는 운다. 어머니가 기뻐하면 아이는 어머니를 보고 미소를 짓거나 웃는다. 아이는 불완전한 걸음에 대해 그 자신의 평가보다는 어머니의 평가를 더욱 신뢰한다. 여기에는 충분한 이유가 있다. 아이는 고통과 놀라움과 실망을 느낄 줄 알지만, 그 감정들을 평가하지는 못한다. 만약 아이가 무서울 정도로 크게 기우뚱거리거나 무시해도 될 정도로 조금 비틀거린다면, 아이 자신이 그것을 인식한다. 그러나 그 중간의 모든 경우에 대해 아이는 자신의 감정을 전문가의 해석에 맡긴다. 변연계 조율이 완성된 어머니는 위험하게 넘어지는 경우와 해롭지 않은 경우를 구별할 줄 안다. 어머니의 두려움을 감지할 때 아이의 불안은 어머니의 불안과 비례하여 증가하거나 감소한다. 완전한 도를 찾는 피아노 조율사처럼 아이는 어머니를 주목한다. 자신의 느낌과 어머니의 표현을 비교하는 과정을 거치면서 이 세계에 대한 아이의 정서적 해독 능력은 어머니의 능력과 근접해 간다.

정서적 경험은 파생물로서 시작된다. 아이는 최초의 느낌들을 2차적으로 맛본다. 단지 다른 존재와의 변연계 공명을 통해서 아이는 자신의 내적 세계를 이해하기 시작한다. 처음 몇 년 동안의 공명을 통해, 이 도구는 평생 사용될 준비를 갖춘다. 부모의 가장 중요한 의무 가운데 하나는 자녀와의 조율 상태를 유지하는 것이다. 이것은 아이가 내적 세계와 외적 세계를 향해 눈을 돌릴 때마다 그 눈의 초점을 맞추어 주어야 한다는 것을 의미한다. 아이는 부족한 모든 것을 어머니의 시각으로부터 충실히 받아들인다. 공명에 서툰 어머니는 명쾌함을 전해 주지 못한다. 그런 어머니의 부정확함은 정서적 세계를 정확히 해독하는 아이의 능력을 저하시킨다. 만약 어머니가 아이를 가르치지 않거나 가르칠 능력이 없다면, 아이는 다른 사람들과 자기 자신의 내적 상태를 제대로 감지하지 못하는 성인으로 성장한다. 그에게는 한 개인을 자신의 내적 풍경으로 인도하는 변연계 나침반이 없기 때문에, 그는 일생 동안 그것을 이해하지 못하고 실수를 거듭한다.

우디 앨런의 영화 「해리 파괴하기 Deconstructing Harry」에서 한 배우가 갑자기 희미해지는 병에 걸린다. 처음에 영화 기사들은 카메라 렌즈가 더러워서라고 생각하고 렌즈를 닦지만, 배우 자신의 윤곽이 흐려졌다는 사실을 곧 알게 된다. 한 기사는 이렇게 말한다. 〈자네에게 어떻게 설명해야 할지 나도 모르겠네. 하지만 자네는…… 초점을 잃었어.〉 감독은 이렇게 충고한다. 〈이보게 멜, 집으로 가서 잠시 쉬는 게 좋겠어. 자네가 다시 분명해질 수 있는지 지켜보자구.〉 집에서도 문제는 나아지지 않는다. 그의 아이는 놀라서 이렇게 말한다. 〈아빠, 온통 희미해졌잖아!〉

인간 조건의 추상적 본질을 구체적으로 드러내는 앨런의 능력은 놀랍다. 그것을 급박한 동시에 익살맞게 표현하는 것이 그가 가진 희극적 재능의 핵심이다. 이 영화에서 그는, 육체가 아니라 자아가 불확실해짐으로써 고통받는 사람들이 존재한다고 말한다. 그런 사람은 정신과 치료를 받는다. 자신이 누구인지 모르기 때문이다. 그것을 아는 사람들에게 그들의 곤경은 비현실적으로 들린다. 그러나 개인이 자기 자신을 아는 것은 다른 개인이 그를 안 후이다. 유년기에 변연계 공명의 기술을 습득하지 못한 사람은 영화 주인공의 희미한 체질처럼 불분명한 영혼을 갖게 된다. 어머니가 아이를 적극적으로 미워하거나, 화를 내고 분명한 태도로 벌을 줄 때에도 아이의 감정을 적극적으로 확인한다면, 그것은 아이를 정서적으로 무시하면서 소극적으로 대하는 어머니의 태도보다 아이에게 더 낫다.

존재의 학습

아이는 하나의 열린 고리로서 삶을 시작한다. 아이는 어머니의 젖으로부터 영양분을 공급받고, 아이의 민감한 신경 리듬은 어머니와의 변연계 소통으로부터 안정된 동조 상태를 제공받는다. 성장하는 과정에서 아이의 신경 생리 작용은 몇 가지 조절 기능을 습득한다. 외부와 내면이 균형을 이룰 때 아이의 뇌는 안정을 배운다.

부모와 장기간 격리되면 아이는 변연계 조절 능력을 잃는다. 아주 어린 시기에 부모를 잃으면 아이의 생리 기능은 충격을 받는다. 장기간 격리는 미성숙한 신경계에 치명적일 수도 있다. 심장 박동과 호흡 등의 생명 리듬이 혼란에 빠질 수 있기 때문이다. 유아의 돌연사는 우울한 어머니 밑에서 4배까지 증가한다. 아이가 죽는 것은 정서적 피난처가 없기 때문이다. 안정적인 애착을 형성한 아기의 심장 리듬은 불안정한 관계에 있는 아기들보다 더 고르다. 숨쉬는 곰 인형이 조산아의 호흡을 규칙적으로 만드는 것도 같은 맥락에서이다. 부모와의 동조는 (혹은 위급한 경우 다른 안정적인 리듬원과의 동조는) 아기에게 생리적 발달의 힘으로 작용한다.

안정적인 혈연성은 사람들이 사랑, 종교, 제식 등에서 끊임없이 찾는 깊은 만족의 상태이다. 뿐만 아니라 우리는 소속감에 대한 갈망에 이끌려 남편과 아내, 애완동물, 야구팀, 볼링 동호회 등 수천 가지 삶의 양상 속에서 그것을 찾는다. 어린 시절에 변연계 조절은 단지 즐거움이 아니다. 그것은 중대한 훈련이기도 하다. 아기의 불확실한 신경 생리 작용은 어머니의 안정된 보호를 받는다. 이때 아기는 우선 어머니의 평형 상태를 차용하고, 그런 다음 그것을 자신의 것으로 만든다. 아기는 걸음마를 배우는 것과 똑같은 방법으로 균형 있는 생리 작용을 획득한다. 좋은 부모는 아기가 수직 자세를 잃으면 즉시 바로잡아 준다. 반복을 통해 아기는 곧은 자세를 유지할 수 있게 된다. 말, 개념, 생각, 이해 등이 없어도 아기는 뇌의 전정 기관과 운동 신경 기관을 이용하여, 곁에 서 있는 부모가 어렸을 때 배웠던 바로 그 행동을 그대로 배운다.

아이는 〈자전거〉를 (타는 것은 물론이고) 말하기 이전에, 외부적 원천을 통해 자신의 감정을 조절한다. 정서적 혼란에 빠진 아기는 어머니에게 손을 뻗는다. 아기는 그 자신을 달랠 능력이 없고, 잘 조율된 어머니가 그를 달래줄 수 있기 때문이다. 이러한 상호 작용이 수천 번 반복된 결과 아이는 스스로 진정하는 법을 배운다. 이 지식은 자전거 타는 법과 똑같이 내재적이어서, 보이지 않고, 말로 표현할 수 없고, 부정할 수도 없다.

정서적으로 조화로운 부모의 아이는 생활의 작은 충격을 이겨내는 탄력성이 있어서 충격을 겪은 후에도 곧 기운을 회복한다. 그러한 경험을 연습하지 못한 아이들은 성인이 되면, 험한 바다에 떠 있는 배의 갑판처럼 거칠게 흔들리는 정서적 발판을 갖게 된다. 애착의 대상을 잃으면 그들은 대단히 큰 반응을 보인다. 의지할 사람이 없어지면 망망대해에 혼자 내던져진 것처럼 느낀다. 한 번의 사랑이 끝나면 그들은 상처를 받는 정도가 아니라 삶의 능력을 온통 빼앗긴다.

그러한 사람들의 민감성은 장거리 여행과 같은 흔한 일상사 속에서 쉽게 드러난다. 여행은 대개 책 한 권 읽는 정도의 시간이 소요되지만, 평범한 사람들은 그 시간 동안 사랑하는 사람과 좋아하는 것들로부터 수천 킬로미터를 떨어져도 크게 문제되지 않는다. 변연계는 애착의 대상을 잃어버린 혼란스러운 마음을 향수병이라는 증상으로 표현한다. 편지와 전화는 그 상처에 바르는 연고지만, 사랑하는 사람들 곁에서 얻는 전방위의 감각적 경험을 대신하기에는 역부족이다. 활발한 관계를 유지하기 위해서는 풍부하고 생생하고 빈번한 감각 정보가 변연계 조절에 필요하다.

정신과 의사들은 대개 적어도 한 명 이상의 불행한 환자를 진료해 본 경험이 있다. 처음으로 집을 떠난 대학생이나 먼 곳으로 승진 또는 발령을 받은 사람은 변화된 지리적 환경 속에서 생리 작용이 와해되는 일을 종종 겪는다. 그런 일에 누구보다 놀라는 사람은 환자 자신이다. 이제껏 그는 자신의 감정이 얼마나 허약한지, 고향 사람들의 화목한 네트워크가 그에게 얼마나 큰 힘이었는지를 전혀 모르고 지냈기 때문이다.

우리 사회는 애착의 단절 때문에 정서적 균형이 붕괴되는 일을 소홀히 여긴다. 인류가 발생한 이래 지금으로부터 수백 년 전까지 대부분의 인간들은 하나의 공동체 속에서 일생을 보냈다. 20세기의 특징적인 교훈은, 기술적 진보의 과정에는 보이지 않는 복잡한 문제들이 예외 없이 따라다닌다는 것이었다. 장거리 이동을 가능하게 하는 편리한 발명품들도 마찬가지인 이유는, 먼 곳에서는 인간의 변연계 조절이 약하게 작용하기 때문이다. 인간의 손에는 마음껏 돌아다니며 살 수 있는 수단이 있지만, 그의 머리에는 그럴 만한 뇌가 없다.

사랑의 학습

잠시 당신이 친구와 함께 뉴욕의 모던 아트 박물관에 있다고 가정해 보자. 친구의 말로는 어느 대저택 지하실에서 내부 공사를 하던 중에 명화 한 점이 먼지를 뒤집어 쓴 채 발견되었는데, 그것이 바로 이 박물관에 전시되고 있다는 것이다. 화가는 마네 아니면 모네, 혹은 마티스이다. 친구는 정확히 기억하지 못한다. 그의 기억은 프랑스 화가에 M으로 시작하는 이름이라는 데에서 맴돌고 있다. 전시된 그림에는 화가의 이름표가 없다. 만약 세 화가의 작품을 접해 본 사람이라면 자신 있게 그들을 구별할 수도 있을 것이다.

어떻게? 어렴풋한 내재적 기억에 비추어서이다. 만약 마티스의 작품을 본 적이 있는 사람이라면, 그의 그림에 표현된 일반적 특징들이 종합된 원형을 기억할 것이다. 비평가나 감정가들은 그러한 특징들을 조리 있게 설명할 수 있을 것이다. 그들은 구성, 빛의 배치, 색채의 배합, 질감, 원근법, 주제, 색조 등을 논한다. 이 자리에서 교과서 교육은 무용지물이다. 관찰, 동화, 숙고의 과정에서 침전된 결과가 뉴런에 정착되어 있을 때, 마티스의 작품처럼 보이고 느껴지는 그림과 그렇지 않은 그림을 구별할 수 있다. 그럴 때에는 예술사 학위가 없어도 마티스의 그림을 알아 볼 수 있다. 경험이 쌓일수록 직관은 날카로워진다.

정서적 지식도 그러하다. 아기의 뇌가 전반적인 뉴런 골격을 통과하여 정밀한 주형으로 바뀌는 처음 몇 년 동안, 아기는 관계를 맺은 사람들로부터 감정의 패턴들을 추출한다. 사건 기억의 반짝임들이 출현하기 이전에 아기는 사랑처럼 느껴지는 감정의 인상을 저장한다. 뉴런 기억은 이 성질들을 압축시켜 몇 개의 강력한 유인자로 만든다. 각각의 사례는 깃털만큼 가볍지만 그 경험이 축적되면 밀도 있는 각인이 남는다. 그렇게 응축된 지식은 의식의 베일 밑에서 아기에게 관계가 무엇인지, 그것이 어떤 작용을 하는지, 무엇을 예상해야 하는지, 그것을 어떻게 관리해야 하는지를 속삭여 준다. 어머니가 건강한 방식으로 아기를 사랑한다면, 즉 아기의 욕구가 우선적으로 배려되고, 실수가 용납되고, 인내가 인색하지 않고, 상처가 효과적으로 치유된다면, 아기는 자기 자신과 타인들에 대해 그와 똑같은 방식으로 관계를 형성한다. 변태적인 사랑(아기에게 필요한 것이 중요하지 않은 사랑, 사랑이 지나쳐서 숨이 막히거나 견딜 수 없을 만큼 무거운 자율성을 주는 사랑)은 변연계에 지울 수 없는 자국을 남긴다. 그 아기에게는 건강한 사랑법이 평생 불가사의로 남는다.

아기가 어떻게 사랑하는가에 초점을 맞추는 과정은 누구를 사랑하는가와 병행한다. 아기는 부모에게 동조하려고 노력하지만, 그것은 그들의 도덕성이 훌륭하다고 판단해서가 아니다. 아기는 곁에서 돌봐 주는 사람에게 무조건적인 애착을 느끼는

데, 이 무조건적 사랑은 성년기에 형성될 애착에도 필요하다. 결혼식에서 우리는 좋을 때든 나쁠 때든, 부유할 때든 가난할 때든, 아플 때든 건강할 때든 배우자를 사랑할 것이라고 맹세한다. 애착은 비판이 아니다. 아이는 어머니의 얼굴을 숭배하므로 어머니가 아름답건 추하건 무조건 그녀에게 달려간다. 그리고 아기는 자신이 아는 가족의 정서적 패턴을 선호하는데, 여기에는 객관적 기준이 적용되지 않는다. 성년기에 그의 마음은 어린 시절의 윤곽을 지향한다. 잠재적인 배우자가 원형에 근접할수록 그는 더욱 강하게 이끌리고, 결국 나는 바로 이 사람에게 속해 있다고 느낀다.

친밀함을 최고의 가치로 만드는 것이 바로 애착이다. 골든 리트리버는 자기 주인을 볼 때에만 전율을 느낀다. 그는 주인보다 더 친절하고 산책을 더 좋아하고 더 맛있는 것을 주는 행인을 만나더라도 그저 무관심하다. 그러한 것들을 중요하게 생각하지도 않고 그럴 능력도 없다. 변연계라는 한 배를 탄 사람도 이 맹목적인 애완견과 같다.

뉴런의 기적은 정상 시력이나 절대 음감과 같이 정확하고 엄밀한 현상이지만 대부분의 사람들은 큰 어려움 없이 이를 수용한다. 그러나 어떤 사람들은 한 개인이 붐비는 사람들을 둘러보다가 낯선 사람의 마음속에서 친밀한 요소들을 발견할 수 있다는 사실을 쉽게 믿지 못한다. 누구의 성질이 고약한지, 누구의 어머니가 알코올 중독자인지, 누가 밤마다 가족을 버리고 떠난 아버지에게 복수하는 꿈을 꾸는지, 한 집단을 조사해서 그런 것들을 직관적으로 알아낼 수 있는 사람이 어디 있겠는가? 우리

주변의 사람들을 둘러보고 스스로 판단해 보자. 사람들은 마음에 드는 상대를 고를 때, 최첨단의 고성능 폭탄도 부러워할 정도로 빠르고 정확하게 시위를 당긴다.

변연계의 관점에서 볼 때, 자신의 원형과 거리가 먼 관계는 고립에 해당된다. 그런데 고독은 어떤 고통보다도 견디기 힘들다. 이 두 가지 사실이 결합하면, 이상해 보이지만 의외로 흔한 사랑의 변덕이 발생한다. 그것은 대부분의 사람들이 〈좋은〉 관계로부터 얻을 수 있는 즐거움을 마다하고 자신의 변연계에 반응이 오는 짝을 선택하여 불행을 자초하는 경우이다. 아무리 〈좋은〉 사람이라도 자신의 애착 메커니즘에 탐지되지 않으면 소용이 없다. 6장에서 성미가 불 같고 잔소리가 심한 어머니와의 오래전 사랑을 재현하기 위해 씨름하는 젊은이가 소개되었다. 성인이 된 그는 모순적인 세계에 직면한다. 그가 사랑하는 여자는 예외 없이 젊은 시절의 어머니와 똑같다. 그러나 따뜻한 여자를 만나면 공허한 느낌뿐이다. 사랑의 불꽃도, 화학 반응도, 감정의 흥분도 없다.

많은 사람들이 자신의 마음속에 사랑에 관한 이야기를 간직하고 있다고 생각한다. (형식이야 다양하겠지만) 남자와 여자가 만나서 사랑에 빠지고 오랫동안 행복하게 산다. 그러나 이 이야기가 기록되어 있는 곳은 대뇌 피질이라는 점잖은 부위이다. 그것은 상상과 논리와 의지의 힘으로 작성된 이야기이다. 그보다 더 깊고 오래된 그리고 때로는 더 어두운 공간인 변연계에서는 전혀 다른 3중주가 연주된다. 연주자는 애착, 내재적 기억, 우세한 유인자이다. 그 곳에서는 다음과 같은 사랑 이야기를 읽을 수 있다. 남자가 여자를 만나는데, (어머니를 연상시키는) 그녀는 요구가 많고 시시때때로 그의 자유를 억압한다. 그들은 여러 해 동안 심하게 싸우고, 하루에도 여러 번 서로를 원망한다. 어떤 사람들은 이 이야기를 가슴에 지니고 다닌다. 그리고 그들이 상대방 역할을 발견하든 못하든, 그 각본은 단지 불행의 씨앗일 뿐이다.

유년기에 형성되는 변연계 유인자들은 복합적일 수 있다. 하나의 관계 혹은 가족에서도 예측 가능한 모든 유인자들이 생성될 수 있다. 한 아이의 우세한 유인자들은, 부모와의 관계에서만 형성되는 것이 아니라 형제 자매, 유모, 심지어는 가족 전체와의 관계에서도 형성된다. 가령 자녀가 10명인 가정에서는 각각의 아이들이 그 환경으로부터 이 세상에는 사랑이 부족하며, 사랑을 얻기 위해서는 쉬지 않고 맹렬하게 싸워야 하지만 그래도 마음은 굶주림을 면할 수 없다는 나름대로의 진리를 추출할 것이다. 자녀 교육에 대한 충고를 연재하는 한 신문 칼럼에서는 최근 부모들에게, 아이들이 싸움을 해결할 때까지 간섭하지 말라고 주장했다. 그런 과정을 통해 아이들은 실제 세계에서 사람들이 어떻게 살아가는지를 배운다는 것이었다. 부모가 이 원칙을 적용하는 불행한 가정의 아이들은 그러한 경험으로부터 관리되지 않는 기숙 학교나 운동장에서 횡행하는 교훈, 즉 힘과 협박이 승리한다는 원칙을 추출할 것이다.

이른 시기에 변연계가 정서적 행동 양식들을 학습하면 그 필연적 결과는 일종의 복잡계로 나타난다. 즉 정서적 실재(혹은 환상)는 협력적인 성격을 띤다. 박물관으로 다시 돌아가 보자.

당신은 마티스의 그림처럼 보이는 작품을 면밀하게 살펴보고 있다. 이때 기억력이 좋지 않은 그 친구가 무릎을 탁 치면서, 누군가 그것이 마네의 작품이라고 이야기했으며 이제야 그 말이 기억났다고 말한다. 그가 당신 곁에서 확신의 기쁨을 발산하는 동안 당신의 눈앞에서는 그 그림 자체가 조금씩 변하기 시작한다. 안료가 슬며시 퇴색되고, 선들이 희미해지고 변형된다. 어느덧 그 그림은 전형적인 마네의 작품은 아니더라도 이전보다는 틀림없이 마네에 더 가까워진다.

시각적 가상 현실은 다른 사람의 간접을 어느 정도 허용하는데, 변연계의 가상 현실은 그 정도가 더욱 심하다. 아이들이 흔히 하는 실험에서, 자석을 모래 위로 통과시키면 자성에 민감한 수천 개의 철가루 입자들이 튀어 올라 자석 표면에 달라붙고, 규소 성분의 돌가루 결정체들은 그 자리에서 움직이지 않는다. 유인자들도 다른 사람의 마음속에서 호환 가능한 혈연성과 감정의 측면들을 활성화시키고, 성질이 다른 자갈들은 그대로 내버려둔다. 우리는 모두 사랑하는 사람들에게 정서적 힘을 가하는 자기장으로서, 우리에게 가장 친숙한 관계 속성들을 일깨운다. 마찬가지로 우리의 마음도 주변 사람들의 정서적 자기장에 이끌린다. 그 과정에서 우리가 주시하고 있던 그림은 그들이 보는 구성과 색채와 질감으로 변형되고 덧칠된다.

잔소리가 심한 애인을 선호하는 그 젊은 남자는, 자신이 생각하는 것보다 심각한 문제에 빠져 있다. 첫째, 그는 언제 어디서나 자신을 비판적인 여성에게만 이끌리게 만드는 심리적 기제와 싸워야 한다. 둘째, 그의 존재는 현재의 애인에게 있을 수 있는 위협적인 경향들을 확대시키기 쉽다. 이것은 그녀에게도 마찬가지이다. 그녀가 이 남자를 선택한 것은 그녀의 유인자들과 일치하기 때문이었다. 이제 그녀는 자신의 유인자에 따라 남자의 장점과 단점을 강화시킬 것이다.

죽음이 두 사람을 갈라놓을 때까지……

주형과 유인자가 형성되는 시기가 지나도 정서적 학습은 계속되지만 그 속도는 떨어진다. 정서적 행동 양식들은 유년기 동안 유연한 신경 네트워크로 조각되지만, 이후의 경험이 개성의 발달에 미치는 영향은 미약하다. 그 이유는 무엇인가? 이론상으로 보면, 자아의 정서적 핵심을 주조하는 데 영향력을 미치는 정서적 학습은 유년기 후에도 발생할 수 있다. 그러나 유년기 이후에 발생하는 정서적 학습은 대개 기존의 틀을 강화시키는 데 그친다.

불행하게도 뇌의 생물학적 · 수학적 성질은 성인기의 정서적 학습과 모순된다. 뇌의 가소성, 즉 새로운 접합부를 싹틔우고 새로운 정보를 부호화하는 뉴런의 준비성은 사춘기 이후에 감소한다. 그리고 늦은 시기의 학습은 신경 네트워크 내에서 대단히 불리하다. 새로운 가르침들은 이미 각인된 행동 양식들을 진압하기 위해 언덕을 오르면서 싸워야 한다. 고지를 점령한 기존의 유인자들은 어설프게 진입한 배열들을 쉽게 압도하여 흡수해 버린다. 신경의 가상 세계에서는 양의적인 것들이 현실로부터 제거되고, 이전에 보았던 것들이 우선시된다. 따라서 유년기의 장치에 어떤 변화도 가하지 않았을 때, 기만적이고 이기적인 부모 혹은 질투가 많은 부모를 사랑하면서 성장한 아이는 20세, 40세, 혹은 60세가 되어도 다르게 사랑하는 법을 배우지 못한다.

모든 아이들은 유년기에 자신의 유인자들을 저장한 다음, 뉴런이 만들어 낸 방음 스튜디오 안에서 성년기를 보낸다. 만약 유인자가 그를 잘못 인도한다면 빠져 나올 길이 있는가? 그는 항상 보았던 것만을 보고 항상 했던 것만을 행하는 함정에서 탈출할 수 있는가? 정서적 학습이 뒤틀려졌다면 그것을 바로 잡을 방법이 있는가?

유인자의 영향력이 오랫동안 지속된다는 사실과 뉴런의 유연성이 갈수록 약해진다는 사실에도 불구하고, 정서는 성년기에도 변화될 수 있다. 쉬운 일은 아니지만, 과거의 행동 양식은 교정을 겪는다. 때늦은 정서적 학습을 위해서는 잠시 짬을 내어 고해를 해야 하지만, 그 주제는 매우 심각하므로 다음의 한 장을 할애할 가치가 있을 것이다.

8

진정한 심리 치료에 이르는 길

진정한 발견은 새로운 대륙을 찾는 것이 아니라 새로운 눈을 갖는 것이다.

――마르셀 프루스트

로마의 중심부에는 세계에서 가장 멋진 분수대가 자리잡고 있다. 트레비 분수가 그것인데, 트레비는 세 개의 길이 만나는 장소라는 뜻이다. 이 분수대는 마차 위에 포세이돈이 당당하게 서 있고, 질주하는 말들이 성난 바다 위로 그의 마차를 끌고 있는 현상이다. 시원한 물줄기들이 사방으로 퍼지면서 계단을 따라 내려오다가 분수대의 바닥에 떨어진다. 전설에 따르면, 여행객이 분수대의 웅덩이에 동전을 던지면 영원의 도시인 로마로 돌아오는 길이 무사하다고 한다.

잠시 숨을 멈추는 사이에 시간이 정지했다고 상상해 보자. 트레비를 비추는 햇살도 멈춘다. 하늘을 향해 솟구치던 물방울은 허공에 매달려, 맑고 푸른 이탈리아 하늘에 보석처럼 박힌다.

우리는 그 물방울 보석의 역사를 알아보기 위해, 물과 바람의 우연한 작용이 어떻게 그 둥그런 분자 집단을 만들어냈는지를 추적해 볼 수도 있다. 물리적 세계의 어떤 성질을 파악하려면, 그와 관련된 힘들에 대한 지식에 근거하여 시간의 통로를 따라 놓인 일련의 과정을 추측함으로써 우리 눈앞의 최종 결과물에 이를 수 있다. 발달심리학자는 그 대상이 물방울이든 내면의 정서든 간에 다음과 같은 질문의 해답을 찾으려 한다. 그것은 어떤 과정을 거쳐 현재의 상태로 발전했는가? 그리고 똑같은 구조에 대해 이번에는 시간의 축을 미래로 돌려 다른 수수께끼에 도전한다. 이 체계의 운명은 무엇인가? 일 분 후, 한 시간 후, 일 년 후에 그것은 어떤 형태로 존재할까?

수학의 응용 분야인 카오스 이론에서는 그러한 추적이 불가능하다고 단언한다. 시간을 정지시키면 그 물방울 분자들의 위치를 알 수 있다. 그러나 시간의 흐름을 허락하면 그것은 순식간에 흩어져 없어진다. 물방울을 구성하는 분자들이 몇 초 후에 어떻게 될지 아무도 예측할 수 없다. 물론 로마의 트레비 분수대 안에 있을 것이다. 그러나 정확히 어디에 있는가? 신 외의 어떤 존재도 구체적인 대답을 얻지 못할 것이다. 거센 물살 속에 내재되어 있는 수많은 가능성을 일일이 점검할 수 있는 인간은 없다.

내면의 정서도 사정은 같다. 분수의 물이 조각상의 바위처럼 단단하게 언다면 우리는 다음 몇 분 동안의 물 분자의 배좌

(配座)를 확실히 예측할 수 있을 것이다. 물 분자들의 모든 가능한 배열이 똑같은 확률을 가지고 있다면, 우리는 겸손한 마음으로 무한성 앞에 두 손을 들고 패배를 인정할 수 있을 것이다. 우리를 당황스럽게 만드는 것은 물과 마음의 유동성 liquidity, 즉 엄청나게 다양한 형태를 연속적으로 띨 수 있는 능력이다. 그러나 그 다양성은 무제한적이지 않다. 물방울의 미래처럼 정서의 미래도, 돌과 같은 부동성과 여름 하늘의 자유로움 사이에 놓여 있다. 정체성은 변할 수 있지만, 그 구조가 지배하는 윤곽을 벗어나지는 않는다.

성인의 신경 생리 작용은 정서적 학습에 크게 의존한다. 방치된 아이나 학대받은 아동에게 건강한 삶을 기대할 수 있겠는가? 그렇다면 그런 아동의 성년기는 과거를 그대로 답습하여 그에게 익숙한 원리들만을 고스란히 되풀이할까? 유인자들이 현실을 주조하여 친숙한 주형에 끼워 맞춘다면 인간의 정서적 마음은 어떻게 자유를 얻을 수 있을까?

심리 요법에서는 매일 이러한 문제들과 씨름한다. 심리 요법 의사들은 감정의 궤적을 식별하는 데 만족하지 않고 그것을 정확히 측정하기를 원한다. 누군가를 도와 가상 세계의 구속으로부터 탈출시킨다는 것은 그를 가두고 있는 감옥의 창살과 벽을 뜯어고쳐서 사랑과 인생이 꽃피는 가정으로 만든다는 것을 의미한다. 이 목표를 위해서는 두 사람이 힘을 합쳐서 한쪽 사람을 다른 인간으로 변화시켜야 한다.

그러한 변화가 어떻게 발생하는가와 같은 문제에 비슷한 견해를 가진 사람은 매우 드물다. 심리 요법의 치료 장치들이 보여주는 신비로운 성격은 조급한 논쟁과 분파적인 반목으로 역사의 지면을 장식해 왔다. 그것은 아주 당연하다. 심리 요법의 핵심은 바로 인간의 마음에 초점을 맞추고 있기 때문이다.

정신과 육체의 충돌을 넘어

20세기가 흐르는 동안 두 개의 분파가 끊임없이 마음에 관한 전쟁을 벌여 왔다. 그 전투로 인한 연기와 포성에 가려 심리 요법의 핵심 사항들은 아직도 불투명한 채로 남아 있다. 한편에서 〈생물학적〉 그룹은 정신적 사건들이 뇌라는 물질적 세계로부터 발생하는 것이라고 주장한다. 따라서 정신병리학은 그 물질성의 기형이나 불구, 즉 일그러진 수용체, 잘못된 유전자, 뇌 손상 등에서 출발한다. 이것은 전적으로 옳다. 이 학파는 약물 치료, 전기 충격 요법, 자기장 요법 등을 선호한다. 이것들은 때때로 효과가 있다.

다른 한편 전통적인 〈심리학적〉 그룹에서는 정서적 혼란이, 기억의 유령들이 배회하고, 감정의 힘이 지배하고, 과거의 행동 양식들이 관계를 좌우하는 무형의 영토로부터 발생하는 것이라고 본다. 이것도 옳다. 이 진영에서 주장하는 치료법은 워낙 다양하고 복잡해서 당황스러운 느낌이 들기도 하지만, 이 역시 때때로 효과가 있다.

양측은 자신에게 유리한 증거들을 일방적으로 쏟아 부으면서 저울추가 그들 쪽으로 기울기만을 바라고 있다. 그러나 마음을 〈생물학적인〉 것과 〈심리학적인〉 것으로 구분하는 것은 빛을 입자와 파동으로 분류하는 것만큼이나 어리석다. 자연 세계는 인간의 궁색한 편견이나 편리 위주의 선입견을 단호히 거부한다. 빛은 수십 년 동안 과학자들을 유혹했던 이원론이 단순하기 짝이 없는 엉터리임을 환히 밝히고 있다. 빛의 입자성을 증명하려 했던 모든 과학자들이 성공을 거둔 것처럼, 빛의 파동성을 실험했던 모든 과학자들도 성공에 이르렀다. 물론 이론상으로는 불가능한 이야기이다. 입자와 파동은 상호 부정적인 개념이고, 하나의 사물은 그 자체인 동시에 반대의 것이 될 수 없다. 그러나 〈입자〉와 〈파동〉이라는 개념은 자연이 아니라 마음속에 존재한다. 그 미숙한 범주들로는 빛의 본질을 포착할 수 없는 것이다.

인간의 정서도 마찬가지로 마음을 심리학적 측면과 생물학적 측면으로 구분하는 간편하고 매력적인 이원론을 초월한 곳에 존재한다. 신체 메커니즘은 이 세계에 대한 개인의 경험을 생산한다. 그리고 경험은 다시 뉴런을 변경시켜 그 화학-전기적 메시지로 의식을 창조한다. 이 영구적인 한 쌍의 가닥 중에서 어느 한쪽을 선택하여 거기에 지배권을 부여한다는 것은 근거 없는 변덕에 불과하다. 프로작이 구시대 유물이 되어버린 지금, 대부분의 사람들은 현대적인 약물 치료에 의해 개성적 특성들이 수정될 수 있음을 알고 있다. 그리고 이보다 덜 유명하지만, 심리요법이 살아 있는 인간의 뇌를 변화시킬 수 있다는 사실 또한 무시할 수 없다. 마음에 관한 전쟁은 즉시 중단되어야 하고, 휴전이 선포되어야 한다. 그 이유는 양쪽 군대가 처음부터 모든 영토를 점령하고 있었기 때문이다. 『이상한 나라의 앨리스』에서 도도새 Dodo가 말한 것처럼, 모두가 승자이고 모두가 상을 받아야 한다.

정신과 육체의 충돌은 심리 요법이 생리학이라는 사실을 연기 속에 묻어 버렸다. 심리 요법을 시작하는 사람은 눈물의 회고담을 나누려는 것이 아니라, 인간 관계와 관련된 신체적 상태를 탐구하려는 것이다. 포유동물은 진화의 과정 속에서 현재의 형태를 얻었다. 그리고 서로의 기억 환기 신호에 동조하면서 서로의 신경계를 구조적으로 변화시킨다. 심리 요법의 치료 효과는 상대방이 가지고 있는 이 고대의 메커니즘을 서로 끌어들이고 이끌어 감으로써 발생한다. 심리 요법은 변연계의 작용을 구체적으로 생생하게 보여주는 분야로서, 소화나 호흡과 같이 물질적이고 육체적이다. 변연계의 작용으로 제공되는 생리적 통일성이 없다면 심리 요법은 정말로 일각에서 상상하는 공허한 사기 행각에 불과할 것이다.

프로이트는 〈이드가 있던 곳을 에고가 차지할 것이다〉라고 소리 높여 외쳤지만, 이것은 언어 치료를 단지 원인 분석의 차원으로 축소시킨 것에 불과했다. 프로이트는 스페인 정복자들이 정글을 휩쓸어 도시를 건설한 것처럼 통찰력과 지성으로 마음의 어두운 덤불을 정복해야 한다고 보았다. 말은 신피질의 훌륭한 기술이지만, 심리 요법은 그보다 오래된 정서적 영역인 변연계에 속한다. 심리 요법은 문명보다 오랜 기원을 가진 그 원시적 힘들을 압도하지 말아야 한다. 사랑의 경우처럼 심리 요법도 이미 그러한 정신적 힘들 가운데 하나이기 때문이다.

우리는 사랑의 능력을 잃은 사람들이 심리 요법의 도움으로 사랑의 기술을 회복해 돌아가는 경우를 자주 본다. 그러나 사랑은 심리 요법의 목적에 그치지 않는다. 그것은 또한 모든 목적에 도달하기 위한 수단이다. 이 장에서 우리는 사랑의 세 측면, 변연계 공명, 조절, 교정이 어떻게 심리 요법의 핵심을 이루는지, 그리고 성인의 심리적 성장 가능성 뒤에 놓인 원동력으로 작용하는지를 살펴볼 것이다.

정서의 변화

변연계 공명

모든 개인은 자신의 내적 세계에 관한 정보를 널리 전파한다. 밀도를 가진 물체가 전자기적 방출을 통해 자신의 존재를 드러내듯이, 한 개인의 정서적 유인자들은 변연계적 기질에서 방출되는 후광으로 그 자신을 드러낸다. 만약 듣는 사람이 신피질의 수다를 잠재우고 변연계가 자유롭게 감지하도록 허락한다면, 여러 가지 멜로디들이 몰개성적인 정지 상태를 관통하기 시작할 것이다. 반응, 희망, 기대, 꿈 등의 개인적 이야기들이 주제 속에 녹아들 것이고, 연인, 선생님, 친구들, 애완동물들에 관한 이야기가 여기저기서 반향을 일으키면서 몇 가지 주제들과 맞물릴 것이다. 듣는 사람의 공명이 증가하면, 그는 상대방이 자신의 개인적 세계 안에서 보고 있는 것을 함께 보고, 그 속에서 사는 느낌이 어떤지를 감지하기 시작할 것이다.

심리 요법 의사들은 때때로 환자의 수다를 분류하고 분석해 보려 한다. 그러나 이것은 매력적이지만 무의미한 우회로이다. 이탈리아의 작곡가 오토리노 레스피기 Ottorino Respighi의 〈로마의 분수〉를 예로 들어 보자. 이 곡은 (무엇보다도) 트레비 분수를 환기시키는 교향시이다. 그러나 우리는 그 의미를 어떻게 드러낼 수 있겠는가? 악보를 해부하고 음정을 세밀히 분석하고 휴지부를 비교하고 측정해 볼 수 있다. 그러나 레스피기가 표현하고자 했던 것을 받아들이려면 우리는 단지 감상해야 한다. 우리는 뇌의 일부에 의존하여 그 음정들을 더 고상한 어떤 차원으로 조립해 낸다. 따라서 레스피기의 화려한 곡을 이해하는 데에는 학교 교육이 전혀 필요치 않다. 베토벤의 말대로 음악은 철학보다 차원이 높은 표현 수단이다. 뇌의 또다른 부위는 정서적 신호들을 해석하여 훨씬 높은 차원으로 표현해 낸다. 심리 요법 의사가 이 음악을 무시한다면 위험할 것이다.

정서적 치료의 첫 부분은 변연계를 통한 의사 소통으로써, 예리한 귀를 가진 사람에게 선율의 핵심을 들려 주는 것이다. 정서적으로 불투명한 부모 밑에서 자라는 아이는 자기 자신을 알리는 것이 어둠 속에서 박물관을 돌아다니는 것과 같다고 느낀다. 그 건물 안에는 없는 것이 거의 없다. 아이는 감각하는 것이 무엇인지 확신할 수 없다. 그러나 성인이 되었을 때 정밀한 예지자의 빛이 그 어둠을 가르는 순간, 그 빛은 오래전에 잃어버렸다고 생각했던 보물들을 비추고, 여러 가지 무서운 형상들을 먼지와 환영으로 녹여버릴 수 있다. 꿈에서 깨어난 사람처럼 그는 자신에게 어울리지 않는 삶의 굴레를 벗어버린다. 그때 뮤추얼 펀드 매니저는 조각가가 될 수도 있고, 그 반대의 일도 일어날 수 있다. 몇몇 친구들은 거리가 멀어지고 그 자리에 새 친구들과의 우정이 뿌리를 내리는 경우도 있다. 도시에 살던 사람이 시골로 이사해서, 마침내 고향에 온 느낌을 발견하기도 한다. 변연계의 어둠이 걷힘에 따라 새로운 삶이 형성된다.

변연계 조절

어떤 신체 리듬들은 낮과 밤의 교대와 동조 상태를 이룬다. 우리는 이러한 리듬들을 24시간 주기성, 혹은 일주기성이라고 부른다. 그것들은 지구처럼 빛을 따라 선회하기 때문에 광주기성 circumlucent이라는 명칭이 더 적절할 것이다. 인간의 생리작용은 빛을 중심축으로 삼을 뿐 아니라, 가까운 변연계들과의 조화로운 활동에 중심축을 두고 있다. 우리의 뉴런 구조는 타인과의 관계를 삶의 핵심에 놓으며, 그 곳에서 관계는 그 빛과 따뜻함으로 우리의 삶을 안정시키는 작용을 한다. 상처를 입고 균형을 잃은 사람들은 자신과 관련된 집단이나 모임, 애완동물, 배우자, 친구, 안마사, 지압사, 인터넷 등의 다양한 결연체를 통해 변연계를 조절한다. 그들 모두에게는 적어도 정서적 결합의 가능성이 있다. 그리고 그들과의 전체적인 결속은 지구상의 모든 심리 요법 의사들을 동원하는 것보다 더 큰 효과를 낸다.

어떤 의사들은 관계의 핵심적 역할에서 뒷걸음질 친다. 그들은 통찰력의 전달을 하나의 근무 수칙으로 배웠다. 그것은 마치 별것도 아닌 정보들을 위압적인 책상 너머에서 점잖게 관리하고 시여하는 재산 관리나 재무 상담의 분위기를 연상시킨다. 의존을 두려워하는 심리 요법 의사는 환자에게 때로는 솔직하게, 의존의 욕구는 병적인 것이라고 말한다. 그렇게 함으로써 그는 기본적인 치료 방법의 중요성을 훼손한다. 아이의 의존 욕구를 거부하는 환자 밑에서는 나약한 개인이 양육된다. 그 아이들은 종종 성년기에 도움을 청하러 오는 사람들이 된다. 우리는 그들에게 또다시, 인간은 누구에게도 기대서는 안 되며 각자가 개인적인 슬픔을 달래기 위해 노력해야 한다고 말해야 하는가? 그렇다면 우리는 이미 수없이 행해진 실험을 한번 더 반복하는 셈이 될 것이다. 그 결과에 대해서는 수많은 사람들이 너무나 잘 알고 있다. 만약 환자와 의사가 힘을 합쳐 치료에 도달하고자 한다면, 그들은 변연계 조절과 의존이 서로 공전하면서 마술을 일으키도록 허락해야 할 것이다.

많은 의사들이, 환자가 의사를 신뢰하면 해로운 의존성이 조성된다고 믿는다. 그 대신 환자에게는 〈스스로 치료하라〉는 지시가 내려져야 한다고 그들은 말한다. 그들은 필요한 모든 것이 환자 본인에게 있으며 부족한 것은 단지 스위치를 켜서 그들의 삶을 작동시킬 지혜뿐이라고 생각하는 듯하다. 그러나 사람들이 정서적 조절 방법을 배우는 방식은 기하학이나 수도의 이름을 배우는 방식과는 다르다. 우리는 숙달된 외부 조절자와 함께 살아가면서 그 기술을 습득하고, 그것을 내재적으로 학습한다. 지식은 한 사람에게서 다른 사람으로 전달될 수 있지만, 외부적 계획으로서는 학습자가 그 정보를 경험할 수 없다. 그것은 자전거 타기나 신발끈 묶는 법을 배우는 것처럼, 자발적 능력이 발아될 때 자아의 자연적 일부가 된다. 고통스러운 시작은 기억에서 희미해지고 결국 사라진다.

변연계 조절이 필요한 사람들이 정신 요법 치료를 마치고 떠날 때에는 종종 더 평온하고 강하고 안정된 감정과 외부 세계에 대한 더 큰 제어 능력을 갖는다. 그들은 종종 그 이유를 모른다. 뚜렷한 도움을 받은 것도 아니었다. 낯선 사람에게 자신의 고통을 말한다는 것이 어떤 치료 방법이라고는 전혀 생각되지 않는다. 그런데 고통의 감정은 분명히 줄어들고, 몇 분 동안 따뜻함과 안정이 찾아온다. 그러나 환자가 더 오래 의존할수록 그의 안정감은 더욱 증가하고, 베틀의 북이 움직일 때마다 천의 길이가 늘어나는 것처럼 치료가 거듭될 때마다 그 안정감은 조금씩 증가한다. 그리고 환자가 충분한 길이의 천을 짠 후에는 그것을 한 쌍의 날개처럼 활짝 펼쳐서 독립을 향해 떠난다. 마침내 자유롭게 된 그는 바람을 타고 다른 세상으로 날아간다.

변연계 연결은 감정이 제어되지 않는 사람들을 안정시킨다. 그러나 애착의 힘으로 조절이 불가능한 상태들도 있다. 예를 들어, 변연계 조절은 성인들의 문제성 있는 기질들을 치료하는 데에는 효과가 거의 없는 편이다. 심한 우울증 또한 관계로서 치유될 수 있는 범위 밖에 있다. 우울증에 걸린 사람은 종종 사회적 접촉 자체를 멀리함으로써, 유대 관계에 있는 사람들의 조절 작용을 무용화시킨다. 그는 사람들과 상호 작용을 하는 시간에도 시선을 돌리는 등 감정적 신호의 상호 교환을 애써 피한다. 그리고 우울증은 변연계 회로들을 차단시킨다. 한 연구에서, 우울증 환자들은 얼굴 표정을 인식하지 못했는데, 이것은 뇌손상을 입은 환자들과 똑같았다. 이렇게 어떤 우울증 환자들은, 절망 상태의 균형을 회복시켜 줄 수도 있는 타인들의 치유력에 반응하지 않는 경우가 있다.

애착으로 치유가 불가능할 때에는 약물 치료가 감정의 방향을 인도할 수 있다. 정서와 관련된 신경 화학 작용을 직접 조작하는 것은 정교한 솜씨를 요하는 도전이다. 그것은 흥미로운 가능성을 지닌 동시에, 약물 투여가 미숙할 때에는 넓은 범위가 손상되는 위험을 지니고 있다. 약물을 이용하여 감정을 변화시킨다는 것은 자아의 중요한 부분을 수선한다는 것을 의미한다. 올바른 방법으로 시행된다면 그 연금술은 잃어버린 삶을 구원할 수 있다.

약물을 이용하는 정신과 의사는 완강한 반대에 부딪힐 수 있다. 심한 우울병을 화학 물질로 치료할 때 의사와 환자 사이에서 벌어지는 패러다임의 충돌은 갈릴레오와 교황의 충돌에 버금간다. 한쪽은 완강하게 절망의 불가피성, 지속적인 무기력, 피할 수 없는 슬픔, 고통, 불안, 공포, 죽음 등을 이야기하는데, 다른 한쪽은 미래의 희망을 조그만 알약으로 처방한다.

환자의 관점에서 의사의 주장은 다른 세계의 이야기이다. 우울증의 암울한 프리즘은, 건강했을 때라면 약물 치료를 기꺼이 수용했을 환자의 신뢰에 어두운 그림자를 드리운다. 그런 상태에서는 의사의 모든 제안을 냉정하게 평가하기가 어렵다. 중요한 감정적 변화가 모두 그렇듯이, 우울증도 침략군의 점령이 아니다. 그것은 내부에서 발생하는 시민 봉기이고, 정체성이라는 민주공화국의 전복이다. 우울증에 걸린 사람이 잃는 것은 활기와 식욕뿐이 아니다. 그는 자기 자신을 잃는 동시에, 예전의 자아라면 충분히 발휘했을 정상적인 판단 능력을 잃어버린다.

환자가 항우울제를 복용하는 경우에 그것은 대개 논리적인 결정 때문이 아니다. 환자로서는 의사가 속해 있는 화창한 세계를 볼 수 없고, 따라서 전적으로 확신하지 못한다. 그에게 그 타원형 캡슐은 십자가나 다윗의 별이나 로레인 십자가처럼, 보다 나은 세계를 약속하는 신앙의 상징이다.

심리 요법이든 약물 치료든 바로 그러한 신뢰가 선행될 때에만 가능하다. 심리 요법 의사는 치료의 선행 조건들을 알려 주는 경우가 거의 없다. 통찰력은 선택 사양이다. 환자는 자기 자신의 진실 외에는 어떤 것도 염탐할 필요가 없고, 대개는 그럴 수도 없다. 두 세계를 동시에 들여다보는 것은 의사의 몫이다. 그러나 환자는 자신이 확신하는 감정들이 사실은 허구이며 다른 사람의 판단이 더 나을 수 있다는 제안을 참고 받아들여야 한다. 누구나 그럴 수 있는 것은 아니다. 정신과 의사의 진료실에는, 청룡 열차의 출입구에 붙어 있는 게시문과 유사한 어떤 것이 필요하다. 〈이 열차를 타려면 아동의 키가 이 눈금을 넘어야 합니다.〉

예를 들어, 한 젊은 여자는 신뢰를 요구하는 담당 의사의 주장이 아무래도 불합리하다고 생각한 끝에, 이를 보충할 수 있는 이유를 설명해 줄 것을 요구했다. 그녀는 완고하게 말했다. 〈내가 왜 나 자신을 못 믿고 선생님을 믿어야 하나요? 그 이유를 설명해 보세요.〉 그녀의 요구는 일견 일리가 있어 보였다. 두 사람은 이 문제로 몇 달 동안 조사하고 논의하고 숙고했다. 결국 그들은 그 이유를 찾지 못했는데, 그것은 어떤 이유도 존재하지 않기 때문이었다. 정신과 의사의 교육과 훈련, 그의 자격증, 오랜 진료 경험 등으로도 신뢰는 전혀 보장되지 않는다. 어떤 문제에 있어서도 권위자가 틀리고 (비록 우연이겠지만) 무경험자가 옳을 수 있다. 노련한 경험자라면 전문 분야에 해당하는 주제들에 대해서 옳을 확률이 높은 것은 사실이지만, 두 가상 세계가 만나는 경우에는 그것이 판단의 정확성을 증명할 수도, 보장할 수도 없다. 정신 의학도 의학의 다른 분야를 지탱하는 영약에 의존한다. 그것은 의사가 나보다 잘 알 것이라는 강렬한 희망이다. 어느 정도 신뢰할 줄 아는 사람은 그 신뢰에 모험을 걸 수 있고, 더 많이 신뢰할 수 있다. 도약할 믿음이 없다면 그는 불운한 환자이다. 정신 건강은 돈이나 권력처럼 크기가 스스로 확대되는 성질을 가지고 있다.

어떤 이들은 마음의 병을 신경약리학적으로 치료하는 데 신뢰는 어울리지 않는다고 생각한다. 어떻게 보면, 현대적인 약물 치료의 효능과 범위가 믿음에 의존했던 고대의 방법을 밀어내는 것이 당연하지 않은가? 그 대답은 아니다이다. 문제를 겪고 있는 환자들 역시 불가피하게 사회적 존재들이기 때문이다. 우울병 환자들의 경우 플라시보(유효 성분이 없는 위약僞藥. 심리 효과용이나 신약 테스트에 쓰인다——옮긴이) 반응률은 약 30 퍼센트에 달하고, 불안 증세 환자들의 경우는 40퍼센트를 웃돈다. 어떤 사람들은 이 자료의 의미를 잘못 받아들여, 플라시보 위약은 아무런 작용을 하지 않으며 치료 효과가 없는 약은 쓸모가 없을 뿐이라고 이해한다. 그러나 사실은 정반대이다. 환자와 치료자의 변연계가 상호 작용한 결과는 대단히 효과적이기 때문이 플라시보보다 더 강력한 치료약은 거의 없다고 볼 수 있다.

우울증에 빠진 사람에게 약물 치료는 깊이 얼어붙은 바다를 깨는 도끼가 될 수 있다. 처음에는 수면과 식욕이 돌아오고, 이전의 일탈 증상들이 서서히 회복되어 조화로운 상태를 되찾아간다. 배우자와 친구들은 단편적으로 친숙한 사람의 낌새를 알아채기 시작한다. 삶에 대한 관심이 돌아오고, 즐거움이 찾아오고, 마침내 웃는 능력이 회복된다. 잔인한 생각들이 현실성을 회복하면서 희미해지고, 암울한 생각들은 어렴풋한 통로를 따라 소리 없이 물러간다. 간밤의 악몽이 오전 중에 불쾌한 이미지만 남기고 사라지듯이, 우울병도 몇 달이 지나면 자취를 감춘다.

정신병 의사가 그의 의료 필수 품목에 위의 두 가지 작용물을 갖추었다면, 이제 그는 각각의 것을 언제 사용할지를 결정해야 한다. 첫번째 문제는 수월하다. 생물학적 측면을 고려하는 최고의 의사들은 항상 변연계 요소를 사용한다. 그것은 본래적이고 효과적이며 부작용이 없기 때문이다. 그러나 의사 자신이 아닌 또다른 작용물은 언제 처방해야 하는가? 어떤 환자들에게 약물 치료는 말 그대로 생명이 달린 문제이다. 심각한 우울병과 양극성 장애(감정 장애의 일종으로서, 우울하거나 들뜨는 상반된 기분이 일정한 기간을 두고 번갈아 나타나는 정서 장애. 조울 장애 혹은 조울증이라고도 한다 — 옮긴이)는 매년 수천 명의 목숨을 앗아간다. 극심한 고통을 완화시키고 정서적 병리 상태를 억제하는 것은, 약리학적으로 세련된 오늘날 대부분의 사람들이 이의 없이 수용하는 목표이다.

그러나 아직 수많은 임상 치료에는 그러한 긴급성을 수용하는 원칙이 정립되어 있지 않다. 환자들이 약물 복용을 진지하게 고려할 때, 그것은 종종 죽음이나 공인된 질환을 모면하기 위해서가 아니라 단지 더 나은 상태에 도달하는 데 도움을 받기 위해서이다. 어떤 사람들에게 약리학적 방법은 염치없는 새치기를 연상시킨다. 그들은 환자들이 험난한 세상을 헤쳐나가는 데 필요한 노력과 시험을 회피하고 손쉽게 일확천금을 거머쥐려고 하는 것처럼 생각한다. 만약 어떤 사람이 심리 요법을 꾸준히 받아서 몇 년 후에는 마침내 우울함이나 불안 증세를 떨쳐버렸다면, 그가 자신의 운명이나 신을 속였다고 생각하는 사람은 없을 것이다. 그러나 어떤 사람이 알약을 복용해서 며칠 혹은 몇 주 후에 똑같은 목표에 도달했다면, 많은 사람들이 놀라움을 감추지 못할 것이다. 저래도 괜찮은 거야? 저게 정당하고 공평한 일인가? 〈자신을 향상시키기 위해서는 노력을 기울여야 한다〉는 말에는 직관적인 (그리고 대개는 올바른) 철학이 담겨 있다. 이 경우에 그 말은 심리 요법 의사들의 목소리에서 들린다. 아직도 수많은 의사들이 환자들에게, 약물 치료와 품성의 개조를 위해 노력하는 심리 요법은 어울리지 않는다고 말한다.

그러나 반대자들은 걱정할 일이 거의 없다. 역사의 거의 전 기간 동안 인류는 몇 가지 감정 조절 물질들을 줄곧 이용해 왔다. 알코올, 아편, 코카인, 마리화나 등이 그것이다. 그것들은 모두 심각한 문제점들을 가진 물질들이다. 화학적으로 감정을 조절하는 효과적인 치료 방법은 그 기본적인 메커니즘이 아직 미스터리로 남아 있긴 하지만, 놀라운 과학적 성과이다. 그러나 모든 변연계 장애가 약물로 해결되지는 않을 뿐 아니라, 사실은 절반에도 못 미친다. 정밀함의 부족이 효능으로 보충된다 해도, 때로는 정밀함이 필수적으로 요구된다. 어린 시절의 정서적 경험은 신경 네트워크라는 직조물에 장기적인 무늬를 새긴다. 그 주형을 변화시키기 위해서는 완전히 새로운 종류의 치료약이 요구된다.

변연계 교정

환자를 아는 것이 심리 요법의 첫번째 목표이다. 관계를 통한 심리 요법에서든 정신약리학적 치료에서든 정서성을 조절하는 것은 두번째이다. 심리 요법의 마지막이자 가장 야심에 찬 목표는 정서적 삶을 지배하는 뉴런의 부호를 교정하는 것이다. 한 개인의 뇌 속 어딘가에는 그의 변연계 정보를 간직하고 있는 무수한 연결선들이 놓여 있다. 그것은 정서적 지각을 좌우하고 사랑의 행동을 이끄는 강력한 유인자들이다. 심리 요법 의사가 불만족스러운 관계로 고통받거나 자긍심의 부족으로 무기력에 시달리는 환자를 돕는다는 것은, 한 인간의 뇌를 미시해부학적 차원에서 변경시킨다는 것을 의미한다.

만약 어떤 매개물로 인해 뉴런들을 잇는 다리가 건설되거나 파괴될 수 있다면, 혹은 강화되거나 약화될 수 있다면, 뉴런 정보는 변화될 수 있을 것이다. 그러나 뇌의 학습 구조는 복합적이어서, 모든 정보가 동일한 방식으로 변화되지는 않는다. 오거스

틴에 따르면, 7 더하기 3이 10인 것은 현재에만 그런 것이 아니라 항상 그러하다. 〈어떤 상황에서도 7 더하기 3은 10이고, 앞으로도 항상 그럴 것이다. 따라서 불변하는 수의 과학은 나에게 뿐 아니라 모든 이성적 존재에게 공통적이라는 것이 나의 주장이다.〉 오거스틴이 무덤에서 일어나고 수학의 법칙이 갑작스럽게 변해서 7 더하기 3이 언제나 11로 귀결된다고 가정해 보자. 조간신문에서 이 최신판 법칙을 읽는 모든 사람은 즉시 덧셈의 규칙을 변경할 것이다. 이렇게 대뇌 신피질은 사실과 증거를 즉시 수집한다. 그러나 변연계는 그렇지 않다. 정서적 인상에서는 통찰력이 무시되고 그와는 다른 종류의 설득 방법이 환영받는다. 그 설득 작용의 주체는 변연계 연결의 통로를 따라 자연스럽게 들어오는 다른 사람의 유인자이다. 심리 요법이 사람을 변화시키는 것은, 포유동물이 다른 포유동물의 변연계를 재구성할 수 있기 때문이다.

한 개인은 특정한 종류의 관계를 선택적으로 원할 수 없다. 그것은 의지에 따라 자전거를 타거나, 골드베르그 변주곡을 연주하거나, 스와힐리어를 말할 수 없는 것과 같다. 그러한 활동을 수행하는 데 필요한 뉴런의 틀은 명령에 따라 집합하지 않는다. 자가 치료를 외치는 운동에서는, 의지가 강한 사람이 적절한 지시에 따르면 좋은 관계를 선택할 수 있다는 거짓 주장을 옹호한다. 즉효약을 좇는 사람들에게는 귀가 솔깃한 이야기이다. 그러나 감정의 생리 작용은 몇 마디 말로 흩어지거나 구축되지 않는다. 누군가에게 좋은 관계를 설명한다는 것으로는 그것이 아무리 정확하고 빈번하더라도, 사랑을 자극하는 뉴런 네트워크 속에 좋은 관계가 새겨지지 못한다.

자가 치료 서적들은 자동차 수리 설명서와 같다. 그것을 하루 종일 읽어도 고장난 부분이 고쳐지지 않는다. 자동차 수리는 직접 소매를 걷어붙이고 후드 밑으로 고개를 들이밀고 손톱 밑에 기름때를 묻혀야 한다. 이와 마찬가지로 정서적 지식을 분해 검사 하는 것도 스포츠 관람이 아니다. 그것은 변연계 결속으로부터 생성되는 교체와 수선의 성가신 경험이 필요한 일이다. 만약 누군가의 마음에 고통스러운 각인이 새겨져 있다면 그것은 어린 시절의 어떤 강력한 관계가 그의 마음에 흔적을 남긴 결과이다. 뉴런의 패턴이 변연계 연결로 형성된다면, 그것을 교정하는 데에도 변연계 연결이 필요하다.

동조의 능력이 있는 의사는 환자의 변연계 유인자가 유혹하는 힘을 느낀다. 그는 정서적 상태에 관해 귀를 기울이는 것에서 그치지 않는다. 두 사람은 함께 그 삶을 경험한다. 환자의 정서적 세계가 끌어당기는 인력 때문에 그는 자신의 세계에서 멀어지고, 또 당연히 멀어져야 한다. 확고한 방침을 갖고 있는 의사는 환자와의 좋은 관계를 위해 노력하지 않는다. 그것은 불가능한 일이다. 환자의 정서가 좋은 관계를 형성할 수 있는 상태라면 그 환자는 문제될 것이 없을 것이다. 따라서 의사는 자신의 세계에서 벗어나, 눈을 크게 뜨고, 환자의 마음속에 존재하는 관계속으로 들어가야 한다. 그것이 가장 고통스럽고 어두운 변연계 연결을 건드리는 일일 수도 있다. 그러나 그에게는 대안이 없다. 상대방의 세계 밖에 머문다면 그 세계에 영향을 미칠 수 없다.

환자의 영역 안으로 발을 들여놓을 때 의사는 이질적인 유인자들의 힘을 느낀다. 그가 다른 사람의 세계에 일시적으로 거주하는 것은, 단지 관찰하기 위해서가 아니라 그것을 변화시키고 궁극적으로는 전복시키기 위해서이다. 변연계 교환으로 제공되는 친밀함을 통해, 심리 요법은 내면의 근본적인 작업을 수행한다.

정서적 마음은 부모와 가족의 유인자가 지배하는 힘의 장 안에서 형성된 것이다. 모든 마음은 그 자극적인 환경으로부터 흡수한 근본 원칙들에 따라 운동한다. 환자의 유인자에도 특정한 느낌과 특정한 윤곽을 관계에 부여하는 직관이 갖추어져 있다. 두 사람의 이중주에서 각자의 마음은 그 자신만의 화음을 갖고 있으며, 상대방의 화음과 조화를 이루려는 경향을 가지고 있다. 따라서 의사와 환자의 춤은 환자가 예상하는 방향으로 전개되지 않는다. 그의 파트너는 다른 멜로디에 맞춰 움직이기 때문이다. 환자의 변연계에 접근함에 따라 의사는 진실한 정서적 반응을 보이게 된다. 이것은 그의 일부가 상대방의 정서에 내재된 특별한 자력에 반응하면서 흔들린다는 것을 의미한다. 그의 임무는 자신에게 일어나는 그 반응을 부인하는 것도 아니고, 그 반응을 지켜보기만 하는 것도 아니다. 그는 두 사람의 관계가 다른 방향으로 움직이는 순간을 기다려야 한다.

바로 그때 그는 수만 번 반복되는 일을 다시 한 번 하게 된다. 심리 요법의 진전은 반복적이다. 매번 성공할 때마다 환자의 가상 세계는 원래의 유인자에서 조금씩 멀어지고 의사의 유인자에 조금씩 가까워진다. 환자는 무수한 상호 작용의 흔적 위에 새로운 뉴런의 행동 양식들을 부호화한다. 이 새로운 부호들은 봄

날의 풀잎처럼 연약하지만, 변연계에 지속적으로 자양분을 공급하는 환경 속에서 깊이 뿌리를 내리게 된다. 충분한 반복 속에서 신생의 회로들은 강화되어 새로운 유인자로 태어난다. 바로 그 순간 정체성의 변화는 완료된다. 환자는 더 이상 과거의 그가 아니다.

심리 요법의 변성은 우둔한 열정을 단정한 이성으로 누르는 것이 아니라, 고요하게 잠들어 있는 직관을 활동적인 것으로 교체하는 것이다. 환자는 종종 설명을 듣고 싶어한다. 그들은 설명과 분석과 같은 신피질의 사고가 도움을 줄 것이라는 생각에 익숙하기 때문이다. 그러나 통찰력은 심리 요법의 팝콘에 불과하다. 환자와 의사가 극장에 갈 때에는 공통의 여행이라는 분리 불가능한 결합 자체가 바로 영화이다.

7장에서 소개한, 일본어만 들으며 자란 아이를 기억해 보자. 영어에는 〈r〉과 〈l〉이라는 두 개의 다른 소리가 있고 이에 대한 음소 유인자도 각각 다르다. 반면 일본어에는 양자의 중간 소리가 부호화된 하나의 넓은 유인자만 있을 뿐이다. 원래의 중복된 유인자를 가지고 있는 일본 성인은 〈right〉와 〈light〉의 차이를 듣지 못한다.

최근에 과학자들은 일본 성인들을 대상으로, 어린 시절에 준비되지 못했던 그 음성적 차이를 인식하는 훈련을 실행했다. 신경학적 인식 기초 연구소의 제이 맥클랜드Jay McClelland 박사는 일본인 화자들에게 표준 영어 대화를 틀어 주었고, 그 결과 평범한 대화를 듣는 과정에서 〈r〉과 〈l〉을 구별하는 능력이 현저히 떨어진다는 것을 발견했다. 이 결과는 유인자의 운용 방식을 반영한다. 즉 〈r〉과 〈l〉은 유인자의 rl 깔때기를 통해 하나의 통 속으로 모인다. 두 개의 서로 다른 억양이라는 외적 현실은 하나의 내적 가상 세계로 합쳐지고, 마음의 귀는 〈rl〉을 기록한다. 이것은 어린 시절부터의 반복이 그 통합적인 유인자를 자연스럽게 강화시킨 결과였다.

그러나 맥클랜드가 그의 피실험자들을 정제된 〈r〉과 〈l〉에 연속적으로 노출시켜서 그 억양의 형성적 특징들을 들려 주었을 때, 각자에게 내재된 r-l 유인자는 점차적으로 한 쌍의 다른 유인자로 분리되었다. 그러자 일본 성인들은 브루클린이나 맨해튼 비치에 사는 어느 미국인 못지않게 〈right〉와 〈light〉를 잘 구별하게 되었다. 맥클랜드의 연구는 성인의 뇌도 새로운 유인자를 부호화할 정도로 충분한 유연성을 보유하고 있다는 사실을 입증하는 동시에, 특별히 분화된 경험적 환경을 이용하면 일상 생활에서는 할 수 없는 뉴런 학습이 가능해진다는 사실을 입증한다. 심리 요법도 정서적 식별 능력에 대해 그와 똑같은 작용을 가한다.

불행해질 수 있는 모든 관계와 사랑의 유형에는 끝이 없다. 그 무한성 때문에 심리 요법의 일상적 치료는 마음의 영역을 확장할 수 있는 도전이 된다. 환자가 맨 처음 문을 열고 들어올 때 우리는 그가 바람직하다고 생각하는 새로운 관계를 맺을 것이라고 기대할 수는 있지만, 실제로 그것이 어떤 관계인지를 이전에 본 적은 없다. 그러나 의사는 불행한 관계의 모든 형태를 백과사전식으로 정리해 놓을 필요가 없다. 의사의 필수적인 도구는 그 자신의 마음속에 부호화되어 있는 건강한 관계의 튼튼한 주형과, 그와 환자가 낯익은 영토를 떠날 때 여행의 방향을 감지할 수 있는 날카로운 감각이다.

심리 요법을 통해 어떤 사람의 관계 방식이 수정되면, 그가 사랑을 주고받을 수 있는 대상의 범위도 교정된다. 그러한 변화는 결심으로 발생하지 않는다. 늘 똑같은 상대에게 사로잡힌다는 사실을 아는 것으로는 마음의 방향이 조절되지 않는다. 대부분의 사람들은 심리 요법이 사람들에게 고통스러운 욕망의 도면을 보여줌으로써 미래의 치명적인 사건들을 예방할 수 있게 해준다고 생각한다. 그것은 사실이 아니다. 불행한 유인자를 가진 사람에게 나가서 다정한 연인을 찾으라고 말하는 것은 소용없는 일이다. 그의 관점에서 그러한 연인은 없다. 그를 사랑해 줄 수 있는 사람은 그의 눈에 보이지 않는다. 먹구름이 개이고 하늘에서 눈부신 햇살과 함께 완벽한 정열과 이해력을 갖춘 연인이 내려온다 할지라도, 그의 마음은 여전히 다른 종류의 관계에 맞춰져 있을 것이고, 따라서 어떻게 해야 할지 여전히 모를 것이다. 엘리어트T. S. Eliot의 말을 이용하자면, 현명한 의사는 환자에게 희망 없이 기다리라고 충고할 것이다. 그의 희망은 잘못된 것을 바라는 희망이기 때문이다. 그리고 현명한 의사는 사랑 없이 기다리라고 충고할 것이다. 왜냐하면 그의 사랑은 잘못된 대상을 향한 사랑이기 때문이다.

심리 요법에서는 욕망의 대상을 분명히 지정해서 평생 동안 그것을 피하면서 살라고 충고하지 않는다. 진정한 심리 요법은 욕구의 대상 자체를 변화시킨다. 치료가 끝나면 환자의 마음은 보다 건강한 방향으로 나아가고, 이전의 고통스러운 매력은 감소하며, 과거에는 거의 드러나지 않았던 어떤 것이 새로운 갈망으로 부상한다.

심리 요법이 변연계 연결을 통해서 치유력을 발휘한다면, 다른 사람과의 애착도 치유 효과를 내지 않을까 하는 의문이 생긴다. 만약 환자가 시간을 낼 수만 있다면, 그의 배우자나 친구나 바텐더나 볼링 회원도 방황하는 그의 영혼을 건강한 정서적 세계로 인도할 수 있지 않을까?

문제는 운명이 아니라 가능성이다. 변연계 교정이 필요한 사람은 병적인 유인자를 소유한 사람이다. 그 범위에 포함되는 사람은 자신의 세계에 내재된 어떤 불행을 느끼고, 그 불행의 그림자로 인해 건강한 잠재적 연인들이 그를 떠난다. 그의 곁에 남는 사람들이 그럴 수 있는 이유는, 그들 역시 그로부터 과거의 행동 양식을 인지하기 때문이다. 그것은 그들에게 은밀한 유혹이다. 동족 의식은 맥주 회사들이 소비자들로부터 얻기 위해 전쟁을 치르는 브랜드 로열티 brand loyalty와 같은 것을 낳는다. 환자 자신의 관계 방식은 동일한 방식을 유인한다. 다른 방식의 사람들은 따분하고 곧 불쾌해진다. 이렇게 서로 결속을 맺는 사람들은 사랑의 방법에 대해 말없는 전제를 공유하기 때문에, 설령 그러한 전제 밑에 놓여 있는 유인자들이 변화된다 할지라도, 그들은 서로에게 가장 도움이 안 되는 사람들이다.

그러나 60억 개의 개성들이 엄청난 에너지를 분출하면서 브라운 운동을 펼치는 극소의 분자들처럼 열광적으로 충돌하고 만나는 지구상에서, 때로는 불가능한 일들이 필연적으로 발생한다. 부적응 유인자를 가진 사람이 우연히 그에게 필요한 것을 가르칠 사람을 만날 수 있다는 것이다. 그 운명의 교사는 그가 남편이든 아내든, 형제 자매든 친구든지 간에 종종 상대방의 정서적 메시지에 친절하게도 흔들리지 않는 사람이다. 그러한 관계를 통해서 그리고 상대적으로 불투명한 교사의 무감각성 덕분에, 그 학생은 슬픔에 이르는 어리석은 비행을 점차로 포기할 줄 알게 된다. 인간의 마음은 그 형태를 자유자재로 변화시킬 수 있기 때문에, 그리고 사람들의 만남은 상상할 수 없을 만큼 무작위적이기 때문에, 그렇게 적절하고도 교묘한 결합은 소중하고도 필연적이다. 인생은 처음부터 줄곧 모든 어려움을 이기고 가야할 길을 발견한다.

심리 요법이 방향을 잃을 때

의사가 환자에게 영향을 미칠 변연계 통로를 구축할 때, 그는 동시에 상대방의 정서적 유인자들을 향해 그 자신을 개방한다. 심리 요법 의사의 특별한 재능은 낯선 선율에 주파수를 맞춰 그것을 듣는 동시에 완전한 하모니로 결합하는 것을 거부하는데 있다. 이러한 편곡이 가능할지는 분명히 불확실하다. 팽팽한 줄의 양쪽에는 보기에도 선명한 허공이 입을 딱 벌리고 있다. (흔히 발생하는 것처럼) 심리 요법이 주춤하거나 실패할 때, 우리는 두 가지 이유를 쉽게 가정해 볼 수 있다. 첫째는 환자와의 변연계 소통에 완전히 도달하지 못한 불상사 때문이고, 둘째는 외부 유인자들과 불쾌한 조율 상태로 빠져버린 실수 때문이다.

> 우리는 예술 작품이 언제나 새로 창조된 세계라는 점을 기억해야 한다. 따라서 우리가 맨 처음 해야 할 일은 기존에 우리가 알고 있던 세계와 연관시키지 않고 그 세계의 새로운 측면에 접근하면서 가능한 한 그것을 자세히 연구하는 것이다. 이 새로운 세계가 자세히 연구될 때 비로소 우리는 그것과 다른 세계와의 연결점 그리고 다른 지식 분야들과의 연결점들을 조사할 수 있다.

나보코프Nabokov는 소설 읽기에 필요한 점들을 제시하고 있지만, 그것은 마치 우리가 주변 사람들의 변연계 현실을 이해하는 데 어떤 관점이 적합한지를 설명하고 있는 것 같기도 하다. 능력 있는 심리 치료 의사는 좋은 독자와 같다. 그는 자신이 알고 있는 법칙에 대한 믿음을 기꺼이 유예시킨 채, 외부인의 눈에는 어떻게 작용하는지 조금도 보이지 않는 특별한 개인적 세계에 접근한다. 만약 의사가 환자의 마음에 충분히 수용된 상태라면, 그로 인해 상대방의 마음이 열리는 것은 마치 위대한 예술이 독자의 마음을 〈상당한 충격과 놀라움으로〉 여는 것과 흡사하다.

이 탐험 여행에 참가하지 못하는 의사는 상대방의 본질을 파악할 수 없다. 인간이라면 당연히 이러저러한 느낌을 가져야 한다는 그 모든 선입견 때문에 그는 환자의 실제 느낌을 잘못 파악하는 위험에 빠진다. 변연계를 통한 감지를 중단하는 순간부터 의사는 공명을 간섭으로 대체하는 우를 범한다.

변연계 감지를 포기하는 의사들은 대개 몰개성적인 해결책을 제공하는 교육의 산물이다. 공식적인 전제들이 오랫동안 순환되고 있는 그러한 환경에서는 같은 실수가 늘 반복된다. 20세기 초에 정서적인 문제들은 무조건 페니스 선망(남성이 되고 싶어하는 여성의 의식적 무의식적 욕구——옮긴이)과 거세 불안 탓이었다. 오늘날의 정치 환경에서는 그러한 해석이 큰 물의를 일으키겠지만, 기억의 억압과 주의력 결핍 장애가 신성불가침한 질병으로서 그 자리를 차지하고 있다. 미래에는 다른 어떤 것이 그 자리를 대신할 것이다.

정신병리학적 생기론이 활개치는 상황에서 질병은 어떻게 사라지고 새로운 질병은 어떻게 발생하는가? 대중적 편견들이 번갈아 가면서 갖가지 정서적 장애의 부침을 호들갑스럽게 강조한다. 그러나 치료를 받아야 하는 사람들은 미리 예정된 질병에 얽매이지 않아도 걱정할 것이 충분하다. 가상 세계가 허락하는 범위 내에서 실수를 최소화하여 다른 사람을 이해하려면, 심리 요법 의사는 무엇보다도 어린아이와 같은 경이감을 간직해야 하고, 환자의 마음 한 구석에서 정말로 놀라운 것을 발견할 준비가 되어 있어야 한다. 이러한 자질을 잃어버린 의사에게 환자는 구체적인 면들이 제거되어 한결같이 똑같은 이야기들만 실려 있는 리더스 다이제스트의 요약본같이 보일 것이다.

전형을 습득하는 것이 심리 요법 교육의 유일한 문제점은 아니다. 심리 요법 교육에서 열심히 장려하는 무감각과 무기력보다 더 빨리 환자의 치료를 파멸시키는 것은 없다. 프로이트의 가르침은 다음과 같다. 〈의사는 환자에게 불투명해야 하고, 거울처럼 자신에게 비치는 것 외에는 어떤 것도 보여주지 말아야 한다.〉 의사에게는 냉정함이 필요하다고 생각한 그는 제자들에게 그 냉정함을 권고하면서 다음과 같이 충고했다. 훌륭한 심리 요법 의사는 〈자신의 모든 감정을, 심지어는 인간적인 열정까지도 보이지 않는 곳에 묻어두고, 정신력을 집중하여 단 하나의 목표에 집중해야 한다. 그것은 가능한 한 정확하고 효율적으로 치료를 수행하는 것이다.〉 이 말은 여러 세대를 거치는 동안 심리 요법 의사 지망생들에게 동상과 같은 부동성을 가르치는 기초로 작용했다. 그 결과 의료 현장에서는 대단히 기묘한 일들이 꼬리를 물고 일어나기도 했다. 어떤 개업의들은 자신의 결혼 생활에 대해 밝히기를 꺼려하고, 환자와 악수하기를 거부한다. 심지어 어떤 의사는 환자들이 어떤 농담을 해도 웃지 않는 것이 자신의 방침이라고 선언한다.

순진무구한 의사들은 그 말을 곡해했던 반면에, 프로이트의 행동은 그 자신이 규정한 무색무취의 방법과는 거리가 멀었다. 그는 환자들과 저녁 식사를 했으며 좋아하는 환자들과는 친구로 지냈다. 그는 단짝인 막스 에팅톤Max Eitington과 비엔나 거리를 산책하면서 그를 치료하기도 했다. 또한 부유한 환자들에게 정신분석학의 발전을 위한다는 명목으로 거액의 기부금을 청구했으며, 자신의 딸을 정신분석의 대상으로 삼기도 했다.

프로이트의 장점은 그가 자기 자신의 충고를 한번도 진지하게 따르려 하지 않았다는 것이다. 다수의 젊고 유망한 심리 요법 의사들이, 어떤 일이 있어도 중립적인 관찰자 역할에 머물러야 한다는 가르침 때문에 그들 자신의 공명과 반응의 능력을 말소시킨다. 그들은 외과 의사가 소독하지 않은 손으로 절개된 상처를 건드리지 말아야 한다는 규칙보다 더욱 까다롭게 환자와의 정서적 접촉을 피해야 한다고 배운다. 그 결과는 치명적이다. 만약 심리 요법이 장황한 이야기일 뿐이라면, 환자와 의사 사이에 공백이 생기면 그 곳에는 그저 지루함만이 남을 것이다. 그러나 심리 요법은 변연계의 연결이기 때문에, 감정의 중립은 치료 과정으로부터 생명력을 앗아가고 공허한 말잔치만을 남길 것이다.

낯선 유인자들의 간섭

능력 있는 심리 요법 의사는 환자의 마음에서 나오는 인력을 느끼고, 그 소리 없는 정서적 확신들 가운데 일부를 마음속으로 공유하여 상대방의 경험을 함께 경험한다. 그는 자신의 지각, 기억, 기대를 새로운 바람 속으로 합류시킨다. 최상의 조건에서 의사는 바람의 압력과 그것의 잘못된 요소들을 함께 느낀다. 그러면 그는 아주 조금씩 그 바람에 대응할 수 있게 된다. 그 방향이 아니라 이 방향이라고 그는 자기 자신에게 혹은 환자에게 말할 수 있다. 그러나 만약 환자의 정신적 자기력이 강하거나 의사 자신이 약하다면, 그는 자신도 모르게 낯선 유인자들의 급류에 휩쓸릴 수 있다.

그때 그들의 관계는 정신적 외상의 반복을 경험하기 시작한다. 환자와 의사는 환자의 마음속에 이미 정해져 있는 원칙을 밟게 된다. 그때 의사는 어린 시절의 상처가 아물지 않은 그 성인을 비판하거나, 어머니에게 버림받은 적이 있는 그 환자를 똑같이 거부하거나, 아버지의 욕심에 짓눌려 있는 사람의 독립에 반대하거나, 젊은 시절에 재능이 꺾여 버린 사람의 업적을 또다시 짓밟는 등의 행동을 하게 되는 것이다. 의사의 유인자에는 자체적인 힘이 있고, 이것이 그의 정서적 세계에 힘과 복원력을 줌으로써 그를 흔들리지 않게 해준다. 이것은 등산가가 자신의 밧줄과 하켄이 충분히 강한 것을 믿고, 미끄러지는 다른 등산가에게 손을 내미는 것과 같은 이치이다. 의사는 두 개의 가상 세계에 동시에 발을 딛는다. 만약 그 자신의 내면이 환자의 유인자로부터 나오는 영향력을 저지할 수 없다면, 만약 그 자신의 변연계 닻줄이 생각만큼 강하지 않다면, 그는 발을 헛디딜 것이고 두 사람은 함께 환자의 세계로 굴러 떨어질 것이다.

(환자들에게는 잘 알려지지 않은) 심리 요법 치료의 한 가지 역설은 성공적인 심리 요법에서조차 제거하려는 바로 그 유인자들을 어쩔 수 없이 자극한다는 것이다. 환자는 제거하기를 간절히 원하는 그 감정적 경험들을 불가피하게 재생시켜야 한다. 심리 요법을 잘 다듬어서 매우 정밀한 도구로 만든다 해도, 거기에는 여전히 정신적 외상의 반복이 수반된다. 그것을 막는 유일한 방법은 변연계의 적절한 소통 효과를 위해 정서적 거리를 유지하는 것이다.

심리 요법의 딜레마

애착이 특수한 만큼 심리 요법도 특수하고 구체적이다. 로렌츠가 새끼 거위들에게 어미로 각인되었을 때, 거위들은 오스트리아의 그 어떤 동물행동학자도 아닌 그만을 따라다녔다. 골든 리트리버는 슈퍼마켓 밖에서 단지 자기 주인만을 생각한다. 그리고 환자는 그를 담당한 의사에게 묶인다.

이런 사실로부터 발생하는 불안한 결과는, 심리 요법의 결과가 특정한 두 사람의 관계로 좌우된다는 것이다. 환자는 체질적으로 더 건강해지는 것이 아니라 의사와 더 비슷해진다. 관계의 새로운 유형들, 일반적인 관계와 그 관계를 유지하는 법에 관한 새로운 지식, 부적절한 사랑의 방식과 행동이 모든 것들이 환자가 선택한 치료자의 생각에 더 가깝게 이동한다.

수많은 분파가 난립한 심리 요법의 현실 위에는 먹구름이 드리우고 있다. 즉 수십 년간의 개선과 수정의 노력에도 불구하고 심리 요법의 기술은 본질적으로 그 결과와는 무관하다는 사실이 점차 확실해지고 있다. 미국 내에서만도 수많은 심리 요법 단체와 학교들이 다채로운 스펙트럼을 형성하고 있다. 프로이트 학파, 융 학파, 클라인 학파, 담화 요법, 대인 관계 요법, 초월 transpersonal 요법(개인적 한계나 이해를 초월한 차원——옮긴이), 인지심리학적 치료, 행동주의적 치료, 인지-행동주의적 치료, 코우탄 Kohutians, 로제란 Rogerians, 켄버잔 Kernbergians, 심령술, 최면술, 신경언어학 프로그램, 안구 운동 탈감(脫感) eye movement desensitization의 열광자들. 이들로도 상위 20개의 목록이 완성되지 못하고 있다. 갈수록 다양해지고 있는 이 분파들의 이질적인 원리들은 종종 적절한 심리 치료의 방법에 대해 상호 배타적인 결론을 이끌어낸다. 환자에게는 이렇게 말하라, 저렇게는 말하지 말라, 질문에 대답해라, 하지 말아라, 환자와 마주보고 앉아라, 옆으로 나란히 앉아라, 뒤에 앉아라 등등. 예/아니오 질문법이 가장 탁월한 방법으로 입증된 적도 있다. 의사의 방침, 그가 읽는 학술지, 선반 위의 책들, 그가 참석하는 모임 등, 다시 말해 의사의 이성적 정신이 요구하는 모든 인식의 틀을 제거해 보라. 심리 요법이라고 규정할 수 있는 어떤 것이 남겠는가?

의사 자신이다. 그의 지위나 신조가 아니고, 진료실에서의 공간적 위치도 아니고, 그의 탁월한 말솜씨나 종파적인 침묵도 아니라, 심리 요법 의사라는 개인이 화학 변화의 촉매이다. 어떤 심리 요법의 기본적 규칙들이 변연계 소통을 가로막지 않는 한, 규칙은 하찮은 신피질 오락에 불과하다. 있으나마나한 교리에 얽매일 때 그것은 의사가 어떤 치료를 한다고 생각하는지, 심리 요법에 관해 어떤 말을 하는지를 한정할 수 있다. 그러나 변화를 추진하는 행위자는 바로 그 자신이다.

그런 이유로 자신의 심리 요법 의사를 선택하는 일은 (온건한 표현으로) 광범위한 간접적 영향을 미치는 일생의 중대한 결정이다. 수많은 의사들이 중립적인 결과에 만족한다. 그들이 존재함으로써 변화된 것이라고는, 흘러간 시간과 흩어진 말과 손 바뀐 돈이 전부이다. 그러나 효과적인 심리 요법은 환자의 변연계와 정서적 구조를 영구적으로 변형시킨다. 환자가 나아가야 할 새로운 세계의 형태를 결정할 사람은 의사 개인이다. 그의 변연계 유인자들의 배열에 의해 상대방의 유인자가 교정되는 것이다. 따라서 심리 요법 의사는 항상 자신의 정서를 깨끗이 정돈해

놓아야 한다. 환자들이 찾아와 머물 수 있고, 그들이 여생을 그 곳에서 살아야 할 수도 있기 때문이다.

사랑이 담긴 심리 요법

변연계 유인자를 교정하기 위해서는 폭넓은 시간적 관점이 필요하다. 3년이나 5년, 때로는 그 이상이 걸리기도 한다. 의사들이 치료에 필요한 시간을 이야기할 때 사람들은 창백해진다. 그들이 당황하는 것도 이해할 만하다. 심리 요법은 대학 교육만큼이나 시간과 비용이 소모되는 일이기 때문이다. 그러나 하버드 대학교의 학장인 데렉 복Derek Bok의 말을 인용하자면, 비용 때문에 교육을 미루는 사람은 나태함의 대가로 무지라는 더 값비싼 희생을 치를 수 있다.

정서적 혼란은 지적인 암흑 이상으로 비싼 생계비를 요구한다. 변연계 교육 과정을 몇 년에서 몇 주일로 혹은 며칠로 단축시킬 수 있다면 아무래도 거짓말 같지 않은가? 수많은 사람들이 짧고 값싼 심리 요법이라는 환상의 신기루, 차갑고 매혹적인 오아시스에 이끌려 횡단이 불가능한 사막에 발을 들여놓는다. 정서의 본질적인 구조 때문에 효과적인 패스트푸드 요법은 유니콘만큼이나 현실감이 떨어지는 신화적 창조물이다.

최초에 정신분석 학자들은 심리 요법에 필요한 고통스러운 기간을 설명하기 위해 저항이라는 개념을 내세웠다. 그것은 변화의 욕구를 표현하면서도 실제로는 변화를 꺼리는 환자의 경향이었다. 정서 학습의 반복적인 성격이 발견됨으로써 저항이라는 악귀는 물러갔지만, 심리 요법에 필요한 오랜 기간은 변하지 않았다. 변연계 주형이 형성되는 것은 뇌의 유연성이 아직 신선할 때, 즉 신경 네트워크가 어리고 유연할 때이다. 성년기가 되면 영속적인 유인자들이 레인을 구르는 볼링 공처럼 높은 관성을 가지고 작용한다. 이미 진행중인 삶의 방향을 바꾸기 위해서는 그 개인의 직관을 다른 직관으로 변형시키는 점진적이고 고생스러운 노력이 필요하다. 따라서 심리 요법에는 시간이 소요된다. 그러나 우리 사회는 점진적인 것에 대한 인내심이 부족해서, 인스턴트 치료법을 개발하려고 끊임없이 노력한다. 모든 종류의 질병에 대해 장기적인 치료를 막아보려는 보험회사들의 압력이 갈수록 거세지고 있는 오늘날에는 더욱 그러하다.

필요한 것이든 불필요한 것이든 서비스 자체에 접근하는 것을 막는 것이 오늘날 보험 산업의 존재 이유이다. 그러나 까다로운 법적 절차 때문에 보험업자들은 보험금 지급을 정면으로 거부하지 못하고, 보다 부드러운 방법으로 환자들을 설득하고 견제하고 묵인해야 한다. 따라서 보험업자들은 최소한의 보상을 기꺼이 제공하는 것이 유리하다는 것을 안다. 행동 건강 관리 협회(IBH, 건강에 대한 정보, 서비스, 장비 등을 제공하는 기업——옮긴이) 사의 연구소장인 마이클 프리먼은 1995년 《월스트리트저널》의 한 기사에서, 〈20번의 상담으로 만족할 수 있다면, 8년 동안 정신분석 치료를 받을 필요가 어디 있겠는가?〉라고 소리 높여 외쳤다.

1995년에는 그가 호언장담했던 20번의 진료가 때로는 가능했다. 그러나 오늘날 그러한 사치는 생각하기조차 힘들다. 건강 관리 보험사들은 대개 2-6회의 초기 진료를 제공하는데, 그나마 보험 수령인의 입장에서는 그것이 언제 어디에서 끝날지 알 수 없다. 때로는 담당 직원이 2-3회의 연장 치료를 제공할 때도 있지만, 그것은 누구도 알 수 없다. 직원과의 면담을 요청하려면 각종 서류를 작성하고 첨부해야 한다. 따라서 치료는 변연계 결속과는 도저히 어울리지 않는 불확실한 분위기 속에서 변덕스럽고 파행적으로 진행된다.

단기간에 끝나버리는 심리 요법은 진정한 치유를 효과적으로 방해한다. 신피질은 교육적인 정보를 신속하게 습득하지만, 변연계는 무수한 반복을 요구한다. 6번의 레슨으로 플루트를 연주하거나 10번의 수업으로 이탈리아어를 능숙하게 구사하리라고는 누구도 기대할 수 없을 것이다. 문제는 행복한 삶을 되찾기 위해 반드시 모리스 라벨이나 단테를 알 필요는 없지만 정서와 관계의 지식은 그렇지 않다는 점이다. 그리고 그 정보를 습득하기 위해서는 문화적인 망설임을 극복하고 시간을 투자해야 한다.

보험업자들의 인색한 시선하에서 치료가 부실해질 때, 그 치료는 사실상 없는 것이나 마찬가지이다. 보험회사가 정직하게 제공하는 경우도 있겠지만, 대개 세 번의 진료는 시간 낭비에 불과하다. 최소의 심리 요법을 부추기는 보험 광고는 사람들의 마음에 경솔한 희망을 심어 줄 수 있다. 만약 그러한 관행이 계속된다면, 한 세대에 속한 모든 환자와 의사들은 정서적 고통을 겪는 환자들이 과거에는 다른 방식으로 치료를 받았다는 사실조차 망각할 것이다. 현재의 분위기는, 환자와 의사가 호사스런

옷 한 벌로 두 사람의 몸을 감싼 다음 둘 다 따뜻한 척하도록 부추기고 있다.

복잡한 기준과 계산된 기술이 중요하지 않다는 사실에도 불구하고, 모든 심리 요법 의사들은 재능과 능력이 천차만별이다. 인간의 마음을 이해하는 의사들은 마음의 본질적 구조를 이용하여 건강을 극대화시킨다. 이와는 반대로 현재 유행하고 있는 짧고 요란한 치료에 사로잡힌 의사들은 변연계의 법칙을 업신여기고 잠재력을 훼손한다. 그러한 낭비는 지켜보기에도 안쓰럽다. 성공적인 심리 요법에 필요한 변연계 연결에는 비범한 용기가 수반되어야 하기 때문이다. 환자는 기존의 삶을 포기하고 한 번도 본 적이 없는 새로운 감정의 세계에 발을 들여놓아야 한다. 그는 상상하기조차 어려운 변화의 물결 속에 그 자신을 내맡겨야 한다. 성공적인 변화에 대한 확신으로서 그가 가질 수 있는 유일한 근거는 막연한 믿음뿐이다. 여행이 끝났을 때 그는 새로운 사람으로 태어날 것이고, 그 길을 안내한 사람은 신뢰할 이유가 전혀 없었던 사람일 것이다. 의학 박사인 리처드 셀저 Richard Selzer가 수술에 관해 언급했던 말은 심리 요법에도 그대로 적용될 수 있다. 인간의 사랑이 없으면 그것은 두 미치광이의 행위가 되고 만다.

9

사랑을 가로막는 사회적 요인들

시로부터
뉴스를 얻어내기는 어렵지만
그 속에 담긴 것이
부족하여
인간은 매일 비참하게 죽어간다.

——윌리엄 카를로스 윌리엄스

수억 년 전 변연계가 진화한 순간, 감정과 애정이라는 빛나는 능력을 가진 동물들이 창조되었다. 그들의 신경계는 부드러운 포도나무의 덩굴처럼 서로 뒤엉키며 지탱하도록 설계되었다. 그러나 그리스의 연극 무대에서처럼 삶의 모든 속성에는 그에 걸맞는 약점이 수반된다. 영웅적인 힘에는 항상 비극적 결점이 그림자처럼 따라다닌다. 우리의 정서적 삶을 구성하는 뉴런의 기술들도 마찬가지이다. 변연계는 하등동물들이 가질 수 없는 경험이라는 자산을 제공한다. 그러나 그것 때문에 포유동물들은 고통과 파괴에 노출된다. 악어는 결코 상실의 고통을 느끼지 않고, 방울뱀은 부모나 자손과 격리된 것 때문에 질병이나 죽음을 겪지 않는다. 그러나 포유동물은 그럴 수 있고 실제로 그러하다.

정서적 삶을 책임지는 뉴런의 구조는 적응력이 무한하지 않다. 공룡이 일정한 온도 내에서만 생존할 수 있는 신체를 가지고 있었던 것처럼, 변연계를 가진 포유동물도 일정한 정서적 환경에 제약되어 있다. 거대한 도마뱀들은 하늘이 어두워지고 온도가 하강했을 때 모습을 감추었다. 만약 우리의 생활 조건들이 정서적 유산의 범위를 벗어난다면 인류의 몰락도 피할 수 없는 일이 될 것이다.

우리의 마음은 변연계 공명을 통해 서로를 찾고 우리의 생리적 리듬은 변연계 조절의 부름에 응답하기 때문에, 그리고 우리의 뇌는 변연계 교정을 통해 서로를 변화시키기 때문에, 관계 속에서 행하는 우리의 행동은 삶의 어떤 측면보다 더욱 중요하다. 우리는 우리 자신이 결정한 방식대로 결혼하고 자녀를 양육하고 사회를 조직한다. (정도의 편차에도 불구하고) 모든 결정은 마음의 고정된 욕구들에 일치하거나 그에 거스른다. 겉으로 보기에 솔직하고 가치 있는 행동이라 해도, 의도적인 선택과 상관없이 정서적인 곤경을 유발할 수 있다. 정서적으로 긴요하다고 느끼는 것들에 대한 인식은 사람마다 다양하기 때문이다. 그것을 파악하는 사람들은 보다 만족스러운 삶을 영위하고, 그렇지 못한 사람들은 냉혹한 결과를 경험한다.

사회적 집단들의 경우도 마찬가지이다. 문화는 수십 년 혹은 수백 년 만에 변화되는 반면, 인간의 본성은 전혀 변하지 않는다. 따라서 문화적 규율과 정서적 욕구가 충돌할 가능성이 항상 존재한다. 어떤 문화는 정서적 건강을 장려하지만, 그렇지 않은 문화도 있다. 어떤 문화는 욕구 충족과 정면으로 대조되는 활동과 태도를 장려한다. 미국의 현대 문화가 대표적이다.

미국 문화는 변연계의 단점들로부터 우리를 보호하기는커녕, 사랑의 본질과 필요성을 혼란에 빠뜨림으로써 그것들을 확대시킨다. 그 대가는 씁쓸하다. 단단한 사물에는 항상 그림자가 있으며, 정서의 구조도 예외가 아니다. 인간의 마음은 이른 아침의 가로수 길과 같아서, 햇살이 비치는 한쪽에서는 연인들이 걷고 아이들이 노는 반면, 반대쪽에는 두터운 그늘이 드리워져 있다. 슬픔과 비극 때로는 사악함의 꽃들이 그늘진 곳에서 자라난다.

현대 육아법의 문제점

유아는 부모와 가까이 있기 위해 최선을 다한다. 부모가 근처에 있을 때 유아는 응시하고 깔깔거리고, 부모가 멀리 떠나면 손짓하고 움켜잡으며, 부모가 없을 때에는 서럽게 운다. 유아의 유인 기술은 대체로 최고의 성공률을 자랑한다. 부모에게 아기는 작은 독재자인 동시에 교묘한 마술사이다. 부모에게 아기의 작은 트림과 불평은 떠들썩한 관심을 불러일으키고, 아기의 만족은 더없는 행복을 안겨 준다. 부모를 곁에 묶어 두는 아기의 능력은 변덕 때문이 아니라 변연계의 필요 때문에 진화했다. 아기의 뇌는 수많은 경험의 단편들을 통해 감정의 채널을 열어서, 생리 작용을 안정시키고 마음의 형태를 발달시킨다.

미국인들은 전통적으로 출생 몇 시간 후부터 밤마다 이 연결을 단절시킨다. 우리 문화에서는 아기가 부모와 함께 잠자는 것을 허락하지 않는다.

야간에 유아를 어디에서 재우는가의 문제는 첨예한 논쟁에 휩싸인 덕분에 국가적 관심을 불러일으키고 있다. 다수의 소아과 의사들은 함께 재우는 것에 눈살을 찌푸린다. 스폭Spock 박사는 몇 십 년 전 대중적인 영향력을 발휘했던 그의 저서 『스폭 박사의 아기와 육아』라는 책에서 당시의 관습을 비판했다. 〈별다른 이유가 없으면 아기를 부모의 침대에 재우지 않는 것이 현명한 습관이다.〉 이 같은 스폭의 글은 소아과 의사인 리처드 페버Richard Ferber에 비하면 상당히 부드러운 편이다. 페버는 부모와 어린아이가 한 방 혹은 한 침대를 사용한다는 생각에 대해 지금까지 십자군 전쟁이나 다름없는 성전을 벌이고 있다.

페버의 생각은 성년기의 혼란스러운 성적 동기가 유아기의 영향 때문이라는 프로이트의 미심쩍은 주장에 근거하고 있다. 페버는, 부모가 잠자리를 돌봐 주는 것이 어린아이에게는 〈지나치게 자극적〉인 일이라고 선언한다. 그는 계속해서 다음과 같이 말한다. 〈어린아이가 부부 사이에 기어들어 오는 것은 어떤 의미에서 둘 사이를 갈라놓는 일이므로, 이를 허락해 주면 아이는 자신의 과다한 영향력에 대해 걱정스러움을 느낄 수 있다. ……

아이는 자기 때문에 부모가 갈라지는 것은 아닌지 걱정하기 시작하고, 그럴 경우 아이는 책임감을 느낄 수 있다.〉 여기에서의 그가 저지른 실수는 〈어덜토모피즘 adultomorphism〉으로서, 그는 마치 어린아이가 망원경의 반대쪽을 통해서 본 성인이라고 가정하고 있다. 작고 말 못하는 어린아이를 성숙한 감수성과 배려의 능력을 완전히 갖춘 존재로 취급하고 있는 것이다. 만약 아기가 20세의 젊은이처럼 생각할 수 있다면, 그는 가족과 한 침대에서 밤을 보낸 후 무엇을 느끼겠는가? 페버의 말대로라면 아기는 분명 혼란, 근심, 분노, 죄의식 등으로 괴로워할 것이다.

그러한 주장의 반대편에는 진화심리학자들과 비교문화사회학자들이 있다. 그들은 어머니와 아기가 따로 자는 미국적 관습이 세계적으로나 역사적으로나 매우 특이한 경우임을 지적한다. 현재 세계의 거의 모든 부모들은 아이들과 함께 잠자리를 하고 있으며, 인류 역사가 마지막 황혼기에 들어설 때까지도 떨어져서 자는 것은 대단히 드문 일이었다. 따라서 미국 문화에서는 악몽과도 같은 그 관습을 정당화하기 위해 무리한 증명이 전개되곤 한다. 진화생리학의 탁월한 지지자이자 상식의 수호자인 로버트 라이트는 다음과 같이 페버를 반박한다.

> 페버에 따르면, 혼자 자기를 무서워하는 아이를 침대로 불러들이면 〈그것은 아이의 문제를 진정으로 해결하는 것이 아니다. 아이가 무서워하는 이유가 분명히 있을 것〉이라고 한다. 물론 이유가 있다. 다음이 그 하나가 될 것이다. 아이의 뇌는 어머니와 아기가 함께 잠을 잤던 수백만 년에 걸쳐 자연 선택에 의해 설계되었다. 그 기간 동

안 만약 아기가 밤에 눈을 떴을 때 혼자였다면, 그것은 종종 끔찍한 일이 발생했다는 것을 의미했다. 가령 어머니가 짐승에게 사냥 당했을 경우가 그러하다. 이런 상황에 대처하기 위해 아이의 뇌는 주변에 있는 친척들이 그를 발견할 수 있도록 미친 듯이 소리지르도록 설계되었다. 간단히 말해, 아기가 혼자 남아 있다는 말이 그토록 무섭게 들리는 이유는, 혼자 남겨진 그 아기가 당연히 무서워하기 때문이다. 이것이 나의 견해이다.

라이트가 인정했듯이, 현대 세계의 수많은 특징들은 부자연스럽기는 해도 반드시 해롭지는 않다. 중앙 난방, 빈번한 목욕, 돋보기 안경 등이 그러한 예일 것이다. 그렇다면 잠자리도 건강에 대해 중립적인, 현대인들의 또다른 선택일 뿐인가? 페버는 가족과 함께 자려는 욕구는 〈전문적인 상담〉이 필요할 수도 있는 심리학적 괴벽이라고 경고한다. 그는 자신의 주장을 뒷받침하기 위해 프로이트의 이론을 재탕하지만 객관적 증거는 전혀 제시하지 못한다. 반면에 수면을 연구하는 과학자들은 따로 자는 것 자체가 심리적 위험을 수반할 수 있다는 문제를 제기해 왔다.

아기는 조용히 잠을 자는 도중에 정신적 외상이나 질병의 흔적이 전혀 없이 돌연사할 수 있다. 그것은 마치 그 자그마한 몸뚱이에 막 깃들인 영혼이 완전히 자리를 잡지 못해서 한 번 길을 잃으면 영원히 되돌아오지 못하는 것처럼 보인다. 부모들을 두려움에 떨게 하는 이 죽음은 유아 돌연사 증후군이라는 이름으로 불리지만 그 원인은 밝혀지지 않고 있다. 몇몇 사례는 은밀한 살해 행위임이 밝혀지기도 하지만, 대다수의 유아 돌연사는 신체적 · 환경적 이상이 전혀 발견되지 않고 있다. 그러나 다른 사회들에서는 그 비율이 현저히 다르다는 사실은, 그것이 문화적 요인에서 비롯되는 것임을 가리킨다. 진보된 의료 기술과 정교한 소아 진료에도 불구하고 미국의 유아 돌연사율은 신생아 1,000명당 2명으로, 세계에서 가장 높다. 이것은 일본의 10배, 홍콩의 100배에 해당된다. 그러한 증후군이 거의 발견되지 않는 나라도 있다.

수면 과학자 제임스 맥케나James McKenna와 그의 동료들은 유아 돌연사의 신비를 밝혀낼 수 있는 전대미문의 연구를 수행했다. 그들은 인간이 진화해 온 수백만 년 동안 아기들을 위해 준비된 환경에서, 즉 어머니 곁에서 아기들이 어떻게 잠자는가를 연구했다. 맥케나는 함께 잠자는 어머니와 아기는 침대 이상의 것을 공유한다는 사실을 발견했다. 잠자는 동안 그들의 생체리듬은 상호 일치와 동시성을 보이고, 맥케나는 바로 이것에 의해 아기의 생명이 유지된다고 생각한다. 그는 이렇게 말한다. 〈특정한 수면 단계들의 시간적 진행 그리고 어머니와 아기의 각성 주기가 서로 뒤엉킨다. 밤 시간 내내 매순간마다 그들 사이에는 많은 감각적 소통이 발생한다.〉 함께 자는 어머니와 아기의 쌍은 격리된 어머니와 아기보다 깊은 수면 단계의 시간이 더 짧고 각성의 횟수가 더 많다. 이것은 호흡 정지의 가능성으로부터 유아를 보호하려는 일종의 뉴런 교환이라는 것이 맥케나의 생각이다. 함께 재우는 유아들도 혼자 재우는 아기들처럼 세 번 모유를 먹였고 항상 똑바른 자세를 유지시켰는데, 이 두 가지 역시 유아 돌연사를 방지하는 요인이다. 유아 돌연사율이 낮은 사회는 또한 어머니와 아기가 함께 자는 사회라는 것은 다소 놀라운 사실이 아닐 수 없다.

수면 분리주의자들은 지난 세기 초에 심리학을 지배했던, 아동에 대한 파블로프적 태도를 발굴해 냈다. 아이들의 고통을 관심으로 보상해 주면 재발의 가능성이 높아진다는 것이 그들의 말이었다(그들은 지금도 그렇게 말하고 있다). 밤에 혼자 남겨진 아이는 〈보상〉해 줄 사람이 전혀 없는 상태에서 결국 울기를 멈추고 혼자 지낼 수 있게 된다는 것이다. 그러나 수면은 고기 덩어리가 개의 침샘을 자극하는 것과 같은 반사 작용이 아니다. 수면 중에 있는 성인의 뇌는 90분마다 한 번씩 6번의 뚜렷한 뉴런의 변화 단계들을 거치면서 상승 작용과 하강 작용을 보인다. 이 과정을 통해 우리는 활동의 조화를 회복하고 아침에 잠이 깨었을 때에는 최고 상태에 이를 수 있다. 수면은 복잡한 두뇌 리듬이므로, 뉴런이 미성숙한 유아는 먼저 부모로부터 수면의 패턴을 차용해야 한다.

유아는 태어날 때부터 이것을 안다. 전형적인 아기는 어머니의 왼쪽에서든 오른쪽에서든 밤새 어머니 쪽으로 몸을 돌린 채 잠을 자고, 그러면서 귀와 코, 때로는 눈을 통해 그의 야간 리듬을 결정하는 감각적 자극들을 흡수한다. 어미로부터 갓 떼어낸 강아지에게 똑딱거리는 시계 소리를 들려줌으로써 불안한 수면을 안정시켜 주거나, 숨쉬는 곰 인형으로 조산아의 호흡을 안정시키는 것도 같은 원리에서이다.

일부 미국인들에는 기이하게 들릴 수 있겠지만, 부모 곁에서 자는 것은 잠자는 아기를 살아 있게 만든다. 성인의 심장은 지속적으로 운동하고 호흡은 규칙적인 조수와 같기 때문에, 아기의 내적 리듬은 그에 따라 밀물과 썰물의 운동을 조정한다. 여성들의 직관은 고대부터 설계된 이 프로그램에 익숙하기 때문에, 오른손잡이와 왼손잡이 모두가 아기를 왼쪽 팔로 안아서 아기의 머리를 어머니의 심장 가까이에 놓는다. 이 편측성은 관습이나 문화적 편향과는 거리가 멀다. 고릴라나 침팬지 어미도 아기를 왼쪽에 안아 재우는 선천적 본능을 보여주기 때문이다.

가족 침대 논쟁은 미국적인 난문제로 부각되어 있다. 우리는 어느 사회보다 개인적 자유를 존중하지만, 자율성이 발전할 수 있는 과정을 존중하지 않는다. 일반적으로 미국인들은 여행자가 호텔 사환에게 가방을 넘기듯이 자치권을 개인에게 떠넘기면 된다고 생각한다. 그리고 아이들도 저 혼자 놔두면 스스로 살아가는 방법을 배울 것이고, 옆에서 도와 주면 매달릴 줄밖에 모르는 찰거머리 괴물이 될 것이라고 생각한다. 그러나 실제로 때 이른 압박감은 아이들이 마음속에 간직하고 살아야 할 자기 규제의 진정한 유기적 능력을 저해한다. 독립심은 의존성을 꺾고 억제할 때가 아니라 충분히 채워줄 때 자연적으로 발생한다. 당연히 아이들은 부모에게 크게 의존한다. 그리고 충분히 의존한 후에는 그들 자신의 침대로, 집으로, 삶으로 돌아간다.

개에게는 정든 소파를 떠날 줄 아는 본능이 없다. 푹신한 쿠션에서 개를 멀리 하고 싶다면 훈련을 시켜야 한다. 쥐에게도 미로를 달리려는 내적 욕구가 없어서 적당한 미끼와 처벌을 조합시켜서 훈련시켜야 한다. 그러나 아이들에게 독립심을 불어넣어 주기 위해 강압이나 전기 충격이나 모이를 사용할 필요는 없다.

에머슨은 다음과 같이 말했다. 〈이 세상에서 가치 있는 한 가지는 활동적인 정신, 즉 자유롭고 독립적이고 적극적인 정신이다. 이것은 누구에게나 부여된 권리이다. 그러나 모든 사람이 마음속에 가지고 있는 이 능력은 대개의 경우 장애물에 가로막혀서 아직 탄생하지 못하고 있다.〉 이 제2의 탄생은 유년기의 몫이다. 그리고 새로운 영혼을 탄생시켜야 할 산파는 바로 사랑과 보호이다.

한때 의사들은 미국 여성들에게, 모유를 먹이는 것은 시대에 뒤진 괴팍한 행동이라고 말했다. 과학 기술이 안전하고 편리한 포유병을 생산한 후부터, 아기에게 젖을 물리고 싶다는 생각은 퇴보적이고 심지어는 병적인 어머니들의 전유물로 취급받았다. 이제 우리는 자연 수유가 아기의 욕구와 일치하며 어떤 인공적 방법도 이를 대신할 수 없다는 사실을 알고 있다. 모유에 함유된 영양분은 아기의 신진 대사에 적합하고, 모유를 통해 전달되는 항체는 질병을 이기는 데 필수적인 면역성을 제공한다. 자연 수유에 대한 의학적 반대는 이제 역사적 유물이 되어버렸다. 아기가 혼자 자는 것이 가장 좋다는 주장은 자연 수유에 반대하던 과거의 주장과 똑같이 모호하고 불분명한 견해로써, 우리 시대의 어머니들을 괴롭히고 있다. 이에 대해서는 아기들이 더 잘 알 것이다. 아기를 어두운 고독으로부터 지키는 것은 21세기의 지혜가 될 것이다.

현재로서는 주간의 육아법에 대한 격렬한 논쟁이 야간의 육아법에 대한 신랄한 대립을 능가하고 있다. 그러나 논쟁의 실질적인 알맹이는, 미국의 어린아이들이 부모와 지내는 낮 시간이 과거보다 줄어들었다는 공동의 인식이 전부이다. 다양한 대리인들이 우리 시대의 아기들을 돌본다. 친척, 오페어 aupair(외국 가정에 입주하여 육아 등의 집안 일을 거들며 언어를 배우는 사람 ——옮긴이), 시간제 유모나 정규직 유모, 이웃, 탁아 시설의 직원, 텔레비전 쇼, 디즈니 비디오, 대화식 컴퓨터 게임 등. 어린아이가 누구와 시간을 보내는가는 과연 중요한 문제인가? 아이에게 관심을 기울이고 해로운 상황에 처하지 않게 돌봐줄 사람이 있다면, 그것이 부모이든 할머니든 유모든 낯선 사람이든 전자 장비이든 어떤 차이가 있겠는가?

이러한 질문의 중심에는 사람들의 마음을 불편하게 만드는 중력이 자리잡고 있다. 그것은 바로 아이의 변연계 욕구가 가지는 구체성이다. 만약 아기가 단지 지루함에서 벗어나기를 원한다면 어떤 종류의 오락이라도 충분할 것이다. 그리고 단지 보호자를 곁에 두고 안심하기만을 원한다면 어떤 어른이라도 좋을 것이다. 그러나 애착에 대한 수십 년간의 연구를 통해 내려진 결론은, 아이들은 대체 불가능한 특정인과 정교하고 개별적인 관계를 형성한다는 것이었다. 그러한 결속의 생물학적 측면을 연구한 과학자들은, 관계의 가치가 어머니와 아기 사이의 뉴런 동시성에 있으며, 성인의 뉴런 행동 양식들이 아기의 유연한 뇌에 새겨진다고 주장한다. 만약 그것이 사실이라면 우리 시대의 아기들이 처한 상황은 헌신적인 보호자들로 이루어진 소규모 집단에서 오랫동안 호사를 누렸던 과거의 상황과는 매우 다를 것이다.

오늘날에는 텔레비전, 비디오, 컴퓨터 게임 등의 전자공학적 보모들이 뇌의 정서적 등가물이 되었다. 그것들은 따뜻한 보호를 제공하지 않고 아이의 관심과 정신적 공간을 점령해 버린다. 사람들이 기계로부터 이야기, 접촉, 교류와 같은 인간적 특성을 원한다는 것은 텔레비전과 컴퓨터 시대의 역설이 아닐 수 없다. (자연이 무로부터 그런 종류의 기관을 창조하기까지는 수십억 년이 걸렸으므로, 실리콘 밸리에서 조만간 그러한 것을 생산하리라고는 기대하기 어렵지 않을까?) 우리 시대의 기계는 변연계 연결이 아니라 엉성한 자극물들을 제공한다. 실제로 인터넷이 성인들에게 우울과 고독감을 일으킨다는 연구 결과는 그다지 놀라운 것이 아니다. 그것을 연구한 저자는 다음과 같이 말한다. 〈사회적 기술이라는 것이 그렇게 반사회적 결과를 초래한다는 사실에 우리는 놀라지 않을 수 없었다.〉 기계 친구들이 오락적인 가치로서 대단하다는 것은 사실이지만 인간 관계의 대체물로서는 어른과 아이들 모두에게 별반 유용하지 않다는 것 또한 사실이다.

역할의 순위를 매긴다면 인간 친구가 최고일 것이다. 아이가 받는 사랑의 양과 질은 그의 뉴런에 장기적인 결과를 남긴다. 이 같은 작용을 뒷받침하는 증거가 경험적으로 축적됨으로써, 정서적 공백이 아기들에게 치명적이라는 사실이 갈수록 분명해지고 있다. 무관심 속에서 자란 아기의 머리 둘레는 정상적인 아기보다 더 작으며, 그의 뇌를 자기 공명 시스템으로 검사해 보면 수십억 개의 세포 손실로 축소되어 있음을 알 수 있다. 유년기에 우울함을 경험했던 어머니의 아이들은 인식 능력의 지속적인 결함을 보인다. 20년간의 장기적인 자료가 입증한 바에 따르면, 관심과 반응이 수반된 육아는 영구적으로 건강한 성격을 형성시킨다. 영장류 사육 연구에 따르면 때 이른 격리가 뉴런의 황폐화로

이어지는 것은 물론이고, 어미에게 정서적 스트레스를 가하면 어린 원숭이의 뇌에는 미묘한 착란 현상들이 지속적으로 나타난다고 한다. 심지어는 한 배에서 태어난 어린 쥐들의 경우에도 애정 어린 양육의 정도에 따라 발달의 궤적이 크게 달라진다. 사랑이 아이의 삶에 중요하다는 것은 이제 돌이킬 수 없는 판결이 되었다.

우리 모두는 무의식 속에서 소리 없이 움직이는 변연계 장치를 가지고 태어난다. 그렇다면 그 장치의 유연성이 어느 정도인가가 상당히 중요한 문제로 부각된다. 아무도 분명한 대답을 알지 못한다. 지속적으로 돌봐 주는 한 명의 보호자가 있다는 것만으로는 건강을 장담할 수 없다. 최고의 어머니는 능력과 정서적 조화를 겸비해야 하기 때문이다. 모든 어머니가 그렇지는 못하다. 다수의 보호자가 있는 상황이라면 문제는 몇 가지 측면으로 나눠진다. 첫째, 각 보호자는 아이와의 동조와 조절에 얼마나 능숙한가? 둘째, 보호자의 교체로 인해 불가피한 단절이 발생하여 정서적 안정을 해치는 때는 언제인가?

부모와 친척은 품질 관리의 측면에서 뚜렷한 강점이 있다. 그들의 자발적 노동에는 사랑이 넘친다. 유모와 탁아 시설 직원들 중에도 맡겨진 아이에게 진실하고 지속적인 애정을 쏟는 사람들이 있다. 그러나 그들의 애정은 부모의 열정에 못 미친다. 드문 실례가 있기는 하지만 다른 사람들의 아이들은 자기 자신의 아이들에 의해 자연스럽게 일깨워지는 무모하고 헌신적인 사랑을 유도해 내지 못한다. (최저 임금을 간신히 지불받는 대신에) 넉넉한 액수가 월급으로 지불된다 할지라도 사랑을 가로막는 마음의 장벽이 약해지지는 않을 것이다. 아기에게 매혹 당한 부모 외에 누가 세심한 주의를 기울이면서 아기의 미묘한 신호를 모두 알아내고 개인적인 변연계 방언을 창조하는 일에 참여하겠는가? 부모 외에 누가 자발적인 열정과 매혹과 인내심을 보이면서 복잡하고 창조적인 노동을 수행하겠는가?

두 포유동물 사이의 동조가 성공적으로 이루어지려면 곡예와도 같은 기술을 발휘하여 각자가 상대방의 리듬을 파악하고 그에 따라 자신의 리듬을 조절해야 한다. 부모와 아기는 화려한 솜씨로 볼링 핀을 주고받는 서커스의 곡예사와 같다. 연습으로 맞춰진 두 사람의 리듬에 낯선 사람이 슬그머니 끼여든다면 그 리듬은 깨어지고 말 것이다. 거의 어떤 고용인도 남의 아이를 진정으로 사랑하기 어렵다는 것은 냉혹하지만 무시할 수 없는 사실이다. 혹시 진정으로 사랑하는 경우가 있다 해도 그것은 극도로 힘든 노역일 것이다. 더구나 일반적인 탁아 시설의 직원들은 한 고객의 아이만을 보면서 복잡한 정서적 요구를 들어 주는 것이 아니라 최소한 서너 명의 아이를 동시에 돌본다. 규모의 경제학이 존재하는 이유는 분명하지만, 그런 환경에서 주입되는 몰개성적인 요소는 아기의 정서 발달에 금물이다. 마크 트웨인의 말을 이용하여 표현하자면 다음과 같다. 아기와 동조를 이룬 보호자와 거의 동조를 이룬 보호자의 차이는 번개 lightning와 반딧불이 lightning bug의 차이와 같다.

다른 모든 조건들이 동일하다면(가끔은 차이가 있지만), 유아의 변연계 욕구를 가장 잘 충족시킬 수 있는 사람은 부모이다. 그들은 규칙적으로 아기의 곁을 지킬 수 있고 아기에 대한 헌신적인 사랑이 자연스럽게 우러나오기 때문이다. 이러한 장점의 정반대가 탁아 시설의 단점이다. 유아의 뇌는 자신의 모든 문제에 관여해 줄 수 있는 사람들과 지속적으로 동조하도록 설계되어 있다. 그들의 마음은 유아의 뇌라는 대단히 강력한 축을 중심으로 공전한다. 그러나 탁아 시설에서 유아는 열정이 있을 리 없는 대리모의 정서적 초점을 획득하기 위해 대여섯 명의 또래들과 경쟁하게 된다. 부모의 열정적 헌신과 여러 명의 낯선 사람들로 분산된 관심이 성장하는 뇌에 동일한 효과를 미칠 수 있겠는가? 그렇게 믿고 싶은 마음이 든다면 그것은 가설 자체의 신빙성 때문이 아니라 개인적인 바람 때문일 것이다.

아기가 몰개성적인 사막에 발을 들여놓지 않게 하려면, 부모의 애정은 어느 정도의 운동량을 가져야 하는가? 사랑은 일종의 신체적 작용이므로, 그에 소요되는 시간은 압축되지 않는다. 아이가 가족과 함께 보낼 수 있는 시간은 주당 0에서 168로서, 이것은 〈전혀〉와 〈항상〉을 수량화한 값이다. 이 시간적 양극 안쪽에 특정한 수가 분명히 존재한다. X시간이라고 칭할 수 있는 그 수치는, 부모와의 격리로부터 초래되는 충격이 대수롭지 않는 위기에서 정서적 위기로 넘어가는 지점이다.

아이들마다 다소 차이는 있지만 대부분의 사람들은 X 값이 나이에 따라 감소한다는 데에 동의한다. 유아는 가장 많은 시간을 함께 있어야 하고, 걸음마 단계의 아이는 약간 적은 시간을, 나이가 더 들면 더 적은 시간을 요구한다. 특정한 나이 내에서는 그 값이 어느 지점까지 떨어지는가? X는 주당 5, 10, 12, 40, 80 시간에 해당하는가? 이 방정식은 손쉬운 연구의 대상이 아니다.

복잡한 변수들이 무수히 개입될 뿐 아니라, 논쟁에 참여한 수많은 당사자들이 혼란스러운 과장과 왜곡을 일삼기 때문이다. 일부 과학자들이 입증한 바에 따르면, 1세 미만의 아기에 대한 위탁 양육이 주당 20시간을 초과하면 애착이 불안정해지고 부정적인 정서적 영향을 받을 위험이 증가한다고 한다. 이와 대립되는 연구에서는, 탁아 시간이 늘어나더라도 아이들이 좋은 환경에서 고품질의 육아 서비스를 받는다면 해로운 영향을 완전히 피할 수 있음을 밝혀냈다. 그러한 조건으로는 풍족한 예산, 유능한 직원, 성인-아이의 알맞은 비율, 낮은 이직율 등이 제시되고 있지만, 실제로는 우리 나라의 현실과 동떨어진 조건이라 하지 않을 수 없다.

편부모 가정과 맞벌이 가정이 높은 비율을 차지하는 상황에서, X 값을 발견하는 것은 더 이상 미룰 수 없는 문화적 과제로 부각된다. 그러나 불행하게도 이 문제를 차일피일 미루고 있는 것이 우리의 현실이다. 유아의 위탁 양육과 관련된 자료를 둘러싸고 너무나 격렬한 논쟁이 벌어지고 있어서, 의미 있는 과학적 논쟁은 오히려 뒷전으로 밀려나고 있다. 심리학자 로버트 카렌 Robert Karen은 집필 자료를 수집하는 과정에서 과학자들의 분명한 목소리를 듣기가 매우 어려웠다고 설명했다. 다른 주제에 관해서는 유창하게 설명하던 과학자들도 탁아 문제를 꺼내면 그 순간 입을 다물고 말았다. 분명 정치적인 압력을 느끼는 눈치였다. 한 발달심리학자는, 〈그 문제라면 어떤 견해도 갖고 싶지 않습니다〉라고 카렌에게 말했다. (그가 아니라면 누가 견해를 갖겠는가?) 카렌이 강력하게 요구하자 그는 다음과 같은 견해로 후퇴

했다. 〈나는 어떤 견해도 밝히고 싶지 않습니다.〉

과학이 도래한 이후로 지금까지 모든 문화에서는 경험주의의 냉철한 눈으로부터 몇 가지 믿음들을 보호해 왔다. 불쾌한 결과에 이를 수 있는 가능성조차도 받아들이고 싶지 않다는 이유에서였다. 우리 시대의 공간에서 미국 문화는 고용 가능한 성인들에게는 직업과 경력이 있어야 하며 아이들은 관심을 적게 기울여도 큰 문제가 없다는 관념을 자명한 사실로 조장하고 있다. 이 기초 이념에 대한 문화적 의존도와 궁극적인 문화적 건강성을 연관짓는 사람은 없다. 그것은 미래의 과학이 평가할 문제로 넘겨지고 있다. 윌리엄 가스Willian Gass는 다음과 같이 적고 있다. 〈우리는 대의를 위해 싸울 수 있고 그것을 실현시킬 수 있지만, 개념이나 소망을 실현시킬 수는 없다. 다행스럽게도 진실은 아무도 모르기 때문이다.〉 현대 미국 사회에서, 부모의 사랑이 아기의 성장에 어느 정도의 영향을 미치는가에 대한 무지는 위태로운 수준에 이르렀다. 무지를 선택한다는 것은 화를 자초하는 일이다. 만약 우리가 어떤 부모에게, 현대적 생활 방식이 자녀로부터 변연계의 필수 성분과 뉴런의 비타민과 이후의 질병에 대항하는 정서적 백신을 빼앗을 수 있다고 말한다면, 그것은 죄의식과 고통을 자극하게 될 것이다. 그러나 그 문제를 계속 외면한 결과 부모들이 자녀들에게 필요한 사랑을 제공하지 않고도 모르고 지나친다면, 모든 사람이 죄의식과 고통보다 더한 것을 느끼게 될 것이다.

이 문제는 선택의 여지가 없는 부모들과는 무관하다. 이것은 끼니도 때우지 못하는 사람들에게 최신 다이어트 정보가 쓸모 없는 것과 같다. 그러나 어떤 부모들은 약간의 시간적 여유를 낼 수 있고, 생각보다 더 많은 여유를 가진 부모들도 있을 것이다. 많은 부모들, 그중에서도 특히 어머니들은 어린 자녀를 두고 출근할 때마다 괴로움을 겪는다. 그 정도의 고통이라면 신중한 고려나 분명한 증거가 없어도 심각한 문제로 인식되어야 한다. 그러나 자녀 양육을 위해 집에 남기를 고려하는 부모들에게는 문화적인 차원에서 호의적인 제안이 빗발친다. 당신은 똑똑하고 능력이 있습니다. 그 시간에 사회적으로 중요한 일을 하지 않으시겠습니까? 그 속에 내포된 의미는 명백하다. 사랑에는 성공이 없다, 사랑으로는 필요한 것을 이루지 못한다는 것이다. 우리 문화는 가장 노골적인 계산법에 기초하여, 양육에 대한 부모의 헌신을 야망도 없이 육아에만 매달리는 행동과 일치시킨다. 그러나 인간의 어떤 행동이 그보다 더 큰 가치를 가질 수 있겠는가?

정치는 문화적 태도를 정책으로 변형시키는 장치이다. 아리스토텔레스는 이렇게 말했다. 〈사회적으로 존경받는 것은 그 사회에서 장려되기 마련이다.〉 미국의 사회 정책들을 살펴보면 유행의 바람이 어느 방향으로 부는지를 쉽게 알 수 있다. 한편에서는 편모들을 자녀와 분리시켜서 직장으로 돌려보내야 한다고 주장하는 보수주의자들로 인해 복지의 기초가 흔들리고 있다. 그들은 자녀 양육이라는 노동이 아니라 문화적 동의와 가치를 지닌 진짜 노동을 해야 한다고 주장한다. 그 반대편에서는 민주당원들이 양육 문제의 주도권을 행사하면서 위탁 시설의 확장을 요구하고 있다. 미국의 부모들은 그 중간에 갇혀서 아무 힘도 발휘하지 못하고 괴로워하고 있다.

육아의 대부분은 (시간, 관심, 인내, 음식, 지도, 사랑 등을) 주는 것이기 때문에 아이에게 들어오는 정서적 자양분은 균형 있는 발달에 필수불가결하다. 부모가 모두 존재한다는 것은 우연한 사치도 아니고 단순한 경제적 이점도 아니다. 부모는 지원과 보충을 위해 서로를 필요로 한다. 그러나 한 명의 성인이 힘겨운 짐을 혼자 지는 가정이 점점 늘고 있다. 미국 어린이의 3분의 1이 편모 가정에서 자란다. 편모나 편부 가정에서 18세를 맞는 아이들이 전체 중의 절반을 차지한다. 그러한 비율로부터 우리는 다음과 같은 예측을 이끌어 낼 수 있다. 적절한 사랑을 받지 못한 부모는 자녀를 포함하여 누구에게든 줄 것이 더 적을 것이다. 심리학자인 주디스 월러스타인Judith Walerstein은 이혼 가정들을 이혼 직후부터 5년 동안 연구하여, 아이들이 어느 시점에서든 〈우울증에 걸릴 확률이 대단히 높다〉는 사실을 발견했다. 그녀의 보고에 따르면, 이혼이 아이들에게 미치는 가장 큰 위험은 〈대개 파경의 필연적 결과로 발생하여 이혼 가정 내에서 고정화될 수 있는 양육의 감소 혹은 혼란에 있다.〉

인간의 변연계 결속은 모든 사회 조직을 상호 의존의 망으로 만든다. 인간의 내적 동요와 불안이 안쪽으로 그리고 바깥쪽으로 물결과 반향을 일으키는 것도 이 망 속에서이다. 정상적인 가정의 성인들이 아이들의 마음을 꾸준히 보살펴 주지 못하는 문화에서는 아이들이 마음을 꽃피울 수 없다. 그리고 사랑의 완전한 의미를 알지 못한 채 성장한 젊은이는, 타인과의 중대한 결속을 위해 노력하려 할 때 고통스러운 핸디캡을 피할 수 없을 것이다. 아이들의 정서적 운명은 서로를 사랑하는 부모의 능력과 필연적으로 관련되어 있지만, 안타깝게도 우리 시대에 이 능력은 갈수록 황폐해지고 있다.

사랑의 방정식

낭만적인 관계를 포함하여 모든 관계는 변연계 에너지가 마술과도 같이 연결되는 과정이다. 인류는 대단히 오랜 세월 동안 이 원초적 에너지에 익숙해 있었지만, 오늘날 우리는 어느 때보다도 그 본질을 이해하지 못하고 있다. 변연계의 작용을 무시하는 우리의 문화는 사랑의 관계 앞에서 당황하고 있다. 서점을 가득 채운 사랑법 입문서들을 보면 아무도 그 방법을 모르고 있는 것 같다. 그러한 무지는 커다란 고통의 원인으로 작용한다. 도스토예프스키는 〈아버지와 교사들〉에게 이렇게 말했다. 〈나는 '지옥이 무엇인가'라는 문제를 깊이 생각합니다. 나는 그것이 사랑의 무능력에서 오는 고통이라고 단언합니다.〉 오늘날 너무나 많은 사람들이 그 지옥에 살면서 구원을 바라지만, 헛된 바람은 그들을 항상 외면한다. 그들이 모르는 것은 무엇인가? 우리 문화가 그들에게 가르쳐 주지 않는 것은 무엇인가?

그것은 바로 사랑의 단순한 방정식들이다. 〈관계는 시간에 의존한다〉가 한 예이다. 벌이 꽃가루에 의존하고 세포가 산소에 의존하듯이 관계는 시간을 탐식한다. 그것은 어떤 요인에 의해서도 목적 의식이 흔들리지 않고, 어떤 타협이나 대체도 불가능한 과정이다. 관계는 소화나 뼈의 성장처럼 그럴듯한 촉진법이 전혀 통하지 않는 생리적 작용이다. 따라서 타인과 정서적 리듬을 동화시키고 유지하는 기술에는 오랜 세월을 견실하게 투자하는 태도가 필요하다.

미국인들은 효율적인 현대 생활에 젖은 채 성장했다. 우리 주변에는 전자레인지, 바코드 스캐너, 대용량 컴퓨터, 초고속 인터넷 등이 가득하다. 관계라고 해서 무엇이 다르단 말인가? 관계에 드는 시간을 압축시켜서 수백 년 혹은 수천 년 전보다 간단하게 만들지 말란 법이 어디 있는가? 이에 대한 변연계의 대답이 명백한 아니오일 때, 우리의 문화는 당혹스러움을 피할 수 없다. 관계가 무관심 속에서 증발해 버릴 때 현대 미국인들은 진정으로 당황한다. 관계의 조건들은 함께 나누는 새로운 시간 속에서 복구된다. 그러나 우리 문화에는 어떤 것을 한 번 얻으면 언제라도 다시 얻을 수 있고, 한 번 성립시키면 몇 주, 몇 달, 심지어는 몇 년 후에라도 쉽게 복구할 수 있다는 우스꽝스러운 문화적 미신이 만연하고 있다. 그러나 우리의 현실은 극작가 장 지라두Jean Giraudoux의 표현만큼이나 급박하다. 〈사랑하는 두 사람 사이에 한 순간의 분열이 발생하면, 그것은 계속 성장한다. 그것은 한 달, 일 년, 백 년으로 증가하여 어느덧 돌이킬 수 없는 상태가 된다.〉

어떤 부부들이 사랑하지 못하는 이유는 단지 사랑할 만큼 서로의 존재에 충분한 시간을 들이지 않기 때문이다. 전화, 팩스, 전자우편 등 통신 기술의 발전 덕분에 우리는 알맹이 없는 접촉의 인상만을 서로 전달함으로써 일체감을 이룰 수 있다는 그릇된 환상을 갖게 된다. 그리고 명백한 시간 부족으로 관계가 위기에 처한 상황이 되면 종종 두 사람은 어떤 해결책도 불가능하다고 단정짓는다. (함께 보내는 시간을 제외하고) 어떤 시간도 필수 불가결한 것으로 분류된다. 집안을 청소하고, 신문을 보고, 가계부를 작성하는 일 등은 하루도 빼놓을 수 없는 과업이다.

그러한 생활은 너무 비싼 희생이 수반된다. 인생의 뗏목을 저어갈 때 현명한 생존자는 나무상자 때문에 식량을 버리지는 않을 것이다. 만약 우리가 삶의 한 부분을 배 밖으로 버려야 한다면, 배우자와 보내는 시간이 맨 마지막이어야 할 것이다. 그 연결은 두 사람의 삶에 필수적이다.

우리 사회의 부부들은 친구, 동료, 가족들을 포함한 이 세계로부터 그러한 충고를 듣지 못한다. 그들이 듣는 충고는 애착의 필요성이 아니라 성공에 대한 격려뿐이다. 미국인들은 무엇보다도 성공과 획득의 중요성을 서로 일깨운다. 산업의 발전을 통해 약속의 땅을 이루자는 것이 국가적 이상으로 자리잡은 상황에서 어느 누구도 그 낙원에 들어가기를 포기하려 하지 않는다. 그리고 사회적 경력의 완성이 행복을 가져오지 못할 때에도 최초의 가정을 재고해 보는 사람은 거의 없다. 대부분의 사람들이 더 열심히 일할 뿐이다. 사람들이 직업이라는 원심분리기를 더 빠르게 돌릴수록, 그들 자신의 마음에서 우러나는 진실의 속삭임은 윙윙거리는 기계음에 더 깊이 파묻힐 뿐이다.

실제로 누군가와 관계를 형성할 때에야 비로소 미국인들은 자신이 오랫동안 잘못된 가르침을 받고 있었음을 깨닫는다. 내용보다는 형식을 압도적으로 중시하는 미국 문화는 사랑의 중요성을 도외시하는 반면 덧없는 연애 감정에 대해서는 열심히 애를 태운다.

아이는 부모의 정서적 행동 양식에 리듬을 맞추고 그것을 저장한다. 이후의 삶에서 그가 비슷한 짝을 발견하여 그의 정신 생물학적 자물쇠 속에 열쇠가 꽂히고 그것이 회전판에 들어맞으면 그는 연애 감정을 느낀다. 변연계 구조의 정확성은 놀랍다. 500만의 도시에서, 2억 7천만의 나라에서, 60억 인구의 세계에서 사람들은 어린 시절의 파트너와 정서적으로 동일한 짝을 발견하고 아찔한 감정을 느낀다. 연애 감정에는 장력이 높은 세 가닥의 끈이 함께 얽혀 있다. 이전에도 불가능했고 앞으로도 불가능할 정도로 상대방과 정확히 합치된다는 강력한 느낌, 살을 맞대고 가까이 있고 싶은 강력한 욕구, 다른 것들은 모두 무시해 버리고 싶은 광란의 충동. 그렇게 눈먼 상태에서 사랑은 어떤 정신적 사건으로도 불가능한 방식으로 현실을 개작하여 재창조해 낸다. 〈사랑에 빠진 사람은 불가능을 믿는다〉고 엘리자베스 바렛 브라우닝 Elizabeth Barrett Browning은 말했다.

우리 사회는 즐겁지만 순간적인 광기를 최고의 감정이라고 주장함으로써 열광적인 연애 감정을 지나치게 찬양한다. 끊임없이 전기가 통하지 않으면 관계의 정점에 오르지 못한 상태라는 것이 대중들에게 전달되는 문화적 메시지이다. 모든 대중 문화 매체들은, 친밀감의 최고 상태가 서로에 대해 전혀 모른 채 이끌린 두 사람이 침대에서 정열적인 섹스를 나누는 순간에 달성되는 것으로 묘사한다. 잠자는 시간을 제외하고 매 순간 그 두근거리는 정열의 극치를 향해 촉각을 곤두세우라는 것이 그들의 말이다. 그러나 연애하는 두 사람은 단지 함께 있을 뿐이어서, 그러한 상태는 언제든 끝날 수밖에 없는 동시에 한편으로는 바람직한 방향으로 끝나야 한다. 진정한 관계는 최초의 연애 감정이 시들 때 비로소 꽃피울 수 있다.

변연계의 관점에서 사랑은 연애와 다르다. 사랑에는 상호성이 있고, 동시적인 조절과 동조가 있다. 따라서 성숙한 사랑은 상대방을 아는 것과 중대한 관련이 있다. 연애는 단지 하나의 감정을 성립시키는 데 필요한 인지를 짧은 기간 동안 요구할 뿐이고, 사랑하는 이의 정신을 서문에서 후기까지 정독할 것을 요구하지 않는다. 사랑은 친밀함에서, 즉 낯선 영혼을 오랜 시간 자세히 감시함으로써 파생된다.

다른 자아의 형태를 더듬어 알아내는 능력은 사람마다 다르기 때문에, 사랑의 능력 또한 사람에 따라 다양하다. 아이는 그를 알아 주는 부모의 능력과 정비례하여 당시의 경험으로부터 이 기술을 배운다. 공명하는 부모와 꾸준히 변연계를 연결시킨 결과 그는 감정의 전문가가 된다. 그때 아이는 다른 사람의 내면을 볼 수 있고, 정서적 풍경을 그릴 수 있고, 자신의 감각에 반응할 수 있다. 왜곡된 유인자는 자유롭고 능숙하게 사랑하는 능력을 손상시킨다. 초점을 맞추지 못하는 사람의 눈처럼 그의 마음의 시선은 앞에 있는 사람을 정면으로 바라보지 못하는 불안정한 습관에 물들게 된다. 이렇게 왜곡되어 버린 마음은 사랑의 이중주에서 아무리 상대방의 박자와 선율을 파악하고 그 리듬에 맞추려고 노력해도 늘 어긋나기만 한다.

사랑은 생리 작용의 영향력을 서로 주고받는 일이기 때문에, 우리의 생각보다 더 깊고 엄밀한 연결이 수반된다. 사랑하는 사람들은 변연계 조절을 통해 서로의 감정, 신경 생리 작용, 호르몬 수치, 면역 기능, 수면 리듬, 안정 상태 등을 조절하는 능력을 갖게 된다. 한 사람이 여행을 떠나면 다른 사람은 서로를 강화시켜 주던 상태에서는 거뜬히 물리칠 수 있었을 사소한 증상들 가령 불면증, 생리 불순, 감기 등으로 고생한다.

한쪽 연인의 뉴런에 각인된 유인자는 상대방의 정서적 지각 즉, 그가 느끼고 보고 배우는 것을 변화시킴으로써 그의 정서적 가상 세계를 변형시킨다. 파트너를 잃은 사람이 자신의 일부가 사라졌다고 말할 때 그것은 생각보다 더 정확한 말이다. 신경 활동의 한 부분은 살아 있는 다른 뇌의 존재에 의존한다. 그것이 없으면 그를 구성하고 있던 전기적 상호 작용이 변화를 겪는다. 연인들은 서로의 정체성을 여닫는 열쇠를 쥐고 있으며, 서로의 네트워크에 신경 구조적인 변화를 깊이 새겨 넣는다. 그들은 변연계 결속을 통해 서로의 존재와 존재 가능성에 영향을 미칠 수 있다.

미국 사회는 거래의 기술을 최고로 여김으로써 사랑의 상호주의적 성격을 경시해 왔다. 우리 시대의 거의 모든 사람들은 50 대 50의 관계라는 미신을 항상 듣고 산다. 한쪽이 상대방에게 좋은 일을 해주면 똑같은 만족으로 보상받을 권리를 가지며, 그 엉터리 법칙하에서는 빠를수록 좋다는 것이 정설이다. 사랑의 생리학은 물물 교환이 아니다. 사랑은 동시적으로 발생하는 상호 조절이며, 그 속에서는 누구도 자기 자신을 위해 어떤 것을 제공하지 않으므로 개인의 욕구는 동시에 서로 충족된다. 그러한 관계는 50 대 50이 아니라 100 대 100이다. 각자는 상대방을 지속적으로 배려한다. 그리고 동시적인 주고받음 속에서 두 사람은 함께 발전한다. 그 곳에 도달한 사람들은 깊은 애착으로부터 발생하는 강력한 혜택을 얻는다. 즉 상호 조절에 성공한 사람들은 완전함, 집중력, 활력을 느낀다. 그들은 적절한 원천으로부터 안정적인 생리 작용을 획득한 상태에서 일상 생활의 스트레스를 쉽게 해결하고 특별한 환경이 주는 스트레스에 대해서도 높은 탄력성을 보인다.

관계는 상호적이기 때문에 파트너들은 같은 운명을 공유한다. 어떤 행동도 한 사람에게는 이익을 다른 사람에게는 해를 주지 않는다. 때로는 상대방의 욕구를 외면하면서 자신의 욕구 충족만을 파트너에게 요구해야 승리하는 것이라고 생각하는 사람이 있다. 그러한 노랭이 장사꾼에게는 비참한 최후가 돌아갈 뿐이다. 보답을 아까워 하는 행위는 나 자신을 풍족하게 해주는 파트너의 능력을 떨어뜨린다. 그것은 상대방이 나에게 주기 위해 맑은 물을 길어 올리는 바로 그 샘물을 오염시키는 행위이다. 사랑하는 남녀는 하나의 작용, 하나의 춤, 하나의 이야기를 공유한다. 그 하나를 향상시키는 것은 둘 모두에게 이익을 주고, 그것을 축소시키는 것은 둘 모두의 삶을 약화시키고 아프게 한다.

현대의 연애 전문가들은 보답받지 못할 관계에 투자해야 한다는 생각에 고개를 젓곤 한다. 그러나 호의적인 선물과 약삭빠름의 차이는 바로 그러한 계산의 유무이다. 사랑은 강요나 명령이나 요구나 수완이 아니다. 그것은 단지 주고받는 것이다.

사랑의 방법을 잘 아는 문화에서는, 관계에는 시간이 필요하다는 사실을 이해할 것이다. 그 곳에서는 연애와 사랑의 차이를 가르칠 것이고, 상호주의가 얼마나 가치 있는지 그리고 그들의 삶에 그것이 얼마나 중요한지를 알려줄 것이다. 정서적 삶의 작용 원리를 깊이 아는 문화에서는, 건강한 삶을 유지하는 데 필요한 활동들을 장려하고 증진시킬 것이다. 가정, 가족, 연결의 공동체 속에서 부부와 아이들이 하나가 될 것이다. 그러한 사회는 애착의 핵심에 감춰져 있는 기쁨의 세계로 구성원들을 인도할 것이다. 버트런드 러셀은 그것을 〈성자들과 시인들이 신비한 축소판으로 그들이 상상한 천국을 미리 보여준 모습〉이라고 했다.

우리 문화는 그러한 문화와 극명한 대조를 이룬다. 미국의 사회적 우선 순위에서 변연계와 관련된 항목들은 천천히 그리고 꾸준히 하락하고 있다. 최우선적인 항목들은 여전히 부의 추구, 신체적 아름다움, 젊은 외모, 지위를 과시하는 값비싼 상징물들이 차지한다. 이따금씩 그 목록의 끝에는 일시적인 유행과 관련된 기쁨이 자리를 차지하기도 한다. 즉 특정한 상품이나 불필요한 장신구 같은 것들을 새로 구입했을 때 느끼는 순간적인 기쁨이 목록에 올라오는 경우도 있지만, 그것 역시 진정한 만족과는 거리가 멀다. 행복은 미국적 가치들에 얽매이지 않는 신중한 사람들의 범위에만 포함된다. 이 반골들은 높은 직함, 매력적인 친구, 해외 여행, 근육질 몸매, 유명 디자이너 등과는 완전히 무관한 세상에서 산다. 자랑스러운 계층 상승을 암시하는 그 모든 것들을 포기한 대가로 그들이 얻는 것은 바로 착실하고 건강한 삶의 가능성이다.

변연계의 혼란

자정을 알리는 종이 울리기 직전 스크루지는 현재의 크리스마스 유령과 마지막 토론을 벌이고 있다. 그때 유령의 초록색 외투 밑으로 급히 몸을 사리는 해골 같은 두 아이들이 그의 눈에 띈다. 유령은 그들이 인간의 두 자식인 무지와 빈곤이라고 일러준다. 너무나 불쌍하고 창백한 그들의 모습에 질겁을 한 스크루지는 그들을 위해 할 수 있는 일이 없는지를 묻는다. 〈저들에게는 수용소나 구호품이 없나요?〉 그러자 유령은 평소에 스크루지가 거지들에게 내뱉던 경멸스러운 말로 이렇게 되묻는다. 〈감옥이나 노역장은 없는가?〉 마침내 시계는 12시를 울리고 스크루지는 마지막이자 가장 무자비한 미래의 유령과 마주한다.

스크루지를 놀라게 했던 그 아이들처럼 우리 시대의 암울한 아이들도 바라보기조차 두렵고 고통스럽다. 변연계 메커니즘을 억제하는 미국 사회에는 삶의 일반적 증상으로 굳어버린 여러 가지 고통들이 만연하고 있다.

불안과 우울증

변연계 공명이 풍부하지 못할 때 아이는 자신의 변연계로 이 세상을 어떻게 감지해야 하는지, 어떻게 정서적 통로를 일치시켜서 그 자신과 타인들을 이해해야 하는지를 발견하지 못한다. 변연계 조절을 위한 기회가 충분하지 못할 때 아이는 정서적 균형을 내면화하지 못한다. 그러한 장애를 가진 아이들은 자기 자신의 정체성을 확신하지 못하는 성인으로 성장하여, 자신의 감정을 조절하지 못하고 스트레스의 위협하에서 내적 혼란의 제물이 되고 만다.

불안과 우울증이 변연계 결핍의 첫번째 결과이다. 격리로 인한 항의 단계에서 어린 포유류의 지배적인 감정은 그의 모든 신경을 떨게 만드는 불안감이다. 만약 고립 상태가 연장되면 포유동물은 무기력한 절망으로 추락한다. 절망은 우울증의 다른 이름이다. 정서적으로 단절된 어린 붉은털원숭이는 일생 동안 신경과민과 우울증으로 고통을 겪는다. 이것은 인간 사회에도 똑같이 적용된다. 어린 시절의 친밀한 관계는 파괴적인 스트레스에 영구적으로 대항할 수 있는 복원력을 불어넣는 반면, 양육이 소홀했던 아이들은 스트레스의 영향에 민감한 성인이 된다. 애착이 불안정한 아이들의 뇌는 자극적인 사건에 대해 스트레스 호르몬과 신경 전달 물질들을 과도하게 분비한다. 그러한 반응성은 성년기까지 계속된다. 그러한 개인은 사소한 스트레스 요인으로도 병적인 불안을 쉽게 느끼고, 우울증의 블랙홀 속으로 더 깊고 더 오래 빨려든다.

이 두 가지 감정 상태는 확산되고 있다. 우울과 불안 때문에 미국은 매년 500억 달러 이상의 비용을 지출하지만, 이것은 단지 사람들이 겪는 엄청난 고통을 암시하는 수치에 불과하다. 그리고 그 수치는 지금도 증가하고 있다. 미국에서 우울증의 발병률은 1960년 이래 꾸준히 증가하고 있다. 같은 기간 동안 젊은이들의 자살률은 세 배 이상 증가했다. 자살은 현재 청소년 사망의 주된 요인이 되었다. 아동 복지에 관한 숱한 보고서들은 아동들의 영양 상태, 납 중독, 자동차 안전벨트의 디자인 등을 상세히 다루고 있지만, 아동들이 생활 속에서 느끼는 안정과 사랑의 질에 관한 언급은 어디에도 없다. 우리는 위생적인 학교 급식에 신경 쓰는 만큼 아동들의 관계에도 큰 관심을 기울여야 한다.

안정적인 중심이 결핍된 사람은 그 틈을 메우려는 급박한 욕구를 느낀다. 그에게는 이 세상을 항해할 때 방향을 결정할 수 있는 어떤 것이 필요하다. 그는 자신과 타인들의 핵심으로 관통해 들어갈 변연계 도구들을 이용할 수 없기 때문에 외적 단서들에 눈을 돌리고 그로부터 확신을 얻는다. 훼손된 애착과 변연계 단절로 인해 그는 피상성과 자아도취에 쉽게 빠진다. 알맹이를 보지 못하는 사람은 겉모습에 만족해야 한다. 그들은 대안이 없는 사람들에게서 흔히 볼 수 있는 자포자기의 심정으로 이미지에 매달린다. 얄팍해진 문화에서는 성형 수술이 건강을 대신하고, 사진 촬영술이 지도력을 압도하고, 말주변이 성실함을 제압하고, 인터뷰가 강연을 대신하고, 현실 개혁이 숨가쁜 정책 변화 속에서 잊혀져 간다. 변연계와의 접촉을 상실한 사회에서는 혼란이 승리한다. 성실한 열망은 고통을 피할 수 없다.

애착이 붕괴된 문명에서 사람들이 서로의 결속을 통해 얻어야 할 변연계 조절을 얻을 수 없다면, 그들은 변연계 조절을 위해 손에 넣을 수 있는 모든 수단을 함부로 사용할 것이다. 그들의 굶주린 뇌는 다양한 대체물들(알코올, 헤로인, 코카인, 그 외의 아편성 물질들)로부터 만족을 구하려 할 것이다. 정서적 균형을 지켜주는 뉴런 작용에 도달할 수 없는 사람들이 많아질수록 거리의 약물 남용자들은 꾸준히 증가할 것이다.

신문지상에는 마약과의 전쟁에 관한 기사가 항상 등장한다. 그러나 미국이 상대하고 있는 진정한 적은 마약이 아니라 고립, 슬픔, 증오, 불안, 고독, 절망 등의 변연계 고통이다. 이 적에게 치명적인 패배를 당하고 있는 우리 문화에서는, 수백만의 사람들이 자신의 섬세한 정서적 기관을 약물로 조작하여 일상의 지옥으로부터 짧은 휴식을 얻으려 하고 있다. 혹시라도 이러한 약물 실험이 성공한다면, 즉 그들이 정말로 행복해지고 정서적으로 만족할 수 있다면 누가 반대하겠는가? 그러나 정서적 고통을 잊기 위해 위험한 화학 물질에 의존할 때 그 결과는 비참할 것이다. 거리에서 팔리는 기분 전환 작용제들은 몇 분 혹은 몇 시간 동안 고통을 없애 주지만, 약효가 사라진 후에는 더 깊은 통증을 남긴다. 반복적으로 사용하면 신경계를 참혹하게 파괴하고 절망적인 삶의 기초마저 무너뜨린다.

미국의 마약 퇴치 전사들은 우리에게, 거리의 마약을 단 한 번이라도 사용하면 심각한 중독을 피할 수 없다고 가르친다. 이것은 마치 노르웨이 뱃사람들의 전설에 나오는 괴물 크라켄을 연상시킨다. 그 사악한 괴물과 눈길이라도 마주치면 아무리 건강한 아이라도 영원히 검푸른 바닷속으로 마음을 빼앗긴다고 한다. 그러나 현실은 그들의 생각이 틀렸음을 입증한다. 우리 시대의 (지하실과 창고에서 열심히 작업하는) 화학자들은 강력한 약물들을 제조해 왔고, 기존 약물의 효과를 증대시켜 왔다. 그러나 가장 중독성이 강하다고 알려진 코카인에 대한 자료를 살펴보자. 코카인을 경험하는 모든 사람들 중에 정기적인 중독자가 되는 수치는 1퍼센트 미만이다. 나머지 99퍼센트는 곧바로 포기한다. 말콤 글래드웰Malcolm Gladwell의 주장에 따르면, 이 놀라운 수치로부터 우리는 진정한 문제가 코카 잎에 있는 것이 아니라 그것이 우리 감정에 미치는 영향을 거부할 수 없게 만드는 뇌의 어느 부위에 있다는 것을 알 수 있다. 미국은 변연계를 마취시키는 마약 꾸러미의 반입을 막기 위해 수십억 달러를 지출한다. 그러나 미국 아동들의 뇌가 그러한 약물에 반응하지 않도록 따뜻하고 안정적인 보호를 제공하는 데 그 돈이 쓰인다면 보다 바람직할 것이다.

유전적 기질은 약물 시도와 의존성 모두에 영향을 미칠 수 있다. 신경과학은 언젠가 치료법을 제공할 것이다. 그 문제에 대해 일반 시민들은 기초 연구를 위한 기금 조성 외에는 할 일이 거의 없다. 하지만 지금까지의 조사에 따르면 마약에 대한 아동들의 취약성을 조절하는 데에는, 신경계와 관련된 모든 문제에 있어서 항상 자연과 협력하는 양육이라는 요인도 중요하다. 계속된 연구를 통해 밝혀진 바에 따르면, 가족 유대가 밀접한 아이들은 약물 남용에 빠져들 가능성이 훨씬 적다고 한다. 아무리 이상적인 환경이라도 청소년 시절은 감정의 동요, 역할의 변화, 증가하는 고통들로 가득하다. 만약 청소년들이 가정 내의 관계로부터 변연계 안정을 얻지 못한다면, 그들이 집 밖에서 화학적 대체물을 선택할 가능성이 더욱 커진다.

미국의 마약 확산을 해결하려는 논쟁은, 형량의 증가를 요구하는 보수주의적 주장과 치료 프로그램의 증가를 요구하는 자유주의적 주장이 엇갈리고 있다. 그러나 양쪽 모두 자신들의 주장이 마약이라는 엄청난 문제를 완전히 추방하는 적절한 방법이라고는 시인하지 못하고 있다. 마약 사용자들을 약물과 약물 사용의 동기가 충분히 공급되고 있는 형무소에 맡긴다는 것은 믿을 만한 개선책이라고 볼 수 없다. 중독 치료는 지금까지 훨씬 더 좋은 효과를 거둔 방법이었지만 국회의원들이 예산을 배정하고 싶을 때에만 가능한 일이어서, 로비스트를 고용할 수 없는 중독자들로서는 이용의 기회를 충분히 누릴 수 없다.

변연계의 원리에 대한 문화적 인식을 살펴보면 마약과의 전쟁에 사용되고 있는 대책과 그 효과를 예상해 볼 수 있다. 약물 의존의 유해성을 알리는 강연으로 십대들을 마약 중독으로부터 벗어나게 할 수 있을까? 믿을 수 없는 이야기이다. 그 목적은 가치가 있지만 그러한 강연은 변연계가 아니라 대뇌 신피질을 겨냥한 것이므로 아무런 효과가 없다. 고통은 현실을 되돌리기에는 너무나 강력한 동기이다. 그렇지 않은 척하는 것은 기본적으로 건강한 사람들에게나 이해될 수 있는 초라한 환상이다. 단지 아니오라고 부정하는 무관심한 태도는 인간의 뇌와 의지가 별개일 수 있다는 그릇된 전제에서 나오는 것이다. 뇌와 의지는 분리될 수 없다. 변연계가 불안정하면 새로운 생활을 위한 뉴런의 의지 자체가 불가능해진다.

마약 상용자가 재활에 완전히 성공하려면 주위의 인식 이상으로 친밀한 교제가 필요하다. 이것은 「익명의 알코올 중독자 모임」을 비롯하여 여러 단체들이 입증하고 있는 사실이다. 사람들이 함께 모여 서로의 사정을 공유할 때 그것은 말없는 힘으로 작용한다. 로버트 프로스트는 다른 문맥에서 이렇게 표현했다. 그것은 〈생명의 정화이다. 종교적 제사나 의식처럼 거창한 것은 아니지만, 혼란을 이겨낸 순간의 지속이다.〉 한 집단 내에서 변연계 조절이 이루어지면 구성원 모두가 정서적 균형을 회복하고 집중력과 일체감을 느낄 수 있다. 그러나 강한 유대로 묶이는 것 자체가 만병통치약은 아니다. 상용자들은 마약이 제공하는 일시적 피난처로 돌아가는 일이 허다하다.

수감과 치료에는 각각의 단점이 있다. 이에 대해서는 예방이 훌륭한 대안이다. 그러나 그것은 공익 광고나 교육 책자에 그치지 말고, 가족의 사랑이라는 자연이 제공하는 소중한 예방법이 되어야 한다. 아이들을 세심하고 철저하고 성실하게 양육할 때 그들의 뇌는 쇼크 백신이 소아마비를 예방하는 것처럼 스트레스를 예방하는 면역성을 갖게 될 것이다. 사랑은 절망을 예방하는 최고의 대비책으로서, 절망의 해독제인 중독성 약물을 무용지물로 만들 것이다.

관계 형성의 장애

포유동물의 변연계는 레고 블록처럼 동료들과 단단히 결합할 준비가 되어 있다. 사람들은 다양한 타인들과 지속적인 애착을 형성한다. 남편, 아내, 친구는 물론이고, 모교, 거주지의 야구팀, 근무하는 회사 등도 그 대상이다. 오래 몰고 다니던 중고차를 팔 때나 유행이 지난 청바지를 봤을 때 아련한 애정을 느껴보지 않은 사람은 없을 것이다. 로렌츠의 새끼 거위들처럼 사람들은 때때로 보답이 돌아오지 않는 사물들과도 유대감을 형성한다. 인간 관계로부터 단절될 때 변연계의 기능들은 정상적인 상태를 벗어날 수 있다. 한 개인의 뇌가, 정서적으로 활성화되지 않은 잠재적 파트너를 목표로 삼는다면, 마치 여름날 밤에 가로등에 날개를 부딪히는 나방처럼 그는 강렬한 애착 욕구 때문에 자신에게 만족스럽지 않은 행동까지도 할 수 있다. 포유동물은 차가운 유리 안에서 반짝이는 기만적인 불빛을 볼 때가 있다. 그러나 그것은 당연히 있어야 할 주고받음의 관계가 전혀 실현되지 않는 거짓된 애착이다.

오늘날 가장 기만적이고 거짓된 애착이 형성되는 곳은 인간과 기업 사이이다. 다양한 형태의 다운사이징 downsizing(기업이 각 부서의 전문성을 높이고 그에 따라 기업 경쟁력을 높이기 위해 기본 단위의 규모를 축소시키는 경영 정책. 종업원들의 자율성과 능력에 따른 고용이 강조됨——옮긴이) 전략이 유행하는 이 시대에 수십 년 동안 충성을 다해 근무하던 헌신적인 근로자가 갑자기 해고되었다는 식의 이야기는 대화의 전형적인 주제가 되어버렸다. 그 놀라운 이야기의 이면에는, 정성을 다해 주어진 일을 수행하고 순수한 팀웍 정신으로 금전적인 보수 이상의 것을 쏟아 부었지만 후에는 소문도 없이 쫓겨나는 수천 명의 사람들이 있다. 그들이 뒤를 돌아보면서 눈물을 삼키는 이유는, 그들에게 행복을 가져다 주어야 마땅함에도 불구하고 오히려 그들의 발목을 붙잡는 애착 메커니즘 때문이다.

변연계의 본질적 경향에는 충성, 관심, 애정 등이 포함된다. 어니스트 헤밍웨이는 이렇게 썼다. 〈사랑하는 사람은 기꺼이 일하고, 희생하고, 봉사하기를 원한다.〉 가족이라는 설계된 환경 안에서 그러한 충동들은 건강한 관계가 뿌리내리고 성장할 수 있는 비옥한 토양을 제공한다. 일터는 가정과 대단히 흡사하다. 인류 역사의 거의 전기간 동안 근로 환경은 곧 가정이었다. 두 환경 안에서 사람들은 친근한 동료, 권위적인 감독, 노동의 공유 등을 경험한다.

그러나 오늘날 회사와 혈연 사이에는 거대한 경계선이 가로놓였다. 애정은 재빠른 착취를 재촉한다. 왜냐하면 회사는 정서적 충동을 가지고 있지 않지만 인간은 그렇지 않기 때문이다. 회사는 그 자신의 내재적 가치를 인식하는 변연계 구조를 갖고 있지 않다. 기업이라는 실체는 법적으로는 한 개인이지만 생물학적으로는 허깨비에 불과하다. 따라서 기업체에 충성과 신의를 바치는 사람들은 대단히 일방적이고 위험한 사기 계약을 맺은 셈이다.

변연계 영역 밖에서는 인간을 해치는 행위에 대한 어떤 내적 제재도 없다. 이것은 변연계의 생리 작용이 건강한 사람들에게는 익숙하지 않고 받아들이기도 힘든 파충류적 진리이다. 전투에 내보낼 군인을 훈련시키기 위해서는, 적을 격파하는 데 필요한 신체적 기술을 가르칠 뿐 아니라 적의 이미지를 창조해 내는 정서적 관점을 주입시키기도 한다. 그 훈련의 심리적 목표는 우리와 그들 사이의 정신적 유대를 단절하는 동시에 집단 내부의 결속을 강화시키는 것이다. 양쪽 모두 신병들에게 다음과 같이 말한다. 적은 우리와 다르다. 그들은 비정상적이고 비인간적인 동물보다 못한 놈들이다. 보병이 싸우는 이유는 고상한 정치적 이상 때문이 아니라, 잔학무도한 적들이 그를 포함하여 함께 노동하고 고생하고 사랑했던 전우들을 위협하기 때문이다. 역사의 기록은 변연계 결속이 단절된 집단들이 서로를 향해 퍼부었던 적대감으로 가득하다.

기업의 불법 행위는 많은 사람들에게 충격적이지만, 군대와 마찬가지로 기업도 애착을 이용하여 관리한다. 그 속에서 악행은 불가피하며 심지어 야만적 행위도 서슴지 않는다. 담배 회사들은 역사상 어떤 무기보다 효율적인 방법으로 사람들을 죽이고 있는데, 그 대상은 바로 우리 국민들이다. 우리라는 개념은 변연계의 지침이지 기업의 지침은 아니기 때문이다. 존스 맨빌 Johns Manville 사는 석면의 치명적인 효과를 은폐함으로써 수백 명의 사람들을 의문의 죽음으로 몰고 갔지만, 그들은 낯선 사람이 아니라 바로 그 회사의 종업원들이었다. 그것은 파충류도 할 수 없는 행위이다. 상호주의를 가장하는 것은 포유동물의 무덤이고 때로는 치명적인 잘못이다. 맨빌 사의 소송에서 패터슨 산업 위원회의 전의장 찰즈 로엠은, 맨빌 사의 사장인 루이스 브라운과 그의 동생이자 맨빌 사의 법률 대리인인 반디버 브라운과 함께 점심 식사했던 이야기를 자세히 증언했다. 반디버 브라운은 다른 석면 제조회사들이 계약서에 기재된 질병의 종류를 종업원들에게 통고해 준 것이 어리석은 짓이라며 그들을 비웃었다. 로엠 씨의 증언은 이러했다. 〈나는 이렇게 물었습니다. '브라운 씨, 그렇다면 종업원들이 아무것도 모른 채 죽을 때까지 일하도록 놔두어야 한단 말입니까?' 그러자 그가 대답했습니다. '예. 우리는 그렇게 해서 큰돈을 법니다.'〉

한 가족에 소속되고자 하는 충동, 즉 타인들과 공동의 노력을 기울이고, 특정 팀이나 집단이나 단체에 소속되어 공동의 승리를 향해 함께 싸우려는 충동은 인간의 마음과 뇌가 가진 본질적 측면이다. 한 문화의 구성원들이 사랑에 굶주리고 그 본질에 무지하다면, 너무나 많은 사람들이 기업 집단이라는 불모지에 그들의 소중한 사랑을 투자할 것이고 허무한 결과만 수확할 것이다.

변연계 조절의 상실

어머니와 아기의 변연계 조절은 신경 발달을 지배하기 때문에, 사회적 접촉은 개별적 행동들을 발전시켜 하나의 온전한 개체로 만드는 데 필수적이다. 부모라는 길잡이가 없다면 신경 화학적 분열이 축적되고 갓 시작된 행동들은 뒤죽박죽이 될 것이다. 붉은털원숭이를 격리시켜 양육하면 밤마다 미친 듯이 머리를 흔들고 자신의 눈알을 후벼파는, 건강하고 온전한 원숭이와는 닮은 점이 거의 없는 돌연변이로 성장한다. 심지어 붉은털원숭이는 먹고 마실 때에도 어미가 정상적인 방식으로 돌봐 주어야 한다.

영장류를 격리-양육시킨 실험들은 우리에게 중요한 것들을 가르쳐 준다. 공격은 정밀한 신경 조절을 요구하는 대단히 복잡한 행동이다. 적개심이 너무 적으면 생존이 어려워지고, 너무 많으면 사회적 동물들이 갈망하는 성공적인 집단 생활을 저해한다. 신경과학자들은 부모 밑에서 양육된 붉은털원숭이들을 대상으로, 뇌에서 분비되는 신경 전달 물질들의 수치와 공격성 사이의 상관성을 입증했다. 정밀한 기계 장치가 조화로운 구성과 통일된 작동을 보여주듯이, 정상적인 뇌는 수천 가지의 미묘한 리듬들을 조화롭게 운영한다. 그러나 초기에 변연계 조절을 빼앗긴 원숭이들은 뉴런의 유기적 구성과 공격성의 조절 능력을 모두 상실했다. 그들은 변덕스럽고 예측 불가능하고 혼란스러운 심술과 고약함을 보여주었다. 그 상태는 오늘날의 진보된 신경약리학으로도 치료가 불가능하다. 게리 크레이머 Gary Kraemer의 설명에는 섬뜩한 면이 있다. 격리 양육된 원숭이들은 〈평범한 신경생리학적 규칙에 순응하지 못할 뿐 아니라, 평범한 사회적 규칙도 따르지 못한다. ……뇌 기능의 전반적인 분열로 보이는 그 증상에 대해 아무리 구체적이고 특별한 약물 치료를 수행한다 해도 성공할 가능성은 없어 보인다〉.

포유동물들은 관계를 통해 서로 신경생리 작용을 정확히 합치시켜야 하기 때문에, 인간의 사회적 능력은 대부분 변연계의 연결, 즉 사랑을 형성하는 생리 작용으로부터 발생한다. 보호를 받지 못하고 자란 아이는 결국 나태한 사회를 위협하는 존재가 된다. 영장류의 뇌는 폭력을 막기 위해 복잡하게 맞물린 뉴런의 장벽을 스스로 조립하지 못하기 때문에, 인간의 변연계 손상은 치명적이다. 양육 소홀이 아주 심할 경우에는, 파충류의 기능에 신피질의 영악함이 더해진 존재가 나올 것이다. 그러한 동물은 같은 종에게 해를 입혀도 양심의 가책을 느끼지 않고, 사소한 좌절이나 작은 이익 때문에 우발적인 살해를 저지르는 일에 대해서도 이를 억제하는 내적 동기를 갖지 못한다. 폭력 강도의 피해자를 불구로 만든 한 젊은 범죄자는 자신의 행동을 이렇게 설명했다. 〈무슨 상관이에요? 나는 그녀가 아니에요.〉

미국은 냉혹한 살인자들을 양산하고 있다. 백 년 전 살인마 잭은 다섯 사람을 살해하여 서구 세계의 이목을 끌었다. 현재 우리 문화에서는 그렇게 평범한 업적에 주목할 사람이 거의 없다. 잭의 아마추어 수준을 뛰어넘는 사람이 너무 많아서 우리는 그들의 범죄는 물론이고 이름도 기억하지 못한다. 엄청난 수의 무자비한 암살자들은 우연히 만들어지는 것이 아니다. 그 복수의 화신들은, 한때 건강한 인간의 가능성을 지녔던 뉴런 네트워크가 난파당함으로써 발생하는 것이다.

상황이 악화됨에 따라 폭력적인 사람들의 나이가 갈수록 어려지고 있다. 이제 우리 문화는 치명적인 어린이들로 넘쳐난다. 콜로라도에서는 폭탄과 자동 소총으로 무장한 두 명의 십대 소년이 12명의 급우와 선생님을 계획적으로 살해한 다음 자살했다. 아칸소에서는 13세와 11세의 소년이 침착하게 잠복해 있다가 학생과 선생님들을 향해 총을 난사했다. 이 총격으로 5명이 죽고 10명이 부상당했다. 캘리포니아의 한 법원은 아기를 때려서 숨지게 한 혐의로 12세 아이에게 유죄를 판결했다. 오크랜드에서는 6세 소년이 한 아파트를 침입해서 아기의 머리를 발로 찼다. 그 아이는 살인 미수로 기소된 동시에, 그 같은 이유로는 최연소의 나이로 기소된 사람으로 미국 역사에 오르게 되었다. 너무나 끔찍한 이 사건들은 전세계를 공포와 혼란과 절망에 빠뜨렸다.

이러한 이야기들은 물론 비극적이지만, 일반적인 생각만큼 불가사의한 것은 아니다. 오래전 우리의 연약한 생리 구조에 어떤 작용이 가해져서 그 결과 변연계에 문제가 발생했으며, 그 변연계의 결점 때문에 통제 불가능한 악행이 발생하는 것이다.

양육이 소홀했던 아이들의 뇌에는 수십억 개의 뉴런이 발견되지 않는다는 사실을 상기해 보자. 행여 누군가 그 사라진 세포들을 하찮게 여기지 않도록, 우리 시대 아이들이 그 중요성을 입증하고 있다.

윈스턴 처칠의 말대로, 어떤 사회든지 아기에게 모유를 먹이는 것 이상으로 훌륭한 투자는 없다. 모든 유아에게는 잠재적 인간성이 숨쉬고 있으나, 건강한 발달은 주어지는 것이 아니라 노력을 요구한다. 만약 그 불꽃을 보호하고 인도하고 키워 올리지 못한다면, 그것은 아기의 삶을 내적으로 파괴할 뿐 아니라 우리 자신을 파괴할 수 있는 가능성을 남겨 놓을 것이다.

의료계의 변연계 공백

현재 미국의 국가적 경향들은 경고의 수준은 아니더라도 불안한 상태이다. 교육은 위기에 처해 있다. 세계에서 가장 부유한 국가의 학교에서는 학문적으로 부적격한 졸업생들이 꾸준히 배출되고 있다. 언제나 사람들로 붐비는 미국 법정은 원활한 집행을 하지 못하고 수시로 정의 구현이라는 상식적인 개념과는 거리가 먼 판결을 내린다. 정치인들은 시민들의 돈으로 텔레비전에 출연하여 상대방 정치인들을 헐뜯음으로써, 정치를 광적인 경매 시장으로 끌어내렸다. 이 모든 경향들은 변연계에서 비롯된 원인들과 연결되어 있다.

미국의 제도들 중의 가장 고통받는 분야는 역설적으로 고통받는 사람들을 치료하는 분야이다. 지난 세기 동안 의료 현장에는 이중의 변화가 발생했다. 첫째, 의사와 환자의 관계가 질병에 걸렸고, 다음으로는 약화된 유대를 그나마 지탱시켜 주던 성실성마저 근본적인 개조를 겪어야 했다.

의료 분야에 찾아온 개조의 첫 단계는 의사들이 뜻하지 않게 세상사와 멀어지게 된 것이었다. 20세기 전반부 동안, 항생제, 백신, X선, 마취 등의 기술이 눈부시게 발전하여, 정교하고 정확한 진단과 치료 효과의 급격한 향상이 가능해졌다. 동시에 그것은 환자들을 소원하게 만든 요인으로 작용했다. 지난 30년 동안 서양 의학의 역설은, 기술적 우수성과 비대중성이 불가사의하게 공존했다는 사실이었다. 미국인들은 효과와 범위 면에서 세계에서 가장 우수한 치료를 받으면서 생물역학적 기적을 누리고 있다. 그러나 환자들의 불평은 맹렬하다. 환자들은 말하지만 의사들은 듣지 않는다. 그들은 냉정하고 분주한 기술 관료들이다. 옳은 쪽은 환자들이다. 미국 의료계는 치료의 수단으로서 지성에 의존하게 되었기 때문이다. 신피질은 혜성 같은 인기를 누리는 반면 변연계는 추락 일로에 있다.

의사들이 과거에는 알고 있었으나 지금은 허섭스레기처럼 내던진 것은, 환자는 치유자와 전문가를 동시에 찾아온다는 사실이다. 질병은 변연계 욕구를 환기시킨다. 즉 그것은 오래된 애착 구조를 일깨운다. 의사를 찾는 환자는 정확한 시험과 진단, 적절한 치료를 희망한다. 또한 그들은 고통받는 그들과 연결을 맺을 사람을 원한다. 그들은 어깨를 만져줄 따뜻한 손과 풍부한 경험 속에서 느껴지는 안정을 원한다. 죽어 가는 한 환자는 그것을 다음과 같이 설명한다.

> 나는 의사가 나에게 많은 시간을 할애하기를 원하지 않는다. 나는 단지 그가 대략 5분 정도만 내 상황을 걱정해 주고, 나에게 단 한 번이라도 진실한 마음을 쏟고, 얼마 남지 않은 기간 동안 나와 친구가 되고, 내 병을 이해하기 위해 몸과 마음을 모두 살펴주기를 바랄 뿐이다. ……나는 의사가 나를 검사할 때 내 전립선뿐 아니라 영혼도 더듬어 보기를 원한다. 그러한 관계가 없으면 나는 단지 죽어 가는 병자에 불과하다.

서양 의학은 이러한 치유법들을 소모성 도구로, 바쁜 일정에서 허락되지 않는 사치품으로 치부했다. 환자 다루는 솜씨라는 뜻의 〈베드사이드 매너〉는 특히 실질적인 이상생리학과 비교했을 때, 환자를 적당히 위로해 주는 그러나 본질적으로는 중요하지 않은 부실한 교환 개념이 되고 말았다.

의료계는, 애착은 생리 작용이라는 진리를 놓치고 말았다. 훌륭한 의사들은 치유가 관계 속에서 이루어진다는 사실을 항상 알고 있었다. 사실 훌륭한 의사들은 현대적인 의료 기관들이 생기기 이전, 즉 미약을 사용하여 치유자 자신에 대한 비유적 암시로부터 치유의 능력을 유도해 내는 방법이 유일한 처방이었던 시대에도 존재했다. 실험실의 과학과 실험의 특별한 결과물들, 그리고 질병이라는 교활한 적을 정복하는 그것들의 효과는 매력적이었다. 서양 의학은 과학이라는 효과적인 장치들을 수용하고 자신의 소중한 영혼을 내주었다.

한때는 청진기 못지 않게 중요한 의료적 수단이었던 변연계의 주의력을 완전히 포기한 대가는 비쌌다. 유럽에서 가장 존경받는 의학 저널《란셋 *The Lancet*》에 실린 1994년의 한 제안에서는, 의대생들에게 연기 기술을 가르쳐야 한다고 주장했다. 그렇다면 교과 과정에 연극 수업을 추가해야 한다는 말인가? 의사들이 환자들에게 거짓 관심을 보이는 기술을 배워야 한다면 그것은 그들의 치료 능력이 형편없다는 것을 의미한다. 〈의사들이 (환자에 대해) 반감을 느끼는 경우에도, 적어도 그를 돌보는 것처럼 행동해야 한다〉고 그 희곡 작가는 말했다.

이제 우리 시대의 훌륭한 의사들이 좋은 관계를 일종의 연기로 간주하는 것이 역설적인 일도 수치스러운 일도 아닌 상황이 되었다. 그들의 천박한 제안은 지당하게도 서양 의학의 중심을 차지하고 있다. 오랫동안 의료계는 의사와 환자 사이에는 튜브나 주사기를 통과하는 것 외에는 어떤 것도 실질적으로 오가지 않는다고 생각해 왔다. 그 나머지는 편의에 따라 생략되거나 위조될 수 있다.

미국 의료계에서 변연계의 공백을 감지한 환자들은 다른 곳으로 이동했다. 전통적인 의료계가 치유의 정서적 측면들을 회피하는 동안, 다수의 집단들이 그 간격을 메웠다. 침술, 지압요법, 안마 시술, 체형 관리, 생리 반사 요법, 허브 치료 등. 〈대체〉 의료 분야는 관계에 대한 요구에 부응하여 급속히 증가했다. 이들 분야들은 변연계에 대한 현명함을 바탕으로 정서적 요구에 보다 친근하게 다가갔다. 그들은 정기적인 만남을 통해 환자의 말을 귀기울여 듣고, 때로는 손을 잡아줌으로써 환자를 안정시키는 고대의 방법을 중시한다. 대체 의학에서는 이러한 행동이 치유에 부수적인 것이 아니라 핵심적인 것이라고 간주한다. 그 결과는 어떠한가? 환자들은 그들의 발과 지갑으로 대체 의학에 찬성표를 던지고 있다. 오늘날 대체 의학은 근시안적인 전통 의학보다 더 많은 돈을 거두어들이고 있다.

신피질 의료와 변연계 의료의 격리는 사람들이 복용하는 약의 종류에 이르기까지 그 골이 매우 깊다. 대체 의료자들의 따뜻한 환영 속에서 제약회사들은 대체 의약품들을 활발히 마케팅하고 있다. 그 예로 에이즈에서 폐경에 이르는 다양한 질병을 대상으로 한 약초 치료제나 천연 치료제와 같은 이른바 준의학품neutraceuticals이 널리 애용되고 있다. 천연 약제의 매력은 무엇인가? 화학적 성분의 효능은 다소 현실감이 떨어지지만, 그래도 사람들은 신뢰감을 느낀다. 현행법에서는 약초를 식품첨가물로 분류하고 있으며 이에 대해서는 효과에 대한 증명을 요구하지 않는다. 실제로 모호한 규제 때문에 성분 표시에 기록된 내용물들이 생략된 상품도 유통된다. (예를 들어 인삼 제품에 관한 한 연구에서 발견한 바에 따르면, 인삼 성분이 들어 있는 것은 절반에 불과했으며, 그 성분이 생물학적으로 유용한 형태를 유지하고 있는 것은 4분의 1에 불과했다.) 미국에서 준의학품 산업의 규모는 연간 50억 달러에 이른다. 이러한 폭발적 성장은, 보다 신뢰할 만하고, 보다 오래 되고, 보다 인간적인 의료에 대한 사람들의 깊은 갈망을 경제적 수치로 보여주는 증거라 할 수 있다.

의료 분야가 변연계를 고려하는 방향에서 급격히 이탈한 것은 1990년대의 일이었다. 그것은 개인 병원 의사들과 진료 때마다 의료비를 지불받는 의사들이 의료 관리 managed care라는 이름하에 거대한 기업으로 결집한 때와 궤를 같이한다. 그로 인한 정서적 혁신은 근본적이었다. 과거에는 포유류적이었던 의료가 이제는 파충류적이 되었다.

과거에 의료계의 행정적 틀 내에서는 적어도 참여자들 간의 인간적 관계의 가능성이 허용되었다. 물론 기술의 적용 때문에 그것이 방해받는 경향은 있었다. 그러나 의사-환자의 관계가 기업에 이양됨으로써 의료의 정서적 핵심은 결정적으로 손상되었다. 기업은 환자가 아니라 고객을 받는다. 그것은 변연계적 관계가 아니라 금전적 관계이다. 동족 포식 습성에 반감을 느끼지 못하는 악어처럼, 건강 유지 기구 Health Maintenance Organization (HMO)는 고객들이 거래 과정에서 먹이가 되든 말든 아무렇지도 않게 번창한다. 개별 의사들의 입장에서는 환자들을 세심하게 보살필 수 있으나, 환자들의 손해를 막아줄 수 있는 결정의 실행 권한이 없다. 오늘날의 시장에서 응급실 상황은 파충류의 천국인 쥐라기 공원을 방불케 한다. 〈계약 관계의 고객 caveat emptor〉이 〈억압받는 고객 Horrescat emptor〉으로 변한 이 상황은 환자들을 두려움에 떨게 한다.

기업적 의료는 파충류의 비늘을 따뜻한 의복으로 감추고 있다. 매년 가을 보험 등록이 다가올 때마다 사람들은 기업에서 주장하는 사랑의 홍수에 파묻힌다. 텔레비전과 라디오 광고들은 다양한 보험회사들을 마커스 웰비 Marcus Welby, 준 클리버 June Cleaver, 마더 데레사의 후광으로 도색한다. 그러나 그러한 이상은 단 한 번도 실현된 적이 없다. 환자들이 쓰라린 경험에 의해 진실을 파악함에 따라, HMO와 의료 관리는 가입자들이 내는 돈보다 적은 비용을 지출함으로써 이익을 쌓는다. 그들은 효율적이고 무자비하게 이 목적을 달성한다. 의사들은 환자를 치료하지 말도록 뇌물과 협박을 받고, 이와 동시에 서비스 공급자들은 아주 끈질긴 고객 외에는 함부로 접근할 수 없는 두꺼운 장막 뒤로 몸을 숨긴다. 다수의 의사들은 그들의 토론 내용을 밝히기를 꺼리지만, 사적인 자리에서는 법인의 폐해를 이야기하면서 분통을 터뜨린다. 현재 환자들이 예방 가능한 질병으로부터 보호받고 있으며, 의도적인 지연 때문에 장기나 팔다리를 잃어버리는 사람도 없고, 조직적인 태만으로 죽어 가는 사람도 없다고 생각하는 사람이 있다면, 다시 한번 생각해 봐야 할 것이다.

켄터키의 한 의료 관리 조직에 있는 한 의사는 환자의 생명에 반드시 필요했던 수술을 거부함으로써 그 환자를 죽음으로 몰아간 일이 있었음을 고백했다. 그녀는 자신의 직업 때문에 수술을 승인하지 않았다. 그녀는 기업의 관점에서 옳은 결정을 했으며, 검소한 경영을 이유로 승진되었다. 그녀는 이렇게 말했다. 〈거리 때문에 쉬웠습니다. 전투기 조종사는 희생자들의 얼굴을 볼 수 없으니까요.〉 얼마 전에 뉴욕 주 보건 당국이 발견한 사실에 따르면, 한 HMO가 뉴욕의 병원들에 보낼 환자들을 보다 잘 선별하기 위해 심장 수술 사망률에 관한 자료를 이용하고 있었다고 한다. 그 보험사는 환자들을 가장 믿을 만한 병원에 보냈는가? 물론 아니다. 관리자들이 그 통계 자료를 이용한 목적은 가장 형편없는 병원들과 최저 가격을 흥정하기 위해서였다. 그들은 소중한 배당금을 가로채기 위해 환자들을 가장 싼 병원으로, 다시 말해 고통받고 죽을 수 있는 가능성이 가장 큰 곳으로 그들을 유도했던 것이다.

의사에게 안심하고 돌아갈 수 있으려면, 포유동물이 파충류를 몰아내야 할 것이다. 그리고 그런 일이 가능하려면, 우리의 의사들이 정서의 본질에 대한 믿음을 회복하고 그것을 위해 싸울 결단력을 보여야 할 것이다.

워커 퍼시 Walker Percy는 이렇게 썼다. 〈현대인은 존재로부터, 그 자신으로부터, 세상의 모든 생명으로부터, 초월적 존재로부터 소원해졌다. 그는 어떤 것을 상실했으나 그것이 무엇인지 알지 못한다. 그는 단지 그것을 상실함으로써 자신이 병들고 죽어 가고 있음을 알고 있다.〉 그 불가사의한 결핍 요소는 공동체와의 깊고 지속적인 유대이다. 다양하고 변화무쌍한 형태로 사랑은 우리의 소용돌이치는 삶을 묶어 준다. 그 생물학적 닻이 없으면 우리 모두는 각자 혼돈의 어둠 속으로 내던져질 것이다.

인간은 위험하고 불확실한 세계에서 첫발을 내디뎠다. 그들은 소집단을 이루어 낮에는 부족한 식량을 찾아 떠돌았고, 밤에는 온기를 유지하기 위해 함께 모였다. 농업의 시작과 함께 대규모 집단들이 마을과 도시로 모여들었다. 산업 혁명은 일터와 가정을 분리시킨 동시에, 〈무차별적인 다수의 대중〉을 양산했다. 〈일터를 공장이나 그 주변, 혹은 광산이나 사무실로 옮긴 대중들은, 노동이 식구들과 함께 하는 가족사라는 느낌을 영원히 박탈당했다.〉 경제는 번창했고 가족은 흩어졌다. 정보 시대는 더 큰 부를 찾기 위해 보다 철저한 희생을 요구한다. 이제 관계를 위한 시간, 자녀들을 위한 시간은 더욱 줄어들었고, 몰개성적인 모든 것들을 위한 시간은 더 많이 요구된다. 우리의 삶이 먼지처럼 흩어지기까지 인류는 얼마나 더 큰 번영 누릴 수 있을지 우리는 진지하게 생각해 봐야 할 것이다.

현대 미국 문화는 인간이 가장 열망하는 것을 제거하면 어떤 결과가 발생하는지를 보여주는 장기적인 실험이나 다름없다. 변연계의 무지로부터 발생하는 결과는 사랑의 기적적인 결과만큼이나 엄격하다. 모든 비극이 그러하듯이 변연계의 무지로부터 발생하는 비극 또한, 한때는 위대했으나 비참한 최후를 맞이할 수밖에 없는 슬픈 결말에 그 핵심이 있다. 크리스마스 유령의 외투 밑에서 떨고 있던 두 아이의 이야기는 우리 사회에도 적용된다. 찰스 디킨스는 이렇게 썼다. 〈천사들이 눈부신 모습으로 앉아 있던 그 곳에, 이제는 곳곳에 몸을 숨긴 악마들이 눈을 부릅뜬 채 우리를 위협하고 있었다. 불가사의한 일들로 가득한 이 세상에 아무리 끔찍한 변화가 일어나거나 인간성이 타락한다 해도, 그 공포와 두려움은 비교조차 되지 않을 것이다.〉 변연계의 엄숙한 요구에 주목하는 성향이 우리에게 정말로 있었다면, 우리 문화는 포유류의 유산으로 물려받은 그 신성한 능력을 악마들에게 되넘겨 버린 것은 아닌지 생각해 볼 필요가 있다.

풍부한 용량과 하나의 눈을 가진 신피질은 우리에게, 사상은 문명을 영원히 존속시킨다고 말한다. 도서관과 박물관을 둘러싼 두터운 대리석 벽들은 미래를 위해 우리가 유산이라고 가정하는 것들을 보호한다. 얼마나 근시안적인 관점인가. 우리의 아이들은 내일의 세계를 건설할 사람들이다. 새근거리며 잠자는 유아, 아장아장 걷는 아기, 뛰어다니며 소리치는 초등학생들, 그들의 유연한 뉴런에는 전인류의 희망이 담겨 있다. 그 미완성의 뇌에서는 아직 미래의 개념과 노래와 사회가 싹트지 않고 있다. 그들은 다음 세계를 창조할 수도 있고 그것을 전멸시킬 수도 있다. 어느쪽이든 그들은 인간의 이름으로 그렇게 할 것이다.

10

미래로 열린 사랑의 문

그 심연 속에서 나는
우주 속에 흩어져 날고 있는 모든 생명이
사랑에 의해 하나로 묶여 있음을 보았다.
물질과 우연과 형식이 하나로 결합되어 있었다.
마치 하나의 단일한 빛이라 할 수 있을 정도로
다 같이 함께 융화되어 있었다.

설명과 정의와 예측을 향한 열정, 즉 과학적 열정을 맨 처음 자극한 자연 현상은 밤하늘을 가로지르는 천체의 규칙적인 궤도였다. 초기의 천문학자들은 논리적인 추론을 통해 고정된 지구를 중심으로 회전하는 우주의 모습을 제안했다. 그들은 별들과 행성들이 회전하는 유리판에 박혀 있다고 상상했으며 그에 따라 지상에서 목격되는 보석 같은 별들의 행로를 설명했다.

사랑스럽고 소박한 이 모델은 곧 실용주의적 요구에 부딪혔다. 행성과 별들의 운동이 보다 주의 깊게 측정할수록 그와 일치하는 움푹한 유리판들이 점점 더 많이 필요하게 되었다. 에우독소스는 27개의 거대한 유리 사발이 우주를 덮고 있다고 가정했다. 아리스토텔레스가 자신의 견해를 공표했을 때에는 55개가 필요했다. 클라우디우스 톨레미는 정확성을 위해 보다 복잡한 수정안을 내놓았고, 그의 묘안은 이후 1700년 동안 험난한 과정을 거치면서 유지되었다.

마침내 망원경의 발명으로 인류는 우주로 향하는 문을 열게 되었고, 지구가 태양 주위를 빠르게 돌고 있음을 입증하게 되었다. 고대의 천문학자들이 만든 도표대로 천체가 움직였다면 그들이 딛고 서 있던 지구는 충돌을 면하지 못했을 것이다. 톨레미의 장치는 수백 년 동안 천문학자들을 웃고 울린 끝에 결국 과학과 충돌하여 붕괴되었다.

우리 시대에는 또다른 부류의 꼴사납고 낡은 고안물들이 은퇴할 준비를 하고 있다. 그것은 바로 경험주의 이전 시대를 장식했던 정서 모델들이다. 과학은 지능, 이성, 열정, 사랑 등을 생산하는 인간의 뇌, 즉 우리의 자아와 마음을 창조하는 섬세한 구조를 열심히 분해하고 있다. 그 곳에 스펙트럼 상으로 거주한다고 배웠던 것들인 이드, 에고, 오이디푸스 등은 동트기 직전의 별들처럼 덧없이 자취를 감추고 있다. 과거의 빛들을 지우고 있는 그 발견들은, 마치 시인들처럼 처음부터 이성과의 연속성을 가정하지 않은 채 환상에 싸인 세계의 원리를 탐험했던 과학으로부터 나왔다.

톨레미의 지구 중심적인 우주관은 대단히 부정확하긴 했지만 수세기 동안 하늘의 관찰자들에게 별과 행성과 태양과 달이 움직이는 정보를 알려 주었다. 그 이론의 예측과 설명은 아주 정확한 경우도 많았다. 다만 충분히 설명할 수 없었을 뿐이었다. 그러나 이론의 적응성이 한계에 부딪힐 때에는 어떤 것을 수정하거나 추가해도 부족한 점을 메울 수 없었다. 20세기의 정서 이론들도 그와 동일한 상황이었다. 그것들은 충실하게 제 역할을 다하면서 사람들을 현혹시켰지만, 오늘날에는 시정될 수 없는 모순들의 꾸준한 압력하에서 깨지고 부서지는 중이다. 우리는 구시대의 모든 지식과 경험을 폐기해서는 안 된다. 그 핵심적 발견물들은 가라앉고 있는 배에서 구조해 낸 승무원처럼 미래를 향한 항해에 도움이 될 것이다. 그리고 그들은 구조선의 갑판 위에 앉아서 좌초된 낡은 배가 파도 속으로 사라지는 것을 지켜볼 것이다.

감정은 1억 년 전으로 거슬러 올라가지만, 인식의 나이는 고작해야 몇 십만 년이다. 어린 나이에도 불구하고 신피질의 뛰어난 능력은 서구 세계를 놀라게 했고, 보다 조용한 마음의 거주자인 변연계를 뒷전으로 밀어냈다. 논리와 추론은 아주 쉽고 분명하게 완성되기 때문에 사람들은 그것을 모든 문을 여는 마스터키로 여겼다. 마음을 탐험한 최초의 연구자들은 이 신피질의 주요 성향에 비추어 그들의 설계도를 그려나갔다. 그리고 여기에는 이론적 무게를 지탱하는 대들보로서, 초자연적 실재에 대한 신앙과, 분석적 사고의 우월성, 그리고 궁극적 법칙으로서의 합리성이 포함되었다.

마음의 초기 개척자들은 이성의 깃발이 나부끼는 공중의 성을 상상했고, 우리 사회는 너무나 오랜 기간 동안 그 공상의 구조물 속에 거주하려고 노력했다. 그들의 노력은 가상했고 심지어 예언적인 면도 있었지만, 그들이 세운 구조물은 인간 생활의 빛나는 비합리성을 수용하기에는 너무 황폐하고 불친절했다.

변연계 공명, 조절, 교정은 우리의 정서적 삶의 실체를 구성한다. 그 작용들은 포유류가 거주할 수 있도록 혁명적으로 건설된 뉴런 구조물의 탑과 벽이라 할 수 있다. 그에 대해 우리의 지성은 대체로 무지하다. 이성의 인도를 받는 사람들이 마음의 진정한 구조물 내에 발을 들이면 그 벽에 부딪히고 문지방에 걸려 넘어진다. 그들은 사랑의 본질을 거의 보지 못하는 학자들이기 때문에 단단한 사랑의 구조물에 부딪히는 고통을 피할 수 없다.

우리 문화는 보다 나은 미래로 가는 방법을 일러 주겠다고 장담하는 전문가들로 가득하다. 그들의 말을 들으면 그러한 미래가 금방이라도 손에 잡힐 것 같이 느껴진다. 그들은 잠시 중단하거나 뒤돌아 볼 여유도 없이 지성의 우월성을 믿어버리는 우리의 경솔함을 이용한다. 그러나 블레즈 파스칼의 말을 되새겨 보자. 이성의 마지막 단계는 객관의 무한성이 이성을 능가한다는 사실을 인식하는 것이다. 새천년이 시작된 지금 과학은 파스칼이 지적한 그 통찰력의 정점을 향해 오르기 시작하고 있다.

비록 우리 문화의 곳곳에는 방해 요인들이 산재해 있지만, 사람들이 성공적인 삶을 영위하기 위해서는 변연계가 요구하는 관계와 연결을 위해 노력할 필요가 있다. 인류의 미래가 어떤 모습으로 다가올지라도, 우리는 뉴런을 가진 유기체로서 그리고 포유류에 속한 영장류로서 우리의 유산을 포기하지 않을 것이다. 우리는 감정의 존재이기 때문에 고통은 불가피하고 슬픔은 언제나 찾아온다. 이 세계는 공평하거나 공정하지 않기 때문에 고통은 평등하게 돌아가지 않는다. 마음의 방향을 직관적으로 아는 사람은 만족스러운 삶의 기회를 충분히 얻을 것이다. 현재 우리로서는 그러한 사람들의 사회가 약속하는 미래를 단지 추측할 수 있을 뿐이다.

사랑의 이론을 찾는 모험은 결코 끝나지 않을 것이다. 우리가 과학의 힘을 통해 이 탑과 저 벽의 모습을 보다 가까이 관찰하는 동안에도 마음의 성은 여전히 짙은 먹구름과 안개에 싸인 채로 높은 하늘에 매달려 있을 것이다. 과학은 과연 사랑의 모든 비밀을 완전히 밝힐 수 있을까? 경험주의는 그 성의 가장 높은 장식물에서 기초에 놓인 주춧돌에 이르기까지 하나의 완전한 길을 정확히 답사할 수 있을까?

물론 아니다. 경험주의만으로 인간의 영혼을 정의하고 규명할 수 있으리라 생각한다면 그것은 과분한 기대이다. 예술과의 협연이 없으면 과학은 정확해질 수 없다. 과학과 예술은 우리가 이 세계와 우리 자신을 아는 데 반드시 필요한 비유metaphor이다. 그 둘은 우리의 영감을 밝히는 번득이는 빛으로 내면과 외면의 풍경을 보여주지만, 그 빛은 너무나 순간적이어서 끊임없는 재발견이 필요하다. 칼 샌드버그Carl Sandburg의 말에 의하면, 시는 문을 여닫는 행위로서, 그 짧은 순간에 보이는 것을 보고자 하는 사람에게 추측의 기회를 허용한다고 했다. 우리가 바라는 것은, 과학이 때때로 그 자신의 문을 열어서 우리로 하여금 내면의 풍부한 비밀을 단 1초 만이라도 엿볼 수 있게 하는 것이다.

인류는 그 열린 문을 통해 진리의 섬광이 비추기를 기다리고 있다. 그리고 그러한 발견의 궁극적인 목적은 오직 하나, 사람들이 자신의 잠재력을 실현과 기쁨의 영토로 확장할 수 있도록 도움을 주는 것이다. 우리는 사랑의 본질을 변경시킬 수 없지만, 그 명령에 반항할 것인지 그 벽 안에서 번성할 것인지를 선택할 수 있다. 후자의 지혜를 가진 사람들은 자신의 마음에 주목하고 관계로부터 힘을 이끌어 낼 것이며, 그 지혜와 능력을 자녀들에게도 물려 줄 것이다.

저자 후기

한 권의 책은 여러 사람들의 정신과 마음이 교차하고 만나는 눈부신 공간에서 생명력을 얻는다. 어떤 개념의 씨앗이 단정한 책으로 태어나서 독자들의 손에 들려지기까지는, 헌신적인 참여자들의 조화로운 노력이 반드시 필요하다. 이 책은 그러한 협력자들이 이루어 낸 훌륭한 삼중주이다.

1991년 나는 샌프란시스코 캘리포니아 대학에서 애미니 박사와 래넌 박사를 만났다. 애미니 박사는 그 곳에 재직한 지 28년 되었고, 래넌 박사는 12년이 되던 해였다. 그들은 1970년부터 공동으로 작업하고 있었다. 그 동안 두 사람은 수천 명의 환자를 치료했고, 수백 명의 의사와 치료사들을 배출했다. 그 당시 레지던트 과정에 있었던 나는 현대 정신의학 교육에 혼재해 있는 모순적이고 미심쩍은 학설들 때문에 몹시 당황하고 있었다. 심리 치료에 대해서는 거의 몰랐고 사람들에 대해서는 더욱 몰랐던 시절이었지만, 나는 애미니 박사와 래넌 박사가 이끄는 세미나들이 얼마나 훌륭한지는 쉽게 알 수 있었다. 정신 분석가와 생물학적 심리 치료사가 우호와 존경이 넘치는 팀을 이루어 심리요법, 발달, 정서 장애, 그리고 사랑에 관해 논하고 있었다. 제각기 분열되어 있는 정신의학계의 속성을 잘 모르는 독자들은 그러한 팀웍이 얼마나 드문 것인지를 잘 이해하지 못할 수도 있다. 그것은 마치 몬태규 가문과 캐풀러 가문의 두 사람이 동네 술집에 마주 앉아서 하나의 잔으로 번갈아 가면서 맥주를 마시는 것이나 다름없는 일이었다.

그러나 그들의 결합은 놀라운 사건의 시작에 불과했다. 애미니 박사와 래넌 박사가 조직한 풍부하고 복잡한 세미나들은 웬만한 지성인이라도 그 틀을 이해하기가 쉽지 않았다. 상당히 많은 레지던트들이 당황하고 혼란스러워했다. 처음 접했을 때에는 나 자신도 두 교수의 가르침에는 명백하고도 불쾌한 오류들이 있으며 그것은 정신의학 분야에 만연해 있는 개념적 모호함의 증거라고 생각했다. 그러나 결국 어느 순간부턴가 경이감에 사로잡힌 나는, 나의 몰이해가 어느 누구의 어리석음 때문이 아니라 어쩔 수 없는 일이라는 사실을 깨달았다. 두 교수는 말로는 쉽게 번역될 수 없는 문제들에 대해 완전히 새로운 차원에서 이야기하고 있었던 것이다. 나는 애미니와 래넌 박사가 오랜 기간의 임상 치료 과정에서 인간 마음의 작용 방식에 관한 방대한 지식과 지혜를 축적해 왔다는 사실을 이해하게 되었다. 우리 레지던트들이 매일 그들에게 단순한 설명과 안성맞춤 식의 해답을 요구했지만, 그들은 우리의 요구를 끈질기게 거절했다. 그들은 그러한 지름길이 당장에는 만족스러울지 모르나 결국에는 무가치한 것에 불과하다고 확신하고 있었기 때문이었다. 그 대신 그들은 학생들에게 오랫동안 힘들게 획득해 온 비밀들을 마치 음악과도 같은 아주 낯선 언어로 설명해 주었다.

정신의학과 그 교육에 대한 이러한 방법은 완전히 새로운 것이었다. 나는 그 이후로 오늘날까지 어디에서도 그와 같은 것을 만나 보지 못했다. 그때 나는 이렇게 결심했다. 즉 만약 내가 정신과 의사로서 인간의 마음에 대해 알아야 할 것을 배워야 할 때가 오면, 애미니와 래넌 박사가 아닌 누구에게도 배우지 않겠다고.

나는 레지던트 과정을 졸업한 후 애미니와 래넌 박사의 허락하에, 나에게 정서적 활동이 전개되는 그 공명의 차원을 맨 처음 깨닫게 해주었던 그 세미나에서 가르치는 일에 합류하게 되었다. 양당 체제의 협력이 성공적으로 유지되기는 원래 어려운 법이다. 더구나 셋 중에 한 명은 아직도 불확실했다. 그럼에도 불구하고 우리의 3당 연립 체제는 불가능할 것처럼 보였던 기적을 일궈냈다. 우리의 생각과 에너지가 결합하자 새로운 개념들이 봇물처럼 터져 나왔다. 대부분의 개념들은 애미니 박사의 임상 연구(두 마음의 정서적 접촉은 삶 자체를 형성하는 원동력이라는 확신이 그 핵심이다)와 관련된 것이었다.

우리는 이 난해하고도 강력한 현상의 생물학적 진실에 관해 알아낼 수 있는 모든 것들을 찾아내어 연구하기 시작했다. 그런 주제를 연구한다는 것은 우리 세 사람 누구도 혼자서는 소유할 수 없는 많은 지식이 필요한 일이었다. 그래서 여러 해 동안 우리는 정서적 삶과 관련된 모든 사실을 수집했고, 토요일 아침마다 모여서 서로가 발견한 사실들을 함께 숙고하곤 했다. 오렌지 주스와 롤빵과 계란을 먹으면서 우리는 생소한 대학들로부터 얻어낸 난해한 정보를 서로에게 가르치곤 했다. 우리는 서로 경청하고 탐구하고 논의했다. 차츰 부족했던 요소들이 채워지기 시작했다. 그것들을 모두 합성한 결과물이 이 책에 담겨 있다.

우리의 주말 논의가 여러분의 손에 들린 이 책으로 결정되기까지는 많은 내용이 증발되었다. 우리의 초기 개념들을 시험할 수 있었던 것은 UCSF의 정신의학 레지던트들 덕분이었다. 그들의 호의적인 문제 제기 덕분에 우리의 개념들은 무리 없이 다듬어지고 정돈되었다. 우리는 UCSF 병례 검토회, 샌프란시스코 정신의학회, 미국 집단 심리 요법 학회, 미국 정신의학회에 모인 교수들 앞에서 우리의 연구 성과를 발표했다. (그런 출장에는 대개 친구이자 동료인 알란 루이 박사가 동행했다.) 연구 발표가 끝나면 많은 사람들이 대화를 통해서 우리의 개념과 연구을 보다 분명하게 만들 수 있는 도움을 제공했다.

최소한의 일관된 틀을 획득했을 때 우리는《정신의학》에 간략하게 요약한 우리의 패러다임을 소개했다. 그 마음씨 좋은 간행물을 직접 찾아볼 독자가 과연 몇이나 될지는 알 수 없으나, 학문적인 언어로 도배된 그 행간에는 간간이 우리의 초기 개념들이 희미하게 빛을 발하곤 한다. 우리는 1996년에 그 대학을 떠났다. 애미니 박사, 래넌 박사, 그리고 내가 사표를 냈다. 우리는 사랑에 관한 우리의 연구를 모두가 읽을 수 있는 한 권의 책으로 만드는 일에 모든 시간을 바치기로 결심했다.

우리 세 사람의 생각을 증류시켜서 목소리와 형식이 담긴 언어로 표현하고자 했을 때, 나는 강력한 장애물에 부딪혔다. 나는 그러한 의도를 성공적으로 실현시킬 만큼 글 쓰는 법을 잘 알지 못했다. 수십 년 전 나는 〈아무리 지독한 독설로도 이 끔찍한 책을 제대로 비난할 수 없다〉는 글을, 지금은 잊혀진 어떤 저서에 관한 평론에서 읽은 적이 있다. 그와 똑같은 평가가 우리의 연구를 실제의 언어로 표현하기 위해 내가 작성했던 초고에도 고스란히 적용된다는 사실을 나는 이 자리를 빌어 밝히지 않을 수 없다. 만약 내가 다행스럽게도 글렌다 홉스 박사를 만나지 못했다면, 이 책은 그때 그 곳에서 나의 무지로 인해 침몰하고 말았을 것이다. 나에게 글 쓰기에 관한 거의 모든 것을 가르쳐 준 그녀에게 깊은 감사의 마음을 표한다. 오래 전 중국의 철학자 노자는 〈씨앗 속에 감춰진 것을 보는 것은 천재의 재능이다〉라고 썼다. 나는 홉스 박사가 바로 그러하다고 인정하지 않을 수 없다. 그녀는 마치 연금술사처럼 이 책의 초안에 뒤섞여 있던 불순물을 깨끗이 제거하여 가장 훌륭하고 소중한 핵심들을 구별해 내었다.

그 원고가 다듬어지기까지 많은 사람들이 여러 단계에서 미숙한 원고를 읽어 주었고, 유용한 평가를 제공해 주었다. 리즈 애미니, 세실리아 래넌, 수 루이스, 크리스티나 애미니, 알란 랭거먼, 린다 모츠킨, 수 할펀, 에즈라 엡스타인, 크리스틴 엥겔, 메이어 윌킨슨, 마이크 마이셀, 뎁 세이모어. 나의 훌륭한 친구이자 동료인 에드 버크는 특별한 관대함을 보여 주었다. 그는 매번 불평 한 마디 없이 수정된 원고를 읽어 주었고, 예리한 눈과 모든 주제에 관한 방대한 지식을 기꺼이 빌려 주었다. 마크 파월슨의 격려와 지도가 없었더라면, 나 같은 초보자가 무경험이라는 정글을 헤치고 나가서 출판의 문을 무사히 통과하기는 불가능했을 것이다. 우리는 훌륭한 예술적 감각으로 이 책의 내부를 장식해 준 모츠킨 디자인의 리사 모츠킨에게 진심으로 감사 드린다. 이 책에 꼭 필요한 노력과 지원을 아낌없이 제공해 준 우리의 오랜 친구이자 동료인 폴 에크먼, 로버트 월레스타인, 주디스 월레스타인에게 우리 모두 감사 드린다.

월레스타인 박사 부부 덕분에 우리는 출판 대행인 캐롤 만을 만나게 되었다. 우리는 캐롤 만에게도 큰 감사의 빚을 지고 있다. 수많은 문제에 대한 그녀의 충고와 지도는 정말로 값진 것이었다. 우리는 누군가가 우리의 저서에 관심을 가져 주리라 기대했지만, 어떤 점에서 이 책에 대해 우리 자신들보다 더 깊은 이해와 열정을 가진 사람을 만나리라고는 조금도 예상하지 못했었다.

우리는 랜덤 하우스의 편집부에게도 똑같은 감사를 표한다. 그 곳에서 일하는 많은 사람들이 각별한 애정과 관심으로 이 책을 다루었다. 그들 모두에게 우리의 깊은 감사를 전한다. 이 주제에 관한 스코트 메이어스의 헌신적인 관심은 우리에게 대단히 중요한 자극이 되어주었다. 그는 외과 의사와도 같이 정밀하고, 예술가처럼 섬세하게 나의 원고를 다듬어서 이렇게 훌륭한 책을 탄생시켰다. 오랜 노고의 결실을 믿고 맡길 만한 사람으로서 그보다 더 능력 있고 세심한 사람을 발견하기란 불가능했을 것이다. 케이트 나이에드즈비키는 열거하기조차 힘들 정도로 다양하고 많은 문제들에 대해 성실하고 꾸준한 도움을 제공해 주었다. 벤자민 드레이어와 제니퍼 프라이어는 본문에 산재해 있던 크고 작은 수많은 실수를 정정해 주었고, 완벽한 솜씨와 배려로써 이 책을 탄생시켰다. 사람들의 관심을 조용히 환기시키는 앤디 카펜터의 아름다운 표지 디자인은 더 이상의 설명이 필요 없을 정도이다. 랜덤의 출판 대행인인 매리 바의 열렬한 지원은 작업의 기쁨이자 진행의 중심축이었다. 우리는 랜덤 하우스의 사장이자 발행인이자 편집장인 앤 고도프에게 진심으로 감사드린다. 그녀는 깊은 열정과 창조성으로 이 작업을 완성시켰다.

우리의 환자들은 우리에게 많은 것을 가르쳐 주었다. 우리를 그들의 사생활 속으로 초대해 준 것과 힘든 변화에 도전하면서 용기를 잃지 않고 우리를 만나준 것에 대해 큰 감사의 마음을 전한다. 마지막으로 우리는 각자의 가족에게 감사를 보낸다. 그들의 사랑과 인내가 없었다면 이 일은 어느 한 부분도 실현되지 못했을 것이다.

이 책의 최종 구성이 완료되기까지 작용했던 수많은 요소와 동인들의 영향을 마지막으로 정리하는 지금, 나는 기적과도 같았던 그 모든 작업 과정을 생각해 본다. 이 책을 만드는 과정에서 이 말은 이런 순서로 정리되어야 한다는 등의 문제가 결정되던 때를 돌이켜 보면 지금도 나로서는 그저 놀라울 뿐이다. 위에서 언급한 각 사람들(그리고 그 밖의 수많은 사람들)의 참여와 열정이 없었다면 이 책은 세상에 나오지 못했거나 아주 형편없는 다른 책으로 나왔을 것이다. 모든 이들의 삶은 그렇게 우연히 연결된 고리에 달려 있다. 그리고 그 우연의 고리는 언제라도 끊어지기 쉬운 것이므로, 힘겨워 보이는 그 모든 어려움에도 불구하고 만사가 제대로 해결되었을 때에는 더욱 기쁘게 축하할 일이 되는 것이리라.

캘리포니아 주 소살리토에서
토머스 루이스

주

1 과학이 사랑을 만나다

13쪽　『마음에는 나름대로의 이유가 있다』, 파스칼, 1972, 277쪽.

17쪽　〈인간은 속기 쉬운 동물이므로〉: 러셀, 1950, III쪽.

18쪽　독단적이고 근거 없는 정신과 의사들의 경향에 대한 철저한 해부는, 돌니크 Dolnick, 1998을 보라.

21쪽　예를 들어 스티븐 핀커의 『마음은 어떻게 활동하는가 *How the Mind Works*』를 보라. 진화생리학을 적극적으로 옹호하는 핀커는 우정에 대해 이렇게 말한다. 〈일단 내가 다른 사람에게 가치 있는 존재가 되면, 그 사람 역시 나에게 가치 있는 존재가 된다. 내가 그를 존중하게 되는 이유는 내가 곤란에 빠졌을 때 그가 개인적인 위태로움에도 불구하고 나를 곤경에서 구해 줄 것이기 때문이다. …… 이 암묵적인 이해 관계를 우리는 우정이라고 부른다(508–508쪽).〉 (이러한 우호 관계는 나를 도와 줄 수 없는 어떤 사람을 아무리 좋아한다고 해서 형성되는 것도 아니고, 또 나를 도와 줄 수 있는 사람이 다수인 경우에도 형성될 수 없다.) 음악은 〈오직 무정형의 감정만을 전달하는(529쪽)〉 〈비실용적인(528쪽)〉 〈청각적 치즈 케이크(529쪽)〉이다. 종교는 〈이해 관계가 다급하고 인과 관계에 따라 문제를 해결할 수 있는 실질적 기술이 모두 바닥났을 때 사람들이 필사적으로 의존하는 수단〉이다(556쪽). 〈꾸준한 지적 호기심을 가진 사람이라면 종교가 제공하는 설명을 알 필요는 없을 것이다(560쪽).〉 예술 작품은 〈실용적 기능이 없는 것으로써(544쪽)〉 할 일 없이 남에게 강한 인상을 심어 주려는 과시욕이 그 존재의 유일한 목적이다. 〈바로 그러한 비실용성 때문에 …… 예술은 경제학과 사회심리학에 깊이 관여된다. 배를 채우거나 비를 막는 것과는 전혀 무관한 장식품이나 희한한 몸동작에 돈을 쓰는 것보다, 돈이 넉넉하다는 것을 입증하는 더 좋은 증거가 어디 있겠는가?(522쪽)〉

23쪽 나보코프, 아펠에 의해 인용, 1967.

23쪽 과학과 예술의 관계에 대한 보다 자세한 내용은, 윌슨, 1998을 보라.

2 뇌에 숨겨진 사랑의 수수께끼

30쪽 〈오, 음악에 흔들리는 몸이여〉: 예이츠, 1996.

31쪽 〈과학이 묘사하고 설명하는 대상은〉: 하이젠베르크, 1999, 81쪽.

36쪽 지속적인 진화 대 갑작스런 변화: 엘드리지와 굴드, 1972.

37쪽 뇌의 삼위일체 모델: 맥린, 1973; 1985; 1990.

38쪽 우리는 〈파충류의 뇌〉를 맥린이 〈R복합체〉와 〈원시 파충류의 구조〉라고 부르는 것을 가리키는 말로 사용했다.

40쪽 〈변연계〉라는 말의 파생: 브로카와 쉴러에 의해 인용, 1992.

41쪽 우리는 맥린의 〈원시 포유류의 뇌〉 대신에 〈대뇌 변연계〉라는 용어를 사용했다.

44쪽 우리는 맥린의 〈신포유류의 뇌〉라는 용어를 〈대뇌 신피질〉로 대체했다.

47쪽 뇌졸중 후의 근육 제어 능력: 리퍼트 외, 1998.

47쪽 의식적 결단을 인식하기 이전의 준비파: 리베트 외, 1983. 데네트와 킨스번(1995)은 사건들이 주관적 의식에 따라 일어나는 것처럼 보이는 일시적 순서는 잠재적 불신을 내포한다는 사실을 지적한다.

47쪽 항상 더 아름다운 대답: 커밍스, 1994.

48쪽 탄도 운동 신경 작용의 수단으로서의 신피질: 캐빈, 1994; 캐빈, 1996.

51쪽 변연계를 선택적으로 염색하는 X선 촬영법: 맥린, 1990.

51쪽 변연계 신경 세포의 단일 세포 항체: 레비트, 1984.

51쪽 변연계 세포 조직의 선택적 파괴: 페레데리 외, 1992.

51쪽 신피질 손상의 경우에는 모성 능력이 보존되는 반면, 변연계 손상은 모성 능력을 파괴한다: 맥린, 1990.

51쪽 변연계 손상으로 인해 원숭이의 사회적 인식 능력이 말살되는 경우: 워드, 1948.

51쪽 변연계가 손상된 햄스터가 사회적 감각을 상실하는 경우: 맥린, 1990.

52쪽 지성의 한계에 대한 아인슈타인의 언급: 아인슈타인, 1994, 260쪽.

52쪽 〈현대 신경해부학으로부터 볼 때〉: 터커와 루우, 1998.

3 사랑의 아르키메데스 원리

59쪽 얼굴로 감정을 표현하는 행위의 생물학적 목적: 다윈, 1998.

60쪽 얼굴 표정의 보편성: 이자드, 1971; 에크만 외, 1972.

61쪽 뉴기니인의 얼굴 표정: 에크먼, 1973; 에크만, 1984.

62쪽 인간을 제외한 포유동물의 얼굴 표정: 슈발리에-스콜니, 코프, 1973; 레디칸, 1982.

62쪽 동물의 감정에 대한 과학적 승인에 대해서는, 판크세프, 1994를 보라.

62쪽 동물의 의식, 지능, 의지, 감정에 관한 마크 데르의 연구: 데르, 1997.

66쪽 얼굴 표정의 순간성: 에크만, 1992.

67쪽 기분의 정의: 에크만, 1992.

71쪽 영구 배선된 기질: 에머슨, 1979.

72쪽 파충류 뇌의 중추들(뇌간)이 기질을 지배함: 크로닌저 외, 1993.

72쪽 걱정은 솔기핵의 지배를 받는다: 클로닌저 외, 1993.

73쪽 범죄 성향은 부분적으로 유전되는 기질이다: 브레넌 외, 1997; 레인 외, 1994.

75쪽 자율신경계는 뇌에서 너무 멀다: 셈라드, 라코와 마제르에 의해 인용, 1980.

86쪽 정상적인 측두엽 신피질은 말의 감정적 억양을 처리한다: 로스, 1981.

89쪽 얼굴을 쳐다보는 아기들의 성향: 존슨 외, 1991.

89쪽 얼굴 표정을 식별하는 유아들의 능력: 필드 외, 1982.

89쪽 시각적 낭떠러지: 엠드, 1983.

90쪽 어머니가 싸늘한 얼굴 표정을 지으면 아기는 당황한다: 브라젤톤 외, 1975.

90쪽 어머니와 아기의 상호 작용을 비디오로 녹화함: 트레바덴, 1993.

4 사랑과 관계의 조절

91쪽 〈만일 네가 의심이 나서 다시 돌아와 내가 하는 일을 엿보기나 한다면〉: 『로미오와 줄리엣』, 5막 3장.

100쪽 로렌츠의 양육: 로렌츠, 1973.

100쪽 조류의 어미와 새끼의 결속에 관한 로렌츠의 연구: 로렌츠, 1973.

101쪽 텔레비전 수상기에 결속감을 형성한 새끼양: 카이른, 1966.

101쪽 나무토막에 결속감을 형성한 모르모트: 쉬플레이, 1963.

101쪽 철사로 감은 원통 모형에 결속감을 형성한 원숭이: 하를로, 1958.

101쪽 프레데릭의 실험: 쿨톤, 1906, 424-443쪽.

103쪽 무균 육아실의 의학적 질병률: 스피츠, 1945.

103쪽 애착 이론: 보울비, 1983, 1986.

104쪽 애나 프로이트는 보울비를 비난한다: 프로이트, A., 1960.

104쪽 위니코트의 혐오감: 위니코트, 브레더톤에 의해 인용, 1991.

104쪽 보울비의 의사가 일어나서 그를 비난한다: 카렌, 1994. (카렌의 책 『애착 형성: 최초의 관계와 그 관계를 통해 사랑의 능력이 형성되는 과정』은, 관계가 어떻게 작용하는가를 보다 상세히 이해하고 싶어하는 사람들에게 우리가 항상 권하는 몇 안 되는 책들 중에 하나이다. 그 책은 이 장의 자료를 제공했다. 읽어 볼 가치가 충분한 책이다.)

105쪽 행동주의학자 왓슨이 부모들에게 보내는 충고: 왓슨, 1928. 그리고 가장 극단적인 왓슨의 견해는 따로 있다. 그는 이렇게 썼다. 〈나는 진지한 문제를 고민하고 있다. 그것은 바로 아이들에게 개별적인 가정이 필요한가, 혹은 아이들이 자신의 부모를 꼭 알아야 하는가이다. 아이를 양육하는 훨씬 더 과학적인 방법이 분명히 있을 것이다.〉 다행스럽게도 모든 부모가 왓슨의 충고를 따르지는 않았다. 왓슨의 한 강의가 끝난 후, 한 여자가 그에게 다가와서 이렇게 물었다. 〈우리 아이들은 다 컸으니, 얼마나 고마운 일인가요. …… 그리고 내가 선생님을 뵙기 전에 그 아이들하고 인생을 충분히 즐겼으니 정말로 하나님에게 감사 드릴 일이지요.〉

106쪽 철사로 만든 원숭이 어미에 대한 연구: 하를로, 1958.

107쪽 배고플 때 유아의 울음에 담기는 독특한 소리의 특성: 제스킨드 외, 1993.

108쪽 육아 방식이 아이의 발달에 미치는 영향과 그 관계: 에인스워드 외, 1978.

108쪽 안정된 애착과 불안정한 애착이 취학 연령에 미치는 영향: 에인스워드 외, 1978; 브레더톤, 1985.

109쪽 안정된 애착과 불안정한 애착이 사춘기에 미치는 영향: 카렌, 1994.

112쪽 격리시 포유동물이 보이는 보편적 반응: 이에 대한 훌륭한 요약이 호퍼, 1984에 있다.

113쪽 항의 단계의 생리 작용: 호퍼, 1984.

113쪽 격리된 새끼 포유동물이 항의 단계에서 보이는 카테콜아민과 코티솔의 상승: 거나 외, 1981; 브리스 외, 1977.

113쪽 격리 30분 후 코티솔이 6배 증가: 사피로와 인젤, 1990.

115쪽 절망 단계의 생리 작용: 호퍼, 1984.

116쪽 절망 단계에서의 면역 조절: 호퍼, 1984.

117쪽 사회적 고립 후의 심장마비와 죽음: 버크만 외, 1992.

117쪽 전이성 유방암 후의 집단 심리 요법과 생존: 슈피겔 외, 1989.

117쪽 백혈병 환자의 사회적 후원과 생존율: 콜론 외, 1991.

117쪽 고립된 사람들은 각종 원인으로 인한 조기 사망률이 대단히 높다: 오르니쉬, 1998.

119쪽 호퍼는 어미가 아닌 발열체로는 새끼쥐의 체온이 유지되지 않는다는 사실을 발견함: 호퍼, 1975; 호퍼, 1995.

119쪽 각각의 모성적 특성이 유아 생리 작용의 개별적 측면들을 조절한다: 호퍼, 1984; 호퍼, 1987.

120쪽 포유동물은 단독적으로 신경생리학적 안정을 유지하는 능력이 없

다: 호퍼, 1984; 필드, 1985; 크레머, 1985; 리트와 카피타니오, 1985; 크레머, 1992.

124쪽 숨쉬는 곰인형이 조산한 유아에 미치는 영향: 토만 등, 1991; 잉거솔과 토만, 1994.

126쪽 〈내가 숲으로 들어가려는 이유는 신중한 삶을 위해서이다〉: 소로, 1960, 66쪽.

126쪽 〈그래도 신부님은 추방이〉: 『로미오와 줄리엣』, 3막 3장.

127쪽 영양 부족이 뇌의 구조적 이상을 초래한다는 아주 간단한 증거는, 마틴 외, 1991과 플로에터와 그리노, 1979; 루이스 외, 1990을 보라.

127쪽 고립 증후: 크레머, 1992.

129쪽 허벨과 비슬, 1970.

130쪽 산만한 어미에게 양육된 원숭이가 성숙했을 때의 뇌의 변화: 앤드류스와 로젠블럼 외, 1994; 코플란 외, 1998.

135쪽 시드남의 아편제 예찬: 스미스에 의해 인용, 1995.

136쪽 변연계 부위의 아편제 수용체들: 와이즈와 헤크남, 1982.

136쪽 아주 적은 양의 아편이 고립된 새끼들의 항의를 잠재운다: 판크세프 외, 1985.

136쪽 〈모든 이가 가슴을 찢는 고통으로 괴로워했다〉: 호머의 『오디세이』의 4권, 피츠제럴드 번역, 1963. (우리가 맨 처음 이 글을 발견한 것은 판크세프, 1992에서였다.)

139쪽 옥시토신과 마못의 뇌: 인젤, 1992.

140쪽 출생시 옥시토신 수치의 증가: 니센 외, 1995.

142쪽 애완동물을 기르는 심장병 환자의 생존율 증가: 프리드만과 토머스, 1995; 프리드만 외, 1980.

142쪽 〈우리는 분명 모든 사회적 동물 중에서 가장 사회적인 동물이다〉: 토머스, 1995, 14쪽.

5 기억의 정원에 피는 사랑

145쪽 〈기억은 삶의 무수한 현상들을 수집하여〉: 헤링, 1911. (우리는 이 멋진 설명을 샤터, 1990에서 맨 처음 발견했다.)

146쪽 〈사랑에서나 문학에서나〉: 모로, 1963.

147쪽 〈억압된 기억의 흔적을 조사해 보면〉: 프로이트, 1938, 174쪽.

152쪽 해부 부위의 손상이 기억에 미치는 영향: 스콰이어 외, 1993.

155쪽 날씨를 예측함: 놀튼 외, 1996.

157쪽 인지하려는 의도적 노력은 내재적 과제의 성적을 떨어뜨린다: 레버, 1976. 과제 수행 전에 설명을 해주는 것이 내재적 과제의 성적을 향상시키지 못한다: 베리와 브로드벤트, 1984.

157쪽 인공 문법 내재적 과제: 놀튼 외, 1992.

159쪽 내재적 도박 과제: 베차라 외, 1997.

161쪽 음운론과 문법 규칙의 내재적 성질: 핀커, 1995, 174쪽, 273쪽.

164쪽 프로이트가 플리스에게 보낸 편지에서 프로이트는 〈두 성인이 주고받았던 말을 다시 들을 수 있었다〉고 주장한다: 프로이트, 보치-야콥센, 1998, 50쪽에 의해 인용.

165쪽 출생 직후 어머니의 음성과 얼굴에 대한 아기의 기억: 드캐스퍼와 피퍼, 1980.

165쪽 어머니의 언어가 유아에 미치는 영향: 문 외, 1993; 피퍼와 문, 1994.

166쪽 환자 보스웰의 모험: 트라넬과 다마지오, 1993.

166쪽 악마가 사용하는 최고의 속임수는 악마가 존재하지 않는다고 믿게 만드는 것: 보들레르, 1998. 그의 주인공은 이렇게 말한다. 〈나의 사랑하는 형제여, 이것을 결코 잊지 말아라. 악마의 독 중에 가장 치명적인 것은 너희에게 그들이 존재하지 않는다고 설득하는 것이다.〉 이 말은 한 세기 동안 잠적했다가 영화 『유즈얼 서

스펙트』의 중간에 불쑥 튀어나옴.

172쪽 〈이 세계 모든 것들은 우리 눈에 보이는 대로 존재하는 것처럼 보인다〉: 에코, 1995.

6 사랑의 신경 네트워크

176쪽 심장병을 진단하는 컴퓨터 프로그램: 벡스트, 1991. 내과의들의 경우 진단의 민감도(심장마비를 예측하는 빈도)는 78퍼센트이고, 정확도(심장마비가 아닌 경우를 정확하게 진단하는 빈도)는 85퍼센트였다. 반면 컴퓨터의 민감도는 97퍼센트, 정확도는 96퍼센트였다.

176쪽 컴퓨터는 다양한 진단에 뛰어나다: 벡스트, 1995.

178쪽 뮤추얼 펀드의 예측에서 신경 네트워크의 역할: 리들리, 1993.

178쪽 신경 네트워크가 어떻게 그것을 예측하는지를 확인하기는 불가능하다: 로빈슨, 1992.

181쪽 신경 네트워크 모델: 러멜하르트와 맥클렐란드, 1986.

183쪽 〈이 저장 도식은〉: 헤브, 1949.

187쪽 헤브의 가설에 대한 실험적 인증: 아이서 외, 1992.

189쪽 학대받은 아동은 성난 얼굴을 볼 때 과도한 뇌파를 보인다: 폴락, 1999.

194쪽 눈으로 목격했다는 증언은 오류를 범할 가능성이 높음: 로프터스, 1993.

194쪽 챌린저 호 폭발의 기억: 네이서와 허쉬, 1992.

199쪽 카니자 삼각형: 우리는 경험이 유인자들을 창조하는 과정을 설명했지만, 그 기본적인 신경 구조, 즉 인지의 경로를 만들고 경험을 확인하는 강력한 연결 집단은 유전적으로 부여된 뇌의 배선

도식의 일부로도 쉽게 작용할 수도 있다.

200쪽 H와 A에 대한 학습된 유인자: 셀프리지, 1955에서 인용.

203쪽 〈과학적 연구를 수행하면서〉: 터커와 루우, 1998.

204쪽 레멘 박사의 이야기: 레멘과 오르니쉬, 1997.

205쪽 〈그대의 귀향은 나의 귀향이 될 것입니다〉: 〈73편의 시〉에서 40번째 시, 커밍스, 1994.

7 사랑을 통한 정서의 형성

209쪽 〈논리가는 직접 보거나 듣지 않고도〉: 『주홍색 연구 *A Study in Scarlet*』, 아서 코난 도일 지음.

210쪽 〈결과로부터 원인을 추론하는〉: 『마분지 상자의 비밀 *The Adventure of the Cardboard Box*』 아서 코난 도일 지음.

211쪽 홈스식 방법은 논리적으로 불가능함: 예로, 트러지, 1983을 보라. 그는 다음과 같이 결론짓는다. 〈논리적으로 조사해 보면 홈스의 추론은 거의 다 잘못된 것들이다. 그가 정확한 결론을 내리는 유일한 이유는 작가가 그렇게 하도록 허락했기 때문이다.〉

217쪽 〈내 마음은 아직도 그리움으로 가득하여〉: 『Souvenir』, 알프레드 드 머셋.

219쪽 불안감이 높은 설치류: 엘리와 플로민, 1977.

220쪽 따뜻한 양육은 불안한 기질을 완화시킨다: 수오미, 1991.

220쪽 〈맹세코 나는 두 눈으로 그대를 사랑하지 않노라〉: 세익스피어, 소네트 141.

226쪽 우울증에 걸린 어머니의 경우 유아 돌연사의 비율이 높음: 미첼 외, 1992.

226쪽 심박의 안정성과 안정적인 애착: 이자드 외, 1991.

8 진정한 심리 치료에 이르는 길

242쪽 심리 요법은 뇌를 변화시킨다: 벡스터 외, 1992에서는, PET(X선 단층 사진 촬영법) 스캐닝으로 관찰한 바에 따르면 행동 요법과 프로작은 강박 장애로 고생하는 환자들의 기초 신경절에 서로 비슷한 변화를 일으킨다는 사실을 밝혀냈다. 비남키 외, 1998에서는 SPECT(단일 X선 단층 사진 컴퓨터 촬영) 스캐닝을 통해, 심리 요법이 성격 장애와 우울증으로 고생하는 환자의 전두엽 기저부에서 발생하는 세로토닌 수치를 변화시킨다는 사실을 입증했다. 스티븐 마틴 박사는 1999년 미국 정신 의학 협회의 한 모임에서, SPECT 스캐닝을 이용하면 대인 관계 심리 요법이 우울증으로 고생하는 환자들의 기초 신경절과 띠이랑에 변화를 일으키는 것을 볼 수 있다고 보고했다(츠빌리히, 1999의 설명에 따르면).

242쪽 〈이드가 있던 곳을〉: 프로이트, 1953, 17권, 80쪽.

248쪽 우울한 사람은 감정의 얼굴 표현을 인식하지 못한다: 루비노프와 포스트, 1992. 또한 벤치 외, 1993과 베이버그 외, 1994를 보라. 두 사람은 모두 우울증 환자의 변연계 활동이 정상인에 비해 상당히 저조하다는 사실을 발견했다.

250쪽 플라시보 위약과 약물 치료의 효과에 대한 잘못된 가정: 예를 들어, 호건 1999를 보라. 플라시보 반응에 대한 그의 설명을 보면, 온갖 종류의 개념적 혼란과 사실 착오가 500여 단어를 가득 채우고 있다. 그것은 또한 성공적인 허위 진술의 증거로 기록될 만하다.

252쪽 항울제 효능의 메커니즘은 수수께끼이다: 대부분의 사람들은 항울제가 〈세로토닌을 증가시켜〉서 효능을 보인다는 말을 듣는다. 그러나 이것은 현상의 설명일 뿐, 원인의 설명은 되지 못한다. (이것은 심장 절개 수술이란 의사가 환부를 절개하면 몇 시간 후 환자가 살아난다는 설명이나 똑같다.) 항울제 효능의 내적인 작용, 즉 정상적인 행동 양식을 가로막는 세로토닌 수용체에 어떤 변화를 주면 수일이나 수주 후에 기분이 변하는가는 완전히 수수께끼로 남아 있다.

254쪽 7 더하기 3은 10이다: 오거스틴, 파크에 의해 인용, 1988.

257쪽 일본인에게 〈r〉과 〈l〉의 차이를 가르치기: 블레이크스리, 1999.

262쪽 〈우리는 예술 작품이 언제나〉: 나보코프, 1980.

262쪽 〈상당한 충격과 놀라움으로〉서의 예술: 나보코프, 1955.

264쪽 프로이트는 심리 요법을 위해서는 감정적 차가움이 필수적이라고 생각했다: 프로이트, 1953, 7권, 115쪽, 118쪽.

269쪽 복의 말: 〈교육이 비싸다고 생각되면, 무지를 시도해 보라.〉

270쪽 〈20번의 상담으로 만족할 수 있다면〉: 마이클 프리먼, 하이모비치와 폴락, 1995에 의해 인용.

272쪽 인간의 사랑이 없으면 수술은 두 미치광이의 행위가 되고 만다: 셀저, 1982, 106쪽.

9 사랑을 가로막는 사회적 요인들

276쪽 부모와 같이 자는 아이들에 대한 스폭의 연구: 스폭, 1945, 169쪽.

276쪽 가족 침대의 갖가지 위험에 대한 페버의 언급: 페버 1986.

277쪽 로버트 라이트는 페버를 반박한다: 라이트, 1997.

279쪽 유아 돌연사 발생율의 문화적 차이: 맥케나, 1996.

279쪽 〈특정한 수면 단계들의 시간적 진행〉: 맥케나 외, 1990.

279쪽 유아 돌연사 발생율과 가족 침대 허용의 상관 관계: 맥케나 외, 1993.

284쪽 인터넷 사용은 우울증을 유발한다: 크라우트 외, 1998.

284쪽 〈사회적 기술이라는 것이 그렇게 반사회적 결과를〉: 카네기 멜론 대학 신문, 1998년 9월 1일.

284쪽 정서적 공백이 아기에게 미치는 치명적인 영향: 스피츠, 1945.

284쪽 무관심 속에서 자란 아기의 머리 둘레는 정상적인 아기보다 더 작으며, 그의 뇌를 자기 공명 시스템으로 검사해 보면 뇌 세포가 눈에 띄게 축소되어 있다: 페리와 폴라드, 1997.

284쪽 우울증을 경험했던 어머니의 아이들은 인식 능력의 지속적인 결함을 보인다: 머레이 외, 1991; 머레이, 1992.

284쪽 애착 연구에 따르면 관심과 반응이 수반된 육아는 영구적으로 건강한 성격을 형성시킨다: 명쾌한 요약은, 카렌, 1994를 보라.

284쪽 어린 원숭이의 격리는 뉴런의 황폐화로 이어진다: 크레머, 1985; 크레머, 1992; 크레머와 클라크, 1990; 크레머와 클라크, 1996.

285쪽 어미 원숭이를 불안한 정서적 상태를 조장하는 조건들 속에 놓으면 새끼 원숭이의 뇌는 영구적인 변화를 겪게 된다: 앤드류스와 로젠블럼, 1994; 로젠블럼과 앤드류스, 1994; 로젠블럼 외, 1994; 코플란 외, 1998.

285쪽 성숙한 쥐의 스트레스 회복 능력은 어린 시절 어미로부터 받은 양육의 정도와 관계가 있다: 리우 외, 1997; 미니 외, 1991.

289쪽 발달심리학자들은 탁아의 영향에 대한 견해를 밝히려 하지 않는다: 카렌, 1994, p.230.

291쪽 이혼이 아이들에게 미치는 영향: 월러스타인과 켈리, 1980.

299쪽 사랑에 관한 버트란드 러셀의 언급: 러셀, 1998.

301쪽 소홀한 양육 속에 자란 아이들은 스트레스에 민감해 진다: 프랜시스 외, 1996.

301쪽 청소년의 자살율: 싱과 유, 1996.

304쪽 여러 연구에서 입증한 바에 따르면, 화목한 가족 관계는 청소년기의 약물 남용 비율을 현저히 감소시킨다: 몇 가지 예를 확인하려면, 벨과 챔피언, 1979; 니콜리, 1983; 율리치 외, 1985; 카도렛 외, 1986; 레이놀즈와 로브, 1988; 스토커와 스와디, 1990; 놀코 외, 1996; 리서 외, 1996; 놀코 외, 1998을 보라.

305쪽 〈생명의 정화이다〉: 프로스트, 1995, 777쪽.

307쪽 〈사랑하는 사람은 기꺼이 일하고〉: 헤밍웨이, 1995, 72쪽.

309쪽 〈나는 이렇게 물었습니다. '브라운 씨, 그렇다면'〉: 맨빌 사의 소송에서 패터슨 산업 위원회의 전의장 찰스 로에머가, 맨빌의 사장인 루이스 브라운과 그의 동생이자 맨빌의 법률 대리인인 반디버 브라운을 만났을 때에 관한 증언. 1984년 4월 25일에 진술. 존스-맨빌 주식회사 외 대 미합중국, 미국 청구권 민사 소송 No. 465-83C. 캐슬먼과 버거, 1996. (우리는 이 인용문을 제공해 준 것에 대해 로저 워딩턴에게 깊은 감사를 표한다.) 또한 브로듀, 1985을 보라.

310쪽 공격과 세라토닌, 노르에피네프린, 도파민 수치의 상관 관계: 크레머와 클라크, 1990; 1996.

311쪽 격리 양육된 원숭이들은 〈평범한 사회적 규칙도 따르지 못한다〉: 크레머와 클라크, 1996.

311쪽 〈무슨 상관이에요?〉: 데이먼, 1999.

315쪽 〈나는 의사가 나에게 많은 시간을 할애하기를〉: 브로야드, 1990.

316쪽 의과대생들에게 행동 요령을 가르치기: 파인스톤과 콘터, 1994.

319쪽 치료에 동의하지 않음으로써 환자의 죽음을 유발한 것에 대한 보호 관리 의사의 고백: 칼센, 1997.

319쪽 뉴욕 HMO에서는 환자들을 가장 싸고 가장 나쁜 시설로 보내기 위해 사망률 자료를 이용한다: 〈시장〉에 관한 국립 공영 라디오 방송, 1997년 12월 3일.

320쪽 〈현대인은 존재로부터, 그 자신으로부터, 세상의 모든 생명으로부터〉: 퍼시, 1992.

320쪽 산업 혁명이 가족에 미친 영향: 라스레트, 1984, 18쪽.

10 미래로 열린 사랑의 문

326쪽 『이성의 마지막 단계』: 파스칼, 1972, 267쪽.

참고 문헌

Ahissar, E., E. Vaadia, M. Ahissar, H. Bergman, A. Arieli, and M. Abeles. 1992. "Dependence of cortical plasticity on correlated activity of single neurons and on behavioral context." Science, 257(5075):1412-5.

Ainsworth, M., M. Blehar, E. Waters, and S. Wall. 1978. Patterns of Attachment: A Psychological Study of the Strange Situation. Mahwah, New Jersey: Erlbaum & Associates.

Andrews, M. W., and L. A. Rosenblum. 1994. "The development of affiliative and agonistic social patterns in differentially reared monkeys." Child Development, 65(5):1398-1404.

Appel, A. "An Interview with Nabokov." 1967. Wisconsin Studies in Contemporary Literature(8). As quoted by L. Shlain in Art & Physics: Parallel Visions in Space, Time, and Light. 1991. New York: William Morrow.

Baudelaire, C. "Le Joueur Généreux." 1998. In Le Spleen de Paris. Paris: Librairie Générale Française.

Baxt, W. G. 1991. "Use of an artificial neural network for the diagnosis of myocardial infarction." Annals of Internal Medicine, 115(11):843-8.

Baxt, W. G. 1995. "Application of artificial neural networks to clinical medicine." The Lancet, 346(8983):1135-8.

Baxter, L. R., J. M. Schwartz, K. S. Bergman, M. P. Szuba, B. H. Guze, J. C. Mazziotta, A. Alazraki, C. E. Selin, H. K. Ferng, and P. Munford.

1992. "Caudate glucose metabolic rate changes with both drug and behavior therapy for obsessive-compulsive disorder." Archives of General Psychiatry, 49(9):681-9.

Bechara, A., H. Damasio, D. Tranel, and A. R. Damasio. 1997. "Deciding advantageously before knowing the advantageous strategy." Science, 275(5304):1293-5.

Bell, D. and R. Champion. 1979. "Deviancy, delinquency and drug use." British Journal of Psychiatry, 134: 269-76.

Bench, C., K. Friston, R. Brown, L. Scott, R. Frackowiak, and R. Dolan. 1993. "The anatomy of melancholia—focal abnormalities of cerebral blood flow in major depression." Psychological Medicine, 22: 607-15.

Berkman, L. F., L. Leo-Summers, and R. I. Horwitz. 1992. "Emotional support and survival after myocardial infarction. A prospective, population-based study of the elderly." Annals of Internal Medicine, 117(12):1003-9.

Berry, D. C., and D. E. Broadbent. 1984. "On the relationship between task performance and associated verbalizable knowledge." The Quarterly Journal of Experimental Psychology, 36A: 209-231.

Blakeslee, S. "Old Brains Can Learn New Language Tricks." 1999. The New York Times, April 20.

Borch-Jacobsen, M. 1998. "Self-Seduced." In F. Crews (ed), Unauthorized Freud: Doubters Confront a Legend. New York: Viking.

Bowlby, J. 1983. Attachment & Loss, Volume I: Attachment. New York: Basic Books.

Bowlby, J. 1986. Attachment & Loss, Volume II: Separation. New York: Basic Books.

Bowlby, J. 1986. Attachment & Loss, Volume III: Loss. New York: Basic

Books.

Brazelton, T. B., Tronick, L. Adamson, H. Als, and S. Wise. 1975. "Early motherinfant reciprocity." Ciba Foundation Symposium, 33: 137-54.

Breese, G. R., R. D. Smith, R. A. Mueller, J. L. Howard, A. J. Prange, M. A. Lipton, L. D. Young, W. McKinney, and J. K. Lewis. 1977. "Induction of adrenal catecholamine synthesizing enzymes following mother-infant separation" Nature New Biology, 246: 94-6.

Brennan, P. A., A. Raine, F. Schulsinger, L. Kirkegaard-Sorenson, J. Knop, B. Hutchings, R. Rosenberg, and S. A. Mednick. 1997. "Psychophysiological protective factors for male subjects at high risk for criminal behavior." American Journal of Psychiatry, 154(6): 53-5.

Bretherton, I. 1985. "Attachment Theory: Retrospect and Prospect." In I. Bretherton and E. Waters (eds.), Growing Points of Attachment Theory and Research (Monographs of the Society for Research in Child Development). Chicago: University of Chicago Press.

Bretherton, I. 1991. "The roots and growing points of attachment theory." In C. M. Parkes, J. Stevenson-Hinde, and P. Marris (eds.), Attachment Across the Life-Cycle. New York: Tavistock/Routledge.

Brodeur, P. 1985. Outrageous Misconduct: The Asbestos Industry on Trial. New York: pantheon.

Broyard, A. 1990. "Doctor Talk to Me." The New York Times, August 26.

Cadoret, R. J., E. Troughton, T. W. O'Gorman, and E. Heywood. 1986. "An adoption study of genetic and environmental factors in drug abuse." Archives of General Psychiatry, 43(12):1131-6.

Cairns, R. B. 1966. "Attachment behavior of mammals." Psychological Review, 73: 409-26.

Calvin, W. H. 1996. How Brains Think: Evolving Intelligence, Then and

Now. New York: HarperCollins.

Calvin, W. H. 1994. "The emergence of intelligence." Scientific American, 271(4):100-7.

Carlsen, W. 1997. "Doctor to Confess Role in Man's Death: she says HMO rewarded her for saving $500,000." San Francisco Chronicle, April 15, p. A13.

Castleman, B., and S. Berger. 1996. Asbestos: Medical and Legal Aspects. Gaithersburg, Maryland: Aspen Publishers.

Cave, C. B., and L. R. Squire. 1992. "Intact and long-lasting repetition priming in amnesia." Journal of Experimental Psychology. Learning, Memory, and Cognition, 18(3):509-20.

Chevalier-Skolnikoff, S. 1973. "Facial expressions of emotion in nonhuman primates." In P. Ekman (ed.), Darwin and Facial Expression: A Century of Research in Review. New York: Academic Press.

Cloninger, C. R. 1986. "A unified biosocial theory of personality and its role in the development of anxiety states." Psychiatric Developments, 4(3):167-226.

Cloninger, C. R. 1987. "A systematic method for clinical description and classification of personality variants. Archives of General Psychiatry, 44:573-87.

Cloninger, C. R., D. M. Svrakic, and T. R. Przybeck. 1993. "A psychobiological model of temperament and character." Archives of General Psychiatry, 50(12):975-90.

Colon, A., A. Callies, M. Popkin, and P. McGlave. 1991. "Depressed mood and other variables related to bone marrow transplantation survival in acute leukemia." Psychosomatics, 32: 420-5.

Coplan, J. D., R. C. Trost, M. J. Owens, T. B Cooper, J. M. Gorman, C. B. Nemeroff, and L. A. Rosenblum. 1998. "Cerebrospinal fluid concentrations of somatostatin and biogenic amines in grown primates reared by mothers exposed to manipulated foraging conditions." Archives of General Psychiatry, 55(5):473-7.

Coulton, G. G. 1906. St. Francis to Dante. London: David Nutt.

cummings, e. e. 1994. E. E. Cummings: Complete Poems, 1904-1962. G. Firmage (ed.). New York: Liveright.

Damon, W. 1999. "The Moral Development of Children." Scientific American, 281(2):72-8.

Darwin, C. 1998. The Expressions of the Emotions in Man and Animals. Third Edition. P. Ekman (ed.). New York: Oxford University Press.

DeCasper, A. J., and W. P. Fifer. 1980. "Of human bonding: newborns prefer their mothers' voices." Science, 208(4448): 1174-6.

Dennett, D. C., and M. Kinsbourne. 1995. "Time and the observer: the where and when of consciousness in the brain." Behavioral and Brain Sciences, 15(2): 183-247.

Derr, M. 1997. "Puppy Love." The New York Times Book Review, October 5.

Dolnick, E. 1998. Madness on the Couch: Blaming the Victim in the Heyday of Psychoanalysis. New York: Simon & Schuster.

Eco, U. 1995. The Island of the Day Before. New York: Harcourt Brace and Company.

Einstein, A. 1995. "The Goal of Human Existence." Out of My Later Years. New York: Carol Publishing Group.

Ekaman, P. 1973. "Cross-Cultural Studies of Facial Expression." In P. Ekman (ed.), Darwin and Facial Expression: A Century of Research in Review. New York: Academic Press.

Ekman, P. 1984. "Expression and the Nature of Emotion." In K. Scherer and P. Ekman (eds.), Approaches to Emotion. Hillsdale, New Jersey: Lawrence Erlbaum.

Ekman, P. 1992. "An argument for basci emotions." Cognition and Emotion, 6(3/4): 169-200.

Ekman, P., W. V. Friesen, and P. Ellsworth. 1972. Emotion in the Human Face: Guidelines for Research and an Integration of Findings. new York: Pergamon Press.

Eldredge, N., and S. J. Gould. 1972. "Punctuated equilibria: an alternative to phyletic gradualism." In T.J.M. Schopf (ed.), Models in Paleobiology. San Francisco: Freeman, Cooper.

Eley, T. C., and R. Plomin. 1997. "Genetic analyses of emotionality." Current Opinion in Neurobiology, 7(2):279-84.

Emde, R. N. 1983. "The prerepresentational self and its affective core." The Psychoanalytic Study of the Child, 38: 165-84.

Emerson, R. W. 1979. "Experience." The Essays of Ralph Waldo Emerson. Cambridge, Massachusetts: Harvard University Press.

Erickson, M. T. 1993. "Rethinking Oedipus: an evolutionary perspective of incest avoidance." American Journal of Psychiatry, 150:3.

Ferber, R. 1986. Solve Your Child's Sleep Problems. New York: Simon & Schuster.

Field, T. 1985. "Attachment as psychobiological attunement: being on the same wavelength." In M. Reite and T. Field (eds.), The Psychobiology of Attachment and Separation. New York: Academic Press.

Field, T. M., R. Woodson, R. Greenberg, and D. Cohen. 1982.

"Discrimination and imitation of facial expressions by neonates." Science, 218(8):179-81.

Fifer, W. P., and C. M. Moon. 1994. "The role of mother's voice in the organization of brain function in the newborn." Acta Paediatrica Supplement, 397:86-93.

Finestone, H. M., and D. B. Conter. 1994. "Acting in medical practice." The Lancet, 344:801-2.

Floeter, M. K., and W. T. Greenough. 1979. "Cerebellar plasticity: modification of Purkinje cell structure by differential rearing in monkeys." Science, 206(4415):227-9.

Francis, D., J. Diorio, P. LaPlante, S. Weaver, J. R. Seckl, and M. J. Meaney. 1996. "The role of early environmental events in regulating neuroendocrine development: mons, pups, stress, and glucocorticoid receptors." Annals of the New York Academy of Sciences, 794: 136-52.

Freud, A. 1960. The Psychoanalytic Study of the Child, 15:53-62.

Freud, S. 1938. "Psychopathology of Everyday Life." In A. Brill (ed.), The Basic Writings of Sigmund Freud. New York: Random House.

Freud, S. 1953. In J. Strachey (ed.), The Standard Edition of the Complete Psychological Works of Sigmund Freud. London: Hogarth Press.

Friedmann. E., and S. A. Thomas. 1995. "Pet ownership, social support, and oneyear survival after acute myocardial infarction in the Cardiac Arrhythmia Suppression Trial (CAST)." American Journal of Cardiology, 76:1213-7.

Friedmann, E., A. H. Katcher, J. J. Lynch, and S. A. Thomas. 1980. "Animal companions and one-year survival of patients after discharge from a coronary care unit." Public Health Reports, 95(4):307-12.

Frost, R. 1995. Collected Poems, Prose, and Plays. New York: The Library of America.

Gavish, L., J. E. Hofmann, and L. L. Getz. 1984. "Sibling recognition in the prairie vole, Microtus ochrogaster." Animal Behavior, 23:362-6.

Gunnar, M. R., C. A. Gonzalez, B. L. Goodlin, and S. Levine. 1981. "Behavioral and pituitary-adrenal responses during a prolonged separation period in infant rhesus macaques." Psychoneuroendocrinology, 6(1):65-75.

Harlow, H. F. 1958. "The nature of love." American Psychologist, 13:673-85.

Hebb, D. O. 1949. The Organisation of Behavior: A Neuropsychological Theory. New York: Wiley.

Heisenberg, W. 1999. Physics and Philosophy: The Revolution in Modern Science. New York: Prometheus Books.

Hemingway, E. 1995. A Farewell to Arms. New York: Simon & Schuster.

Hering, E. 1911. "Memory as a Universal Function of Organized Matter." In S. Butler (ed.), Unconscious Memory. New York: E. P. Dutton.

Hinde, R. A., and L. McGinnis. 1977. "Some factors influencing the effects of temporary mother-infant separation: some experiments with rhesus monkeys." Psychological Medicine, 7:197-212.

Hofer, M. A. 1975. "Survival and recovery of physiologic functions after early maternal separation in rats." Physiology and Behavior, 15(5):475-80.

Hofer, M. A. 1984. "Relationships as regulators: a psychobiologic perspective on bereavement." Psychosomatic Medicine, 46(3):183-97.

Hofer, M. A. 1987. "Early social relationships: a psychobiologist's view." Child Development, 58(3):633-47.

Hofer, M. A. 1994. "Early relationships as regulators of infant physiology and behavior." Acta Paediatrica Supplement, 387:9-18.

Hofer, M. A. 1994. "Hidden regulators in attachment, separation, and loss." Monographs of the Society for Research in Child Development, 59(2-3):192-207.

Hofer, M. A. 1995. "Hidden regulators: implication for a new understanding of attachment, separation, and loss." In S. Goldberg, R. Muir, and J. Kerr (eds.), Attachment Theory: Social, Developmental, and Clinical Perspectives. Hillsdale, New Jersey: Analytic Press.

Hofer, M. A. 1996. "On the nature and consequences of early loss." Psychosomatic Medicine, 58:570-81.

Homer. 1961. The Odyssey, R. Fitzgerald (trans.). New york: Doubleday.

Horgan, J. 1999. "Placebo Nation." The New York Times, March 21.

Hubel, D. H., and T. N. Wiesel. 1970. "The period of susceptibility to the physiological effects of unilateral eye closure in kittens." Journal of Physiology, 206(2):419-36.

Hymowitz, C., and E. J. Pollak. 1995. "Psychobattle: cost-cutting firms monitor couch time as therapists fret." The Wall Street Journal, July 13.

Ikemoto, S., and J. Panksepp. 1992. "The effects of early social isolation on the motivation for social play in juvenile rats." Developmental Psychobiology, 25(4):261-74.

Ingersoll, E. W., and E. B. Thoman. 1994. "The breathing bear: effects on respiration in premature infants." Physiology and Behavior, 56(5):855-9.

Insel, T. R. 1992. "Oxytocin: a neuropeptide for affiliation: evidence from behavioral, receptor, autoradiographic, and comparative studies." Psychoneuroendocrinology, 17(1):3-35.

Izard, C. E. 1971. The Face of Emotion. New York: Appleton-Century-Crofts.

Izard, C. E., S. W. Porges, R. F. Simons, O. M. Haynes, C. Hyde, M. Parisi, and B. Cohen. 1991. "Infant cardiac activity: developmental changes and relations with attachment." Developmental Psychology, 27(3):32-39.

Johnston, M. H., S. Dziurawiec, H. D. Ellis, and J. Morton. 1991. "Newborns' preferential tracking of face-like stimuli and its subsequent decline." Cognition, 40: 1-21.

Jurich, A. P., C. J. Polson, J. A. Jurich, and R. A. Bates. 1985. "Family factors in the lives of drug users and abusers." Adolescence, 20(77):143-59.

Karen, R. 1994. Becoming Attached: First Relationships and How They Shape Our Capacity to Love. New York: Oxford University Press.

Kihlstrom, J., T. Barnhardt, and D. Tataryn. 1992. "The psychological unconscious: found, lost, and regained." American Psychologist, 47(6):788-91.

Knowlton, B. J., J. A. Mangels, and L. R. Squire. 1996. "A neostriatal habit learning system in humans." Science, 273: 1399-1402.

Knowlton, B. J., S. J. Ramus, and L. R. Squire. 1992. "Intact artificial grammar learning in amnesia: dissociation of classification learning and explicit memory for specific instances." Psychological Science, 3(3):172-9.

Kraemer, G. W. 1985. "Effects of differences in early social experience on primate neurobiological-behavioral development." In M. Reite and T. Field (eds.), The Psychobiology of Attachment and Separation. New York: Academic Press.

Kraemer, G. W. 1992. "A psychobiological theory of attachment." Behavioral and Brain Sciences, 15:493-541.

Kraemer, G. W., and A. S. Clarke. 1990. "The behavioral neurobiology of selfinjurious behavior in rhesus monkeys." Progress in Neuro-Psychopharmacology and Biological psychiatry, 14:S141-S168.

Kraemer, G. W., and A. S. Clarke. 1996. "Social attachment, brain functions, and aggression." Annals of the New York Academy of Sciences, 794: 121-35.

Kraemer, G. W., M. H. Ebert, D. E. Schmidt, and W. T. McKinney. 1989. "A longitudinal study of the effct of different social rearing conditions on cerebrospinal fluid norepinephrine and biogenic amine metabolites in rhesus monkeys." Neuropsychopharmacology, 2(3):175-89.

Kraut, R., M. Patterson, V. Lundmark, S. Kiesler, T. Mukopadhyay, and W. Scherlis. 1998. "Internet paradox. A social technology that reduces social involvement and psychological well-being?" American Psychologist, 53(9):1017-31.

Laslett, P. 1984. The World We Have Lost: Further Explored. New York: Charles Scribner's Sons.

Levin, H. S. 1989. "Momory deficit after closed head injury." Journal of Clinical and Experimental Neuropsychology, 12:129-153.

Levitt, P. 1984. "A monoclonal antibody to limbic system neurons." Science, 223(4633):299-301.

Lewis, M. H., J. P. Gluck, A. J. Beauchamp, M. F. Deresztury, and R. B. Mailman. 1990. "Long-term effects of early social isolation in Macaca mulatta: changes in dopamine receptor function following apomorphine challenge." Brain Research, 513(1):67-73.

Libet, B., C. A. Gleason, W. E. Wright, and D. K. Pearl. 1983. "Time of conscious intention to act in relation to onset of cerebral activities (readiness-potential), the unconscious initiation of a freely voluntary act." Brain, 106:623-42.

Liepert, J., W. H. Miltner, H. Buder, M. Sommer, C. Dettmers, E. Taub, and C. Weiller. 1998. "Motor cortex plasticity during constraint-induced movement therapy in stroke patients." Neuroscience Letter, 250(1):5-8.

Liu, D., J. Diorio, B. Tannenbaum, C. Caldji, D. Francis, A. Freedman, S. Sharma, D. Pearson, P. M. Plotsky, and M. J. Meaney. 1997. "Maternal Care, Hippocampal Glucocorticoid Receptors, and Hypothalamic-Pituitary-Adrenal Responses to Stress." Science, 277(5332):1659-62.

Loftus, E. 1993. "The reality of repressed momories." American Psychologist, 518-31.

Loftus, E., and K. Ketcham. 1994. The Myth of Repressed Momery. New York: St. Martin's Press.

Lorenz, K. 1973. "Autobiography." Les Prix Nobel 1973. The Nobel Foundation. Available at www.nobel.se/laureates/ medicine-1973-2-autobio.html.

MacLean, P. D. 1973. A Triune Concept of the Brain and Behavior. Toronto: University of Toronto Press.

MacLean, P. D. 1985. "Brain evolution relating to family, play, and the separation call." Archives of General Psychiatry, 42:405-17.

MacLean, P. D. 1990. The Triune Brain in Evolution. New York: Plenum Press.

Martin, L. J., D. M. Spicer, m. H. Lewis, J. P. Gluck, and L. C. Cork. 1991. "Social deprivation of infant rhesus monkeys alters the chemoarchitecture of the brain: I. Subcortical regions." Journal of Newroscience, 11(11):3344-58.

Martone, M., N. Butters, M. Payne, J. T. Becker, and D. S. Sax. 1984. "Dissociations between skill learning and verbal recognition in amnesia and dementia." Archives of Newrology, 41: 965-70.

Maurois, A. 1963. The New York Times, April 14.

Mayburg, H. S., E. J. Lewis, W. Regenold, and H. N. Wagner. 1994. "Paralimbic hypoperfusion in unipolar depression." Journal of Nuclear Medicine, 35:929-34.

McKenna, J. J. 1996. "Sudden Infant Death Syndrome in cross-cultural perspective: is infant-parent cosleeping proactive?" Annual Review of Anthropology, 25:201-16.

McKenna, J. J., S. Mosko, C. Dungy, and J. McAninch. 1990. "Sleep and arousal patterns of co-sleeping human mother/infant pairs: a preliminary physiological study with implications for the study of sudden infan death syndrome (SIDS)." American Journal of Physical Anthropology, 83(3):331-47.

McKenna, J. J., E. B. Thoman, T. F. Anders, A. Sadeh, V. L. Schechtman, and S. F. Glotzbach. 1993. "Infant-parent co-sleeping in an evolutionary perspective: implications for understanding infant sleep development and the sudden infant death syndrome." Sleep, 16(3):263-82.

McKinney, W. T. 1985. "Separation and depression: biological markers." In M. Reite and T. Field (eds.), The psychobiology of Attachment and Separation. New York: Academic Press.

Meaney, M. J., D. H. Aitken, S. Bhatnagar, and R. M. Sapolsky. 1991. "Postnatal handling attenuates certain neuroendocrine, anatomical, and cognitive dysfunctions assoiated with aging in female rats." Neurobiology of Aging, 12:13-8.

Mitchell, E. A., J. M. Thompson, A. W. Stewart, M. L. Webster, B. J. Taylor, I. B. Hassall, R. P. Ford, E. M. Allen, R. Scragg, and D. M. Becroft. 1992. "Postnatal depression and SIDS: a prospective study." Journal of Paediatrics and Child Health, 28(Supplement I):S13-6.

Moon, C., R. P. Cooper, and W. P. Fifer. 1993. "Two-day-olds prefer their native language." Infant Behavior and Development, 16.

Murray, L. 1992. "The impact of postnatal depression on infant development." Journal of Child Psychology and Psychiatry and Allied Disciplines, 33(3):543-61.

Murray, L., P. J. Cooper, and A. Stein. 1991. "Postnatal depression and infant development." British Medical Journal, 302(6783):978-9.

Musset, Alfred de. 1965. "Souvenir." In M. Bishop (ed.), A Survey of French Literature. New York: Harcourt Brace Jovanovich.

Nobokov, V. 1955. Lolita. New York: G. P. Putnam's Sons.

Nabokov, V. 1980. Lectures on Literature. New York: Harcourt Brace Jovanovich.

Neisser, U., and N. Harsch. 1992. "Phantom Flashbulbs: False Recollections of Hearing the News About Challenger." In E. Winograd and U. Neisser (eds.), Affect and Accuracy in Recall: Studies of "Flashbulb" Memories. New York: Cambridge University Press.

Nicholi, A. M. 1983. "The nontherapeutic use of psychoactive drugs. A modern epidemic." New England Journal of Medicine, 308(16):925-33.

Nissen, E., G. Lilja, A. M. Widstrom, and K. Uvnas-Moberg. 1995. "Elevation of oxytocin levels early post partum in Women." Acta

Obstetricia et Gynecologica Scandinavica, 74(7):530-3.

Nurco, D. N., T. W. Kinlock, K. E. O'Grady, and T. E. Hanlon. 1996. "Early family adversity as a precursor to narcotic addiction." Drug and Alcohol Dependence, 43(1-2): 103-13.

Nurco, D. N., T. W. Kinlock, K. E. O'Grady, and T. E. Hanlon. 1998. "Differential contributions of family and peer factors to the etiology of narcotic addiction." Drug and Alcohol Dependence, 51(3):229-37.

Ornish, D. 1998. Love and Survival: The Scientific Basis for the Healing Power of Intimacy. New York: HarperCollins.

Panksepp, J. 1994. "Evolution constructed the potential for subjective experience within the neurodynamics of the mammalian brain." In P. Ekman and R. J. Davidson (eds.), The Nature of Emotion: Fundamental Questions. New York: Oxford University Press.

Panksepp, J. 1992. "A critical role for 'affective neuroscience' in resolving what is basic about basic emotions." Psychological Review, 99(3):554-60.

Panksepp, J., S. M. Siviy, and L. A. Normansell. 1985. "Brain opioids and social emotions." In M. Reite and T. Field (eds.), The Psychobiology of Attachment and Separation. New York: Academic Press.

park, D. 1988. The How and the Why: An Essay on the Origins and Development of Physical Theory. Princeton: Princeton University Press.

Pascal, B. Pensées. 1972. Paris: Librairie Générale Française.

Percy, W. 1992. "The Coming Crisis in Psychiatry." Signposts in a Strange Land. New York: Noonday Press.

Peredery, O., M. A. Persinger, C. Blomme, and G. Parker. 1992. "Absence of maternal behavior in rats with lithium-pilocarpine seizure-induced brain damage: support of MacLean's triune brain theory." Physiology & Behavior, 52:665-71.

Perry, B. D., and D. Pollard. 1997. Society For Neuroscience: Proceedings from Annual Meeting, New Orleans.

Pinker, S. 1995. The Language Instinct. New York: HarperPerennial.

Pinker, S. 1997. How the Mind Works. New York: W. W. Norton and Company.

Pollak, S. 1999. University of Wisconsin, Madison, press release. Available at www.sciencedaily.com/releases/1999/04/990405065725.htm.

Raine, A., M. S. Buchsbaum, J. Stanley, S. Lottenberg, L. Abel, and J. Stoddard. 1994. "Selective reductions in prefrontal glucose metabolism in murderers." Biological Psychiatry, 36(6)365-73.

Rako, S., and H. Mazer (eds.). 1980. Semrad: The Heart of a Therapist. New York: Jason Aronson.

Reber, A. S. 1976. "Implicit learning of synthetic languages: the role of the instructional set." Journal of Experimental Psychology: Human Learning and Memory, 2:88-94.

Redican, W. K. 1982. "An evolutionary perspective on human facial displays." In P. Ekman (ed.), Emotion in the Human Face. Second Edition. New York: Cambridge University Press.

Reite, M., and J. P. Capitanio. 1985. "On the nature of social separation and social attachment." In M. Reite and T. Field (eds.), The Psychobiology of Attachment and Separation. New York: Academic Press.

Remen, R. N., and D. Ornish. 1997. Kitchen Table Wisdom: Stories That Heal. New York: Riverhead Books.

Reynolds, I., and M. I. Rob. 1988. "The role of family difficulties in adolescent depression, drug-taking and other problem behaviours." Medical Journal of Australia, 149(5):250-6.

Ridley, M. 1993. "Neural Networking: Computer Prediction of Capital Markets." The Economist, October 9, p. 19.

Risser, D., A. Bönsch, and B. Schneider. 1996. "Family background of drug-related deaths: a descriptive study based on interviews with relatives of deceased drug users." Journal of Forensic Science, 41(6):960-2.

Robinson, D. 1992. "Implications of neural networks for how we think about brain function" Behavioral and Brain Sciences, 15:644-55.

Rosenblum, L. A., and M. W. Andrews. 1994. "Influences of environmental demand on maternal behavior and infant development." Acta Paediatrica Supplement, 397:57-63.

Rosenblum, L. A., J. D. Coplan, S. Friedman, T. Bassoff, J. M. Gorman, and M. W. Andrews. 1994. "Adverse early experiences affect noradrenergic and serotonergic functioning in adult primates." Biological Psychiatry, 35(4):221-7.

Ross, E. D. 1981. "The aprosodias: functional-anatomic organization of the affective components of language in the right hemisphere." Archives of Neurology, 38(9):561-9.

Rubinow, D. R., and R. M. Post. 1992. "Impaired recognition of affect in facial expression in depressed patients." Biological Psychiatry, 31(9):947-53.

Rumelhart, D. E., and J. L. McClelland. 1986. Parallel Distributed Processing: Explorations in the Microstructure of Cognition. Boston: MIT Press.

Russell, B. 1950. "An Outline of Intellectual Rubbish." Unpopular Essays.

London: Routledge.

Russell, B. 1998. Autobiography. New York: Routledge.

Sakai, K., and Y. Miyashita. 1993. "Memory and imagery in the temporal lobe." Current Opinion in Neurobiology, 3(2):166-70.

Sander, L. W., G. Stechler, P. Gurns, and H. Julia. 1970. "Early mother-infant interaction and 24-hour patterns of activity and sleep." Journal of the American Academy of Child Psychiatry, 9: 103-23.

Schacter, D. L. 1990. "Memory." In M. Posner (ed.), Foundations of Cognitive Science. Boston: MIT Press.

Schiller, F. 1992. Paul Broca: Explorer of the Brain. London: Oxford University Press.

Selfridge, O. G. 1955. "Pattern recognition in modern computers." Proceedings of the Western Joint Computer Conference.

Selzer, R. 1982. Letters to a Young Doctor. New York: Simon & Schuster.

Shapiro, L. E., and T. R. Insel. 1990. "Infant's response to social separation reflects adult differences in affiliative behavior: a comparative developmental study in prairie and montane voles." Developmental Psychobiology, 23(5):375-93.

Shipley, W. V. 1963. "The demonstration in the domestic guinea-pig of a process resembling classic imprinting." Animal Behavior, 11:470-4.

Singh, G. K., and S. M. Yu. 1996. "U. S. childgood mortality, 1950 through 1993: Trends and socioeconomic differentials." American Journal of Public Health, 86(4):505-12.

Smith, R. 1995. "The war on drugs: prohibition isn't working." British Medical Jorunal, 311(7021):1655-6.

Spiegel, D., J. R. Bloom, H. C. Kraemer, and E. Gottheil. 1989. "Effect of psychosocial treatment on survival of patients with metastatic breast cancer." The Lancet, 2(8668):888-91.

Spitz, R. 1945. "Hospitalism: an inquiry into the genesis of psychiatric conditions in early childhood." Psychoanalytic Study of the Child, 1:53-74.

Spock, B. 1945. Dr. Spock's Baby and Child Care. New York: Meridith Press.

Squire, L. R., B. Knowlton, and G. Musen. 1993. "The structure and organization of memory." Annual Review of Psychology, 44:453-95.

Stoker, A., and H. Swadi. 1990. "Perceived family relationships in drug abusing adolescents." Drug and Alcobol Dependence, 25(3):293-7.

Suomi, S. J. 1991. "Early stress and adult emotional reactivity in rhesus monkeys." Ciba Foundation Symposium, 156:171-83.

Taylor, G. J. 1989. "Psychobiological Disregulation: A New Model of Disease." In Psychosomatic Medicine and Contemporary Psychoanalysis. Madison, Connecticut: International University Press.

Thoman, E. B., E. W. Ingersoll, and C. Acebo. 1991. "Premature infants seek rhythmic stimulation, and the experience facilitates neurobehavioral development." Journal of Developmental and Behavioral Pediatrics, 12(1):11-18.

Thomas, L. 1995. Lives of a Cell:Notes of a Biology Watcher. New York: Penguin.

Thoreau, H. D. 1960. "Where I Lived, and What I Lived For." In Walden and Civil Disobedience. New York: New American Library.

Tranel, D., and A. R. Damasion. 1993. "The covert learning of affective valence does not require structures in hippocampal system or amygdala." The Journal of Cognitive Neuroscience, 5(1):79-88.

Trevarthen, C. 1933. "The Self Born in Intersubjectivity: The Psychology of

Infant Communicating." In U. Neisser (ed.), The Perceived Self: Ecological and Interpersonal Sources of Self-Knowledge. New York: Cambridge University Press.

Truzzi, M. 1983. "Sherlock Holmes: Applied Social Psychologist." In U. Eco and T. A. Sebeok (eds.), The Sign of three: Dupin, Holmes, Pierce. Bloomington: Indiana University Press.

Tucker, D. M., and P. Luu. 1998. "Cathexis revisited: corticolimbic resonance and the adaptive control of memory." Annals of New York Academy of Sciences, 843:134-52.

Viinamki, H., J. Kuikka, J. Tiihonen, and J. Lehtonen. 1998. "Change in monoamine transporter density related to clinical recovery: a case-control study." Nordic Journal of Psychiatry, 52: 39-44.

Wallerstein, J. S., and J. B. Kelly. 1980. Surviving the Breakup: How Children and Parents Cope with Divorce. New york: Basic Books.

Ward, A. 1948. "The cingular gyrus: Area 24." Journal of Neurophysiology, 11:13-23.

Watson, J. B. 1928. Psychological Care of the Infant and Child. New York: W. W. Norton.

Wilson, E. O. 1998. Consilience: The Unity of Knowledge. New York: Knopf.

Wise, S. P., and M. Herkenham. 1982. "Opiate receptor distribution in the cerebral cortex of the rhesus monkey." Science, 218: 387-9.

Wolfe, G. 1994. Shadow and Claw. New York: Tom Doherty Associates.

Wright, R. 1997. "The urge to let a child fall asleep in your bed is natural. Surrender to it." Slate, March 27, 1997.

Yeats, W. B. 1996. "Among Schoolchildren." In R. J. Finneran (ed.), The Collected Poems of W. B. Yeats. New york: Simon & Schuster.

Zeskind, P. S., S. Parker-Price, and R. G. Barr. 1993. "Rhythmic organization of the sound of infant crying." Developmental Psychobiology, 26(6):321-33.

Zwillich, T. 1999. "Interpersonal psychotherapy can normalize brain: neuroimaging shows therapy can return mood regulation structures to normal." Clinical Psychiatry News, 27(7):1, 6.

찾아보기

옮긴이 김한영

1962년 강원도 원주에서 태어나 서울 대학교 미학과와 서울 예술 대학
문예창작과를 졸업했다. 45회 한국백상출판문화 번역상을 수상한 바 있으며,
현재 전문 번역가로 활동하고 있다. 옮긴 책으로 『단어와 규칙』, 『빈 서판』,
『젊은 아인슈타인의 초상』(공역), 『낭만적 연애와 그 후의 일상』,
『나는 공산주의자와 결혼했다』 등이 있다.

사랑을 위한 과학

1판 1쇄 펴냄 2001년 4월 17일
1판 21쇄 펴냄 2024년 3월 31일

지은이 토머스 루이스, 패리 애미니, 리처드 래넌
옮긴이 김한영
펴낸이 박상준
펴낸곳 (주)사이언스북스

출판등록 1997. 3. 24. (제16-1444호)
(06027) 서울특별시 강남구 도산대로1길 62
대표전화 515-2000 팩시밀리 515-2007
편집부 517-4263 팩시밀리 514-2329
www.sciencebooks.co.kr

ISBN 978-89-8371-080-2 03400